# 前沿研究

## ——典型国家土壤侵蚀与泥沙淤积

刘孝盈　于琪洋　杨爱民　齐　实
史红玲　秦　伟　吴保生　杜鹏飞　著

## 内 容 提 要

本书从掌握世界土壤侵蚀与泥沙学科发展的热点、焦点和难点问题出发，凝练了包括美国、英国、日本、德国、法国、俄罗斯、韩国、印度、埃及、伊朗、尼泊尔和朝鲜等国家在水资源保护、土壤侵蚀与泥沙领域的研究进展，如机构队伍、主要研究成果与研究重点和趋势，给出了对以上各国在该领域内研究特点的评价，并结合我国情况综合分析了不同国家在该领域额内研究的异同点，同时对我国未来该领域的研究重点和趋势也提出了有实际价值的建议。

本书可供水利、泥沙、水土保持、水资源保护等相关专业科研技术人员使用，也可供相关专业高等院校师生阅读。

**图书在版编目（CIP）数据**

前沿研究 : 典型国家土壤侵蚀与泥沙淤积 / 刘孝盈等著. -- 北京 : 中国水利水电出版社, 2012.11
ISBN 978-7-5170-0354-0

Ⅰ. ①前… Ⅱ. ①刘… Ⅲ. ①土壤侵蚀－研究②泥沙淤积－研究 Ⅳ. ①S157②TV142

中国版本图书馆CIP数据核字(2012)第273509号

| 书　名 | 前沿研究——典型国家土壤侵蚀与泥沙淤积 |
| --- | --- |
| 作　者 | 刘孝盈　于琪洋　杨爱民　等 著 |
| 出版发行 | 中国水利水电出版社<br>（北京市海淀区玉渊潭南路 1 号 D 座　100038）<br>网址：www. waterpub. com. cn<br>E－mail：sales@waterpub. com. cn<br>电话：（010）68367658（发行部） |
| 经　售 | 北京科水图书销售中心（零售）<br>电话：（010）88383994、63202643、68545874<br>全国各地新华书店和相关出版物销售网点 |
| 排　版 | 中国水利水电出版社微机排版中心 |
| 印　刷 | 三河市鑫金马印装有限公司 |
| 规　格 | 184mm×260mm　16 开本　12 印张　290 千字　2 插页 |
| 版　次 | 2012 年 11 月第 1 版　2012 年 11 月第 1 次印刷 |
| 印　数 | 0001—1500 册 |
| 定　价 | **48.00** 元 |

# Abstract

Serious soil erosion and sedimentation has become a worldwide problem. There are varying degrees of soil erosion in some countries and regions, soil erosion and sedimentation is still growing. Since the end of the Second World War, the world's approximately 12 million hectares of agricultural land have been eroded, 10.5 percent of fertile land have been destroyed, about 35% of the Earth is affected by desertification, and thus lead to serious soil erosion, land degradation, reduced soil fertility, environmental degradation, sedimentation of rivers and a series of problems and exacerbated the disaster.

The erosion and sedimentation problem has seriously affected industrial and agricultural water conservancy construction and development. To deal with the problem of soil erosion and sediment challenges need strong support of science and technology.

Today, the advancement of soil erosion and sediment science and the development of new theories and new technologies are continually emerging, in order to make a clear picture of the of hot, key and difficulty issues from a perspective of global and strategic height, the authors have prepared the book entitled "soil erosion and sedimentation in selected countries".

Based on the availability of data, China, the United States, Britain, Japan, Germany, France, Russia, South Korea, India, Egypt, Iran, Nepal, North Korea, etc. were selected for the research, on the basis of a systematic analysis of these countries in the soil erosion and sediment on the latest research progress, institutional management, the main focus of research and research trends. A comprehensive evaluation and analysis have been conducted and some measures and suggestions were also put forward in this book.

Taking the opportunity, the heartfelt thanks are to those experts who participated in the discussion and consulting of the subject. Without their efforts, it is not possible to make the book possible. Meanwhile, many thanks are also to the

Ministry of Water Resources of People's Republic of China, China Institute of Water Resources and Hydroelectric Power Research and the International Research and Training Centre on Erosion and Sedimentation for their generous financial support. The book may help provide very good references for researchers of universities and research institutes.

**Authors**

August 2012

# 前言

世界各国均存在不同程度的土壤侵蚀与泥沙问题，且许多国家和地区呈愈演愈烈的趋势。严重的土壤侵蚀导致土地退化、耕地损失、江河湖库淤积、生态环境恶化等一系列问题，并加剧了灾害发生的风险，严重影响了水利工程效率和工农业的发展。我国作为世界上土壤侵蚀和泥沙问题最为严重的国家之一，在长期的研究和治理中积累了丰富的经验，随着经济社会的发展和科技进步，世界土壤侵蚀与泥沙科学技术不断进步，新理论、新方法和新技术不断发展，在生产实践中不断得到应用并取得成效。面对形势的变化和新的要求，了解和借鉴世界各国土壤侵蚀与泥沙研究的状况，掌握其发展趋势，制定相应的发展方向和战略，不仅十分重要而且非常必要。

本书选择亚洲、非洲、欧洲及南美洲等典型国家，分析了土壤侵蚀和泥沙淤积的现状，总结了主要研究成果和趋势，并针对我国的国情和研究的特点，提出了有参考价值和指导意义的结论和建议，为我国在该领域的研究发展提供了借鉴，对于加强国际合作与交流不无裨益。但鉴于书中囊括的国内外文献资料广泛性和海量性、不同语言文字的差别性和认识水平的有限性，以及整理过程中的错误等，文中挂一漏万，谬误难免，在此敬请读者对文中不足之处予以批评指正。

本书除署名的作者外，还得到了中国水利水电科学研究院、国际泥沙研究培训中心、清华大学和北京林业大学等单位有关专家的帮助和支持，特别是周志德、郑如刚以及李薇、徐炳丰、刘利霞、程文龙、刘丹、王鑫、兰景涛和马莉娅等参与了稿件的审查、修改和资料收集编写等工作，在此一并表示衷心感谢。特别感谢谢金明博士、王丽新硕士等数次汇总整理稿件修改意见。还要感谢那些做了大量幕后工作但这里没有提及的同志。没有上述专家的努力，本书很难出版。

为印刷方便，本书中部分彩色图片（图名带 * 号者）在正文中采用单色印刷，在正文后附上了四色印刷图片。

本书的编写出版得到水利部水资源费研究基金（2130311）、中国水利水电科学研究院2007～2008科研专项研究基金（KY－073）和水利部公益性行业专项（201201047）研究基金的资助。

作者

2012年8月18日

# 目　　录

# 第1章　绪　　论

1. 土壤侵蚀和泥沙淤积是水土资源环境中的一个重要组成部分

土壤侵蚀与泥沙淤积直接关系到流域的经济发展和生态环境。在世界经济迅猛发展、人类社会飞速进步的今天，人类对水土资源的需求和索取日益膨胀，土壤侵蚀及泥沙问题已成为世界性的难题，是全球性的重大环境问题之一，与当前人类面临的人口、资源、环境三大问题息息相关。

2. 土壤侵蚀与泥沙淤积是全球主要的环境问题之一

自第二次世界大战结束以来，全球约有12亿$hm^2$农业用地遭受较为严重的侵蚀，10.5%的肥沃耕地遭到毁坏，约35%的地区正遭受沙漠化的威胁。目前，全世界每年由于土壤侵蚀而造成的耕地损失约500万～700万$hm^2$，每年因泥沙淤积而损失的水库库容约占全球总库容的1%。严重的土壤侵蚀导致水土资源流失、土地生产力下降、洪涝灾害加剧、生态系统退化、河流泥沙淤积和水体面源污染等一系列环境问题，对水利建设、工农业生产和人民群众生活造成巨大威胁和损失，严重阻碍人类社会的可持续发展。因此，有效解决侵蚀与泥沙问题已成为创造人类福祉、推动社会发展、实现可持续发展战略的重要组成部分。

3. 我国地域辽阔、地貌复杂、气候多变、人口众多，是世界上土壤侵蚀与泥沙淤积问题最为突出的国家之一

全国37.2%的土地存在不同方式和程度的水土流失（王礼先等，1995）。每年因侵蚀流失土壤45亿～50亿t，分别占全球总侵蚀和陆地入海泥沙总量的7.5%～8.3%和18.8%～20.8%，造成耕地每年损失近700$km^2$。长江流域年土壤流失总量24亿t，其中中上游地区达15.6亿t；黄河流域黄土高原区每年输入黄河泥沙16亿t，特别是河口镇至龙门区间的7万多$km^2$范围内，年平均土壤侵蚀模数达1万$t/km^2$，严重的高达3万～5万$t/km^2$，该区输入黄河的泥沙约占黄河输沙量的50%以上（中华人民共和国水利部，2002）。严重的侵蚀和泥沙问题不仅使水土资源大量流失，威胁农业生产和粮食安全，而且造成生态环境退化、水旱灾害加剧，已成为我国当前最主要的环境问题之一。

4. 土壤侵蚀与泥沙淤积问题的广泛性和危害性，使世界各国对此普遍重视

一方面，有关土壤侵蚀和泥沙淤积的研究广泛开展，防治理论和治理技术层出不穷，世界领域内的侵蚀与泥沙科技进展日新月异；另一方面，由于侵蚀与泥沙问题与气候、地

形、土壤、植被、河流、人类活动等环境因素密切相关，不同国家和地区的侵蚀与泥沙研究各具特色，表现出不同方向和重点、不同水平和成果的局面。故而，各国间及时地相互学习和相互借鉴，对加快解决世界侵蚀与泥沙问题，推动全球可持续发展具有重大意义。

5. 我国在长期的江河治理中，结合生产实际，开展了大量的水土流失治理和江河整治研究与实践，在土壤侵蚀与泥沙淤积的研究和防治方面积累了丰富的成果和经验

在全球气候变化异常和人类活动频繁的背景下，我国水土流失依然严重，致使河流输沙量大、生态环境问题突出、江河治理愈加复杂，水资源与土壤资源紧缺日益加剧，承载压力巨大。面对全国巨大的治理任务以及生态文明建设的目标，我国在侵蚀与泥沙领域还存在诸多亟待解决的问题和有待提高的方面。

6. 世界土壤侵蚀与泥沙淤积科学不断发展，新理论和新技术不断涌现

研究分析世界典型国家的土壤侵蚀与泥沙科研机构队伍、科研最新进展状况、主要研究成果与研究重点和趋势，对比分析不同类型国家的共性与差异，全面掌握国际前沿和动态，把握世界发展趋势和方向，对于我国科研工作者、科研院校的师生及政策制定者，瞄准和跟踪国际学科前沿，及时和正确判断世界各国的研究进展和需求，制定我国的侵蚀与泥沙研究发展战略，促进国际交流与合作，培养我国及世界级科研优秀人才等均具有重要意义。

7. 世界不同国家土壤侵蚀与泥沙淤积研究根据其发展程度各不相同

英国、德国、法国、日本、美国、韩国等发达国家主要是围绕土壤侵蚀和泥沙淤积的基本理论、河流生态、新技术、新方法和有全球性市场的商业化产品等开展研究。埃及、印度、伊朗和朝鲜等发展中国家主要是围绕本国存在的亟待解决的水土流失治理和工程泥沙问题、监测和资料搜集等方面开展。俄罗斯以前的理论研究基础比较好，但近期的研究趋势则以解决工程中后期出现的问题研究为主。而中国则向商用和通用数学模型、基础理论、学科交叉等研究趋势发展。最不发达国家如尼泊尔，则主要以解决工程泥沙实际问题和收集监测资料为重点和趋势。

近年来，中国、美国、英国、日本、法国、德国等国家的土壤侵蚀和泥沙研究的一个主要发展趋势是将土壤侵蚀和泥沙淤积研究同水资源保护研究紧密结合起来，将土壤侵蚀视为一种重要的非点源污染类型进行研究，在各种非点源污染模型中包含土壤侵蚀模块，如ANSWERS模型（Areal Nonpoint Source Watershed Environment Response Simulation）、CREAMS模型（Chemical Runoff and Erosion from Agricultural Management System）、SWAT模型（Soil Water Assessment Tool）、AGNPS模型（Agricultural Nonpoint Source Pollution）等。

8. 我国更是将土壤侵蚀和泥沙作为环境问题的一个重要组成部分，从资源和生态的角度，研究土壤侵蚀及流域环境演变及其治理

一方面将传统小流域综合治理的内涵进行了极大地拓展，提出并践行生态清洁小流域的新理念。生态清洁小流域建设不但包括生物、工程和耕作等传统水土保持的三大类措施，还包括湖库（河）滨带建设、乡村生活污水处理、生活垃圾处理、农田面源污染控制和生态河道治理等措施。另一方面，将河流泥沙作为一种资源，研究水沙资源综合利用与调控，人类剧烈活动影响下的河床演变、河道整治及工程泥沙，加强学科交叉和高新技术应用的泥沙基础理论研究等新课题。

# 第2章　欧洲典型国家土壤侵蚀和泥沙淤积

## 2.1　英国

### 2.1.1　英国概况

英国是位于欧洲西部的岛国，由大不列颠岛（包括英格兰、苏格兰、威尔士）、爱尔兰岛东北部和一些小岛组成。隔北海、多佛尔海峡、英吉利海峡与欧洲大陆相望。国土面积 24.36 万 $km^2$（包括内陆水域），其中英格兰地区 13.04 万 $km^2$，苏格兰 7.88 万 $km^2$，威尔士 2.08 万 $km^2$，北爱尔兰 1.36 万 $km^2$。英国的陆界与爱尔兰共和国接壤，海岸线总长 11450km。

英国全境分为英格兰东南部平原、中西部山区、苏格兰山区、北爱尔兰高原和山区 4 个部分；主要河流有塞文河（354km）和泰晤士河（346km），北爱尔兰的讷湖（396$km^2$）面积居全国之首；属海洋性温带阔叶林气候，终年温和湿润，通常最高气温不超过 32℃，最低气温不低于－10℃，平均气温 1 月 4～7℃，7 月 13～17℃，多雨雾，秋冬尤甚；年平均降水量约 1000mm，北部和西部山区的年降水量超过 2000mm，中部和东部则少于 800mm；每年 2～3 月最为干燥，10 月至来年 1 月最为湿润。

英国人口约 6020 万人（2005 年 6 月），其中英格兰人口达 5040 万人，苏格兰 510 万人，威尔士 300 万人，北爱尔兰 170 万人；官方和通用语均为英语，威尔士北部还使用威尔士语，苏格兰西北高地及北爱尔兰部分地区仍使用盖尔语；居民多信奉基督教新教，主要分英格兰教会（亦称英国国教圣公会，其成员约占英国成人的 60%）和苏格兰教会（亦称长老会，有成年教徒 66 万人），另有天主教会和佛教、印度教、犹太教及伊斯兰教等较大的宗教社团。

英国是大不列颠岛和爱尔兰岛东北部及附近许多岛屿组成的岛国。东濒北海，面对比利时、荷兰、德国、丹麦和挪威等国；西邻爱尔兰，横隔大西洋与美国、加拿大遥遥相对；北过大西洋可达冰岛；南穿英吉利海峡行 33km 就到法国。

英格兰全境面积为 13.04 万 $km^2$，占大不列颠岛的大部分。这一地区自西向东分为 4 部分：以塞文河流域为中心的米德兰平原；海拔 200m 左右的高地；伦敦盆地；威尔德丘陵。威尔士面积有 2 万余 $km^2$，境内多山、地势崎岖。威尔士境内有 1/4 的土地被列为国家公园及天然保护区。苏格兰和其周围的许多小岛，面积共为 7.88 万 $km^2$，全境均属山岳地带，只有中部较为低平。北爱尔兰面积 1.36 万 $km^2$，隔爱尔兰海与大不列颠岛遥遥相望。北爱尔兰气候属海洋性温带阔叶林气候。最热天（7 月）平均气温为 13～17℃，最冷天（1 月）平均气温为 4～7℃。英格兰地势较低，年平均降水量 830mm，西部、北部山区雨量较大，最高可达 4000mm。

**2.1.1.1**　水资源及保护概况

英国年均降水量约 1000mm，北部和西部山区的年降水量超过 1600mm，中部和东部则不足 800mm。降水在时间分布上比较均匀。短程河流和小面积湖泊（池塘）、湿地较多。世界粮农组织的统计显示，英国每年可更新水资源量为 1470 亿 $m^3$（全部为内有可更新水资源量，其中地表水 1462 亿 $m^3$，地下水 980 亿 $m^3$，重复部分 900 亿 $m^3$），人均年水资源量约 2410$m^3$。考虑陆地面积以及海洋性气候、终年温和湿润的特点，英国属于水资源既不十分丰富、也不缺乏的中等国家（胡德胜，2010）。

20 世纪，英国水资源经历了从地方分散管理到流域统一管理的历史演变，目前定型为按流域统一管理与水务私有化相结合的管理体制。在水环境治理方面，由英国环境、食品和乡村事务部（DEFRA）依法对水资源进行政府宏观调控，并通过国家环境署（EA）、水服务办公室（OFWAT）、饮用水监督委员会（DWI）等负责执行具体事务：国家环境署负责发放取水许可证和排污许可证，实行水权分配、取水量管理、污水排放和河流水质控制，国家环境署下设的环境机构负责水资源保护（污水治理）和防洪；水服务办公室负责颁布费率标准，确定水价；饮用水监督委员会负责制定生活水质标准、实施水质监督。

过去几十年，英国加大了对水污染的治理。立法越来越重视解决污染问题，推动大量的投资用于解决工业领域污染最严重的加工过程的污染，使河流的生物化学质量得到极大改善，一些最严重的污染源，如污水处理厂和污水管外溢问题，得到了有效解决。

英国政府水环境治理的目的是将湿地、河口等具有特殊科学意义的地质遗迹面积的 95%得到改善或恢复。对进入污水管的污水要求从源头上进行处理，例如家庭含磷洗涤用品直接进入水环境的污染物、如雨水径流带入河流的公路上的污染物和农田的粪肥及化肥残留等。还有一些问题源于对水体造成的物理改变，例如开发、取水、废弃物、微生物污染及外来物种等。政府通过水框架指令，要求水环境的污染者必须支付治理费用。

针对农业面源污染，英格兰实施了流域敏感区耕作措施传授方案，对参与这一活动的农场主提供支持；对化肥、粪肥和杀虫剂的使用加以适当控制；促进土壤结构的改善和降雨入渗，避免径流的产生和土壤侵蚀；保护河道不受粪便、泥沙和杀虫剂的污染；减少牲畜放养密度，控制饲养场地上的牲畜量，将饲养场的清水和污水分开。这些措施为改善水质和降低农场主的成本将起到很大作用。英国的长期展望目标是有一个对环境有利，保护并改善景观和野生生物栖息地，治理污染的可持续农业。

**2.1.1.2**　土壤侵蚀状况

1. 概况

英国的土壤侵蚀问题相对热带地区国家及发展中国家要轻得多。在英格兰和威尔士大约 37%的可耕种土地侵蚀速率大于其允许值。据测定，无论是沙质土还是砂壤土，土壤

裸露或一年中大部分时间只有稀疏作物覆盖的情况下，地表水流引起的年平均土壤流失量为 1000t/km$^2$。就侵蚀率而言，各地块总计低于 300t/(km$^2$ · a)。对于侵蚀严重的砂壤土，侵蚀率可达 1770t/(km$^2$ · a)。

2. 英格兰土壤侵蚀时空分布和影响因素

(1) 英格兰的土壤侵蚀时空分布。英格兰的土壤侵蚀多发生在南部丘陵的黄土耕地和 Lower Greensand 的细砂土壤。虽然 Lower Greensand 地区的侵蚀很少被关注，但是侵蚀范围比较广，尤其是在西苏塞克斯郡和萨里郡的部分地区。

在英格兰东南部，土壤侵蚀多发生在秋季，但是在某些年份，在春季的多雨时节侵蚀也很普遍。春末夏初的雷阵雨将导致土壤的流失，这种现象在 Lower Greensand 的蔬菜农场尤为明显。

(2) 英格兰土壤侵蚀影响因素。

1) 自然因素。

降雨：在易侵蚀的农业耕种区，短时间的高强度降雨是促使部分已经被前期连续降雨所饱和的土壤发生流失的主要因素。

气温：在英国南部的石灰岩丘陵地带，有关气候变化对土壤侵蚀影响的模拟研究表明，气温的升高和二氧化碳浓度的增加都会促进条播后作物的生长，这可缩短土壤易受侵蚀的时段，但同时也会加剧该时段内的土壤侵蚀，特别是在湿润的年份。

土壤性质及植被：对位于英国东斯罗普郡的 Hilton 试验点中已裸露 12 年的坡地侵蚀小区内的 Bridgnorth 砂壤进行调查分析，并与小区相邻的自然草地作比较。结果表明，如果坡地被长期暴露，并且不投入任何营养物质，土壤肥力将迅速下降，质地发生变化，而种草可以保持和改善土地生产力，阻止土壤质地的变化（吴伯志，1998）。

试验结果还表明，草地土壤有机质和其他营养元素含量较高，土壤较肥沃。土壤机械组成的分析结果显示，草地土样仅有粗砂（0.355～2.0mm）的比例高于裸露土样，其他部分都低于裸土。Hilton 指出，粒径在 0.1～2.0mm 的砂粒是最易被侵蚀的部分，Fullen 等人也认为土壤侵蚀往往有选择地移动 0.2～2.0mm 的砂粒。所以，裸露小区长期暴露，侵蚀严重，大量粗砂流失，使这部分的比例远低于草地，而黏粒含量却较高。

这一结果与 Frye 等于 1982 年在肯塔基的 Navry 和 Crider 两种土壤上的试验结果相同，他们比较这两种土壤被侵蚀的土样发现，被侵蚀土样 Ap 层的黏粒比例高于未被侵蚀的土样，说明黏粒不易被侵蚀。

由于草地土样包含较高比例粗砂，表明草可以固定粗砂，使其免于流失。在易被侵蚀的粗砂里，两种土样又以 0.5～1.0mm 部分的差异最大。裸露土样这部分砂粒的比例只占草地的 48.5%，表明 0.5～1.0mm 的砂粒是 Bridgnorth 砂壤中最易被侵蚀的部分。

另外，英国在 Moorfield、Herefordshire 的侵蚀地区对影响土壤侵蚀的因素也做了一系列试验。该试验根据地形、粒径大小和观察到的侵蚀特征将试验区域分为遭受侵蚀、没有侵蚀和淤积三个地区。试验结果表明粗粉砂是最易遭受侵蚀的，机械破坏，如车辙，就为雨水输运泥沙提供了主要的通道。然而，这种破坏造成的土壤流失随着车辙的位置和环境的变化而改变。

2）人为因素。在英国，对土地资源威胁最大的是土地利用和管理方式。在周围山区地区，过度放牧（主要是绵羊）、密集的娱乐用地、不合时宜的机械耕种等是导致植被破坏和土壤被雨、风、霜冻作用侵蚀的主要原因。在草原和适合耕作地区，进行农业活动的时间与栽培措施、植被覆盖程度以及土壤类型等因素在决定土壤侵蚀的范围和程度上同等重要。高山地区被侵蚀的土地是可以恢复的，但要几年甚至数十年后植被才能充分恢复，水土流失才能停止。

草地和耕地的土壤比山地土壤更容易侵蚀，但同时也更容易恢复。低洼地区的耕地，其侵蚀规模也有差别。研究表明，耕作方式，包括机械使用、耕种深度、机器的行驶线路对土壤侵蚀的程度都有影响。然而，对于侵蚀来说，更为重要的影响因素是植被覆盖和耕作时间。

目前，英国大约有7成的农作物是冬季生长，耕种时间多为8～12月，加上该期降雨时间长，强度也大，因此大大增加了土壤侵蚀的可能性。

在不适宜的土地上种植农作物：在英国的许多地方都可以发现，有的庄稼地的土壤类型和土地地形是不适合耕种的，如玉米经常种植在临河的坡度较大的地里。考虑到玉米在秋天收割，而收割玉米常常是在湿润的季节，这就造成了土壤的板结以及相应的土壤流失。而玉米一旦收割，整个冬天土地都会裸露在外，容易被雨水侵蚀。

在不适合的土地上发展畜牧业：畜牧生产活动选址不当也会造成土壤侵蚀，如露天养猪场。虽然从动物的角度来看露天养猪场有积极的意义，但研究发现，露天养猪会造成较多的水土流失。同时，过多的牲畜集中在一个特定的地区，也会导致严重的水土流失。

不合时宜的农业活动：造成水土流失的一个显著的因素是农业活动的时间不恰当，特别是翻地或在湿润的条件下收割。这些活动会导致土壤板结和土壤颗粒分选，增加了土壤侵蚀的危险。现代的拖拉机可以在湿润的条件下进行耕地而不像以前只能在干燥的情况下耕地，这也增大了土壤侵蚀的危险。

放牧引起的河岸退化：放牧使得河岸的植被遭到破坏，在较高的水位或发生洪水时候，河岸很容易被侵蚀，泥土被搬运到河道中淤积。牲畜有时候还会到河里喝水，由于管理措施不当，这样也会导致饮水区域的河岸被破坏。

冬季地表没有遮盖物：现代农业系统正倾向于使用冬季播种的谷物品种，因为它们的产量高。这些冬季谷物品种带来的问题是，除非它们能够在秋天较早的时候播种，否则就没有足够的时间来使它们形成地表遮盖物，这样在冬天下雨的时候土壤很容易被侵蚀。

### 3. 威尔士土壤侵蚀类型、分布及影响因素

（1）威尔士的土壤侵蚀类型及分布。

1）高地区域。通过对威尔士的155个野外试点数据的分析，DEFRA-funded项目对威尔士高地区域的土壤侵蚀程度、侵蚀速率和侵蚀原因展开了研究。其中，155个野外试点有66个遭到土壤侵蚀，占总比例的42.6%，这比英格兰的情况（59%）要好一些。

在侵蚀的分布上，威尔士和英格兰基本相似。侵蚀最严重的地区是海拔600m，坡度为7°和大于25°的野外洼地。遭到侵蚀的大多是草地和荒野，沼泽的侵蚀规模最大。同样，泥炭土的侵蚀较为严重，而湿泥炭质矿物土、湿矿物土和干矿物土的侵蚀程度在

减小。

2）低地区域的耕地。在低地区域耕地土壤侵蚀的研究中，试点选取的最小距离为5km，有效地排除了比英格兰规模小的试点。在威尔士，主要耕地（包括Dyfed和Pembrokeshire）的侵蚀压力和类型基本与英格兰相似。Harrod（1998）的研究表明，沟道侵蚀特别是细沟侵蚀，是低地区域耕地的主要侵蚀形式，这种侵蚀在秋季播种的冬小麦和大麦的耕地上发生最频繁。

对于低地区域由风引起的侵蚀并不像海岸沙丘运动那么显著，与其相关的研究非常少。风蚀只局限于威尔士北部的Wrexham和Maelor轻质沙土地区，干燥的春季风使得春季播种的土地发生侵蚀。

3）低洼地区的草地。1997年，在威尔士对28个低地区域的草地试点的土壤侵蚀程度及土壤结构破坏形式进行了调查。结果表明，稳定生长的围垦草地的侵蚀并不严重，在调查的草地中仅有5处出现侵蚀现象，总的侵蚀体积仅为0.16$m^3$。

（2）威尔士土壤侵蚀影响因素。威尔士的土壤类型（图2-1）主要包括：①盐沼泽；②岩石上的浅酸性土壤；③石灰岩上的浅土层；④沙丘；⑤泥岩上的渗透性差黏土；⑥排水性好的壤土；⑦排水性好的砂土；⑧漫滩上排水性好的土壤；⑨岩石上排水性好的酸性壤土；⑩排水性好的强酸性壤土和砂土；⑪表层为湿泥的酸性渗透性壤土；⑫渗透性差、季节性湿润的壤土和黏土；⑬表层为泥土的渗透性差的酸性湿润土；⑭地下水位高的无石壤土和黏土；⑮地下水位高的无石壤土和海岸黏土；⑯地下水位高的渗透性砂土和黏土；⑰复原的土壤；⑱强酸性泥炭土；⑲其他。

基于一项全国性的调查，威尔士的土壤侵蚀主要是由于土地利用和管理措施不当引起的。对河网和湖泊地区土壤侵蚀影响最大的是围垦的农田和野外荒地。然而，土地和水之间的联系最近才被人们所重视，加剧的土壤侵蚀也是对地貌景观的破坏。

这里提到的土壤侵蚀包括了所有形式的侵蚀，如水蚀、风蚀及所有和产沙相关的侵蚀。土壤流失的加速受到自然和人为因素的影响。环境影响着土壤的可侵蚀性，同时又决定了侵蚀发展的程度。外部因素，如人类和放养的牲畜，通过破坏或减少地表的植被造成土壤侵蚀。

土壤的水文特性是影响土壤侵蚀的重要因素，当土壤中的含水量增加时，土壤的剪切力减小。土壤侵蚀的程度还受不同坡度的影响，这是因为被侵蚀的土壤要受到竖直向下重力的作用。另外，陡坡本身具有不稳定性，即一旦被破坏，更难恢复。

1）高地区域侵蚀的影响因素。威尔士高地地区的侵蚀并不是集中在一个个小地区，其分布十分广泛。虽然没有量化，但1997～1999年侵蚀的加速主要是由于人类活动和放牧造成的。后来的研究也表明，75%的野外试点的侵蚀和77%的野外试点的荒土的维持均与人类活动和放牧有关。

通过对比分析多年的航空照片，研究者们发现从1946年起，威尔士由于人类和动物（特别是绵羊）活动造成的土壤侵蚀逐年上升，而通过植被恢复，泥炭和矿物土的侵蚀却保持稳定或是开始下降。

在普林利蒙地区，对泥炭土层的研究表明，一旦发生侵蚀，只要遇到干旱和降雨，这种侵蚀就会不断发展。如果夏季极其干燥，秋冬两季遇上大雨，这时会造成最大的泥炭土

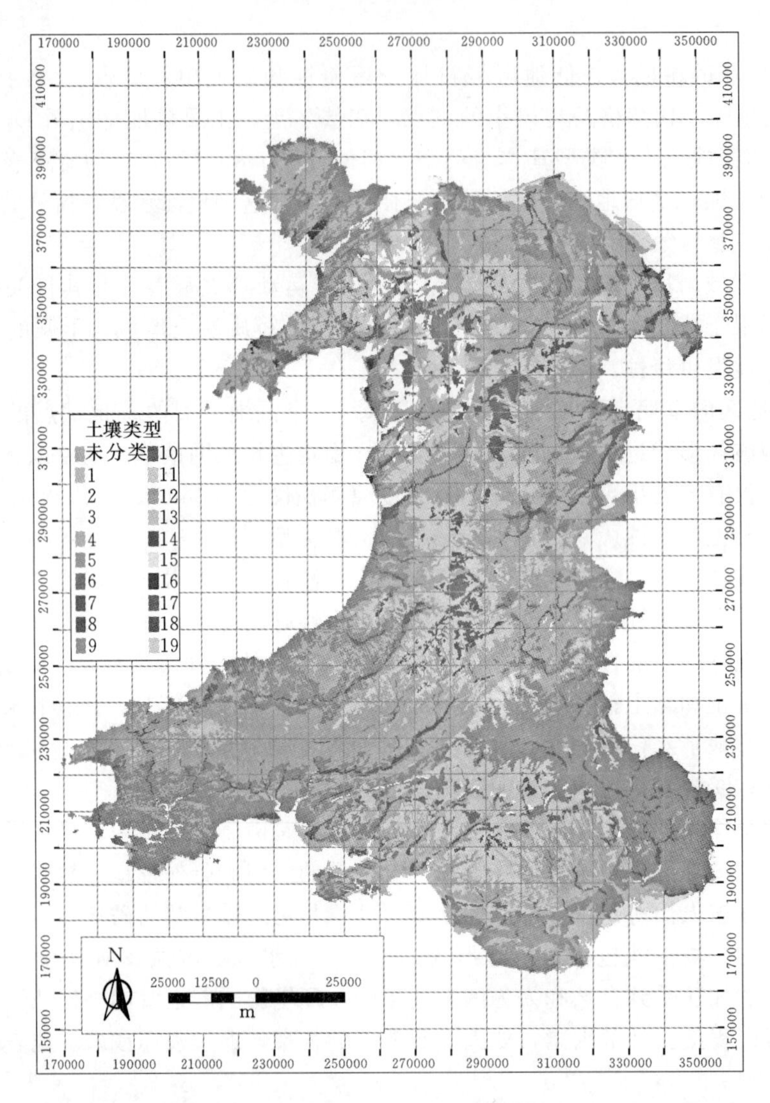


图2-1 威尔士的土壤类型分布*

产沙量。另外，冬季的冰冻也会造成大量的泥炭土侵蚀。

1940～1980年，高地区域泥炭土层开始大量种植针叶树，但是种植前排水系统的修建十分关键。在威尔士中部的Llanbrynmair高沼地带，造林后河流中的悬移泥炭土含量增加了2.5倍，而造林的目的原本是想减少泥沙的流失。在夏季，干旱使得犁沟两边的泥沙松散，秋季的雨水冲走了大量的松散泥沙，造成秋季河流的含沙量达到最大。

2）低地区域耕地侵蚀的影响因素。由于无植被覆盖的土壤的可侵蚀性最大，所以耕地比草地或是荒野一类的半自然地区更易发生侵蚀。耕地土壤的可侵蚀性与表层土的结构和坡度有关。粉细沙的表土比黏土更容易受到侵蚀，坡度增加，土壤的侵蚀性也增大。另外，表土的钙质含量也对侵蚀有影响，含钙高的土壤有更强的聚合稳定性。

在低地区域耕地土壤侵蚀的研究中，试点选取的最小距离为5km，这有效排除了比

英格兰规模小的试点。在威尔士，主要耕地（包括德韦达郡和彭布鲁克郡）的侵蚀压力和类型基本与英格兰相似。

Harrod（1998）的研究表明：沟道侵蚀，特别是细沟侵蚀是低地区域耕地的主要侵蚀形式，这种侵蚀在秋季播种的冬小麦和大麦的耕地上发生最频繁。播种日期接近年底，使得侵蚀的土地增加。

这一方面是由于作物生长不良；另一方面是农民们打算推迟在易侵蚀的土壤上种植，以便获得更长的种植期。常规的耕作方式（如犁地后用耙子耙或结合条播）和传统的耕作方式（如条播前先犁地和耙掘土地）的土壤侵蚀并没有很大的差别，但是最小量的耕作和条播后犁地和压实的措施都使得侵蚀土地的比例持续减少。

对于低地区域，由风引起的侵蚀并不像海岸沙丘运动那么显著，与其相关的研究非常少。风蚀只局限于威尔士北部的 Wrexham 和 Maelor 轻质沙土地区，干燥的春季风使得春季播种的土地发生侵蚀。

3）低地区域草地侵蚀的影响因素。虽然草地通常被认为不易受土壤侵蚀的影响，但是例如牲畜的踩踏和不适时的车辆通行都会造成草地土壤结构的破坏。在草地生长的初期，土壤侵蚀发展的可能性最大，但是一旦草皮生长稳定了，土壤的侵蚀性也随之下降。

4. 土壤侵蚀研究现状

在英国，很多对土壤侵蚀范围和过程的研究工作范围都很小，而不同的研究项目则关注个别的环境、土壤和侵蚀过程。由此导致英国关于土壤侵蚀最普及的信息仅仅来自少数几个全国性的研究项目，并用于评估达数年之久。规模最大的一次侵蚀研究，是以散布在全国的 6000 个试验田为基础，它们的间距为 5km。这些试验田也被称作国家土壤调查（National Soil Inventory），简称 NSI，构成了 19 世纪 70 年代和 80 年代全国土壤调查的基础。

之后，构成 NSI 的各试验田被频繁监测得到一系列参数，包括含碳量、重金属含量以及土壤侵蚀的表现等。特别是从 1995 年起，对 NSI 的山地试验田、可耕作土地以及永久草地的监测，在研究土壤加速侵蚀的起因和防治方面提供了宝贵的信息。

#### 2.1.1.3 主要河流水沙量及河道泥沙

1. 河流、湖泊和流域概况

英国河流分布细密。塞文河（the Severn）是英国第一大河流，长 338km，它同西岸的克莱德河（the Clyde）、默塞河（the Mersey）一同承载着将工业原材料运输至内陆工业城市的使命。东岸的特维德河（the Tweeds）、泰恩河（the Tyne）、蒂斯河（the Tees）以及著名的英国第二大河、长 338km 的泰晤士河（the Thames）不仅面向欧洲大陆的北海各大港口，并且形成了富饶的渔场。

英国最大的湖泊是位于北爱尔兰的内伊湖（Lough Neagh）；而位处英格兰西北部、威尔士北部的湖区（the Lake District）则因为其 15 个湖泊的秀丽风光成为著名的旅游胜地。

2. 河流径流和泥沙信息

英国的河流众多，每月都会发布全国范围的数据报告，内容涉及降雨、土壤含水量、河流流量、地下水位、水库储水量等。同时，该国河流水量的监测系统完善，各条河流的径流量信息都能在专业网站上获得最新资料。

相关的网站有：http：//www. nwl. ac. uk/ih/nrfa/webdata/index. html 和 http：//www. environment-agency. gov. uk/subjects/waterres/457898/1289721/？ lang ＝ _ e。表 2 -1 列出了部分河流径流和流域产沙数据。

**表 2－1　　英国河流径流及产沙量**

| 河　流 | 径流 (mm/a) | 流域面积 ($km^2$) | 流域产沙 [t/($km^2$·a)] |
|---|---|---|---|
| 埃文河 | — | 260 | 161.00 |
| 布里斯托尔埃文河 | 400 | 670 | 27.00 |
| 克莱德河 | 430 | 1900 | 60.00 |
| 克雷蒂河 | 500 | 260 | 53.00 |
| 伊利奥赛河 | — | 3600 | 8.00 |
| 艾斯克河 | — | 310 | 58.00 |
| 埃克斯河 | 860 | 600 | 24.00 |
| 内内河 | 160 | 1500 | 11.00 |
| 赛文河 | 380 | 6800 | 65.00 |
| 斯威尔河 | — | 1400 | 24.00 |
| 泰恩河 | 680 | 2200 | 61.00 |
| 尤斯科河 | 1100 | 910 | 46.00 |
| 韦兰河 | 200 | 530 | 14.00 |
| 外伊河 | 630 | 4000 | 51.00 |
| 伊斯特维斯河 | 1100 | 170 | 164.00 |

在威尔士，河流中悬移质含沙量以东南部地区较高，西北和中部地区较低。图 2－2、图 2－3 分别描述了威尔士河网所有监测点的年平均悬移质含沙量分布和包含的河流的监测点以及受到悬沙威胁的水生栖息地 500m 范围内地区的年平均悬移质含沙量分布。当河流中的悬移质含量超过 20mg/L 就将对水生栖息地和生物构成威胁。

**2.1.1.4　主要研究机构和研究队伍**

1. 水资源管理机构

中央对水资源实施按流域统一管理与水务私有化相结合的管理体制。在英国，与水资源管理相关的中央级政府部门主要有 3 个：农业、渔业和食品部，环境、运输和区域部，科技教育部。农业、渔业和食品部主要负责农业灌溉排水等，并负责提供中央防洪经费。环境、运输和区域部主要负责制定全国水政策、法律法规，保护和改善水资源，最终裁定有关水事矛盾，监督取水许可证制度的实施等。科技教育部主要负责有关水利方面的科研教育活动。

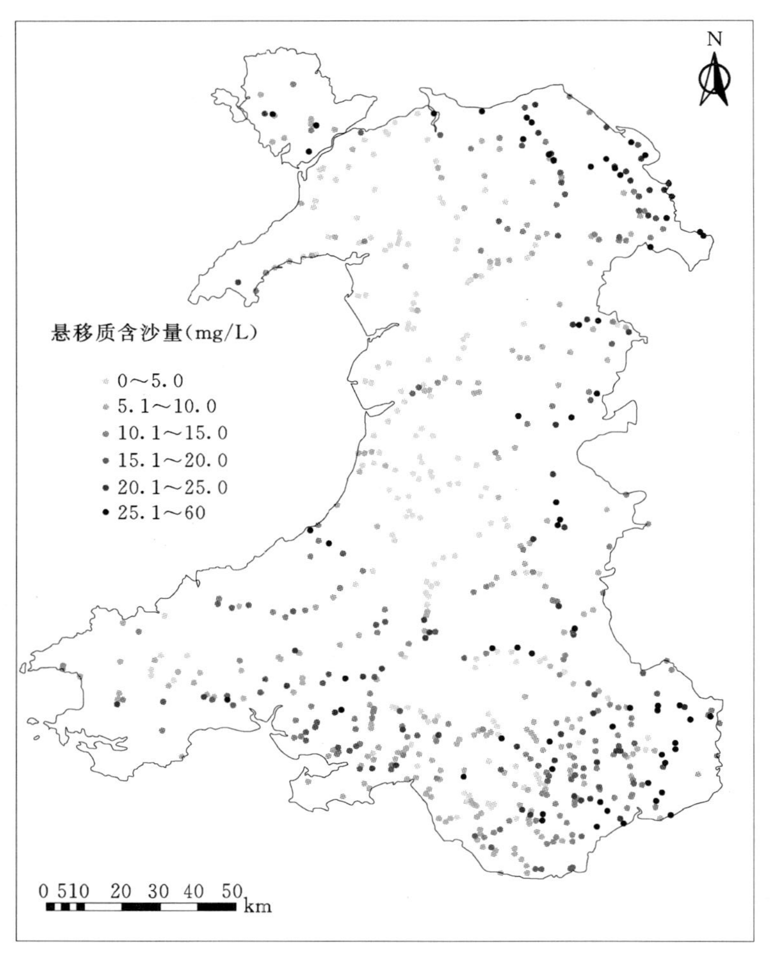


图 2-2 威尔士河网所有监测点的年平均悬移质含沙量分布*

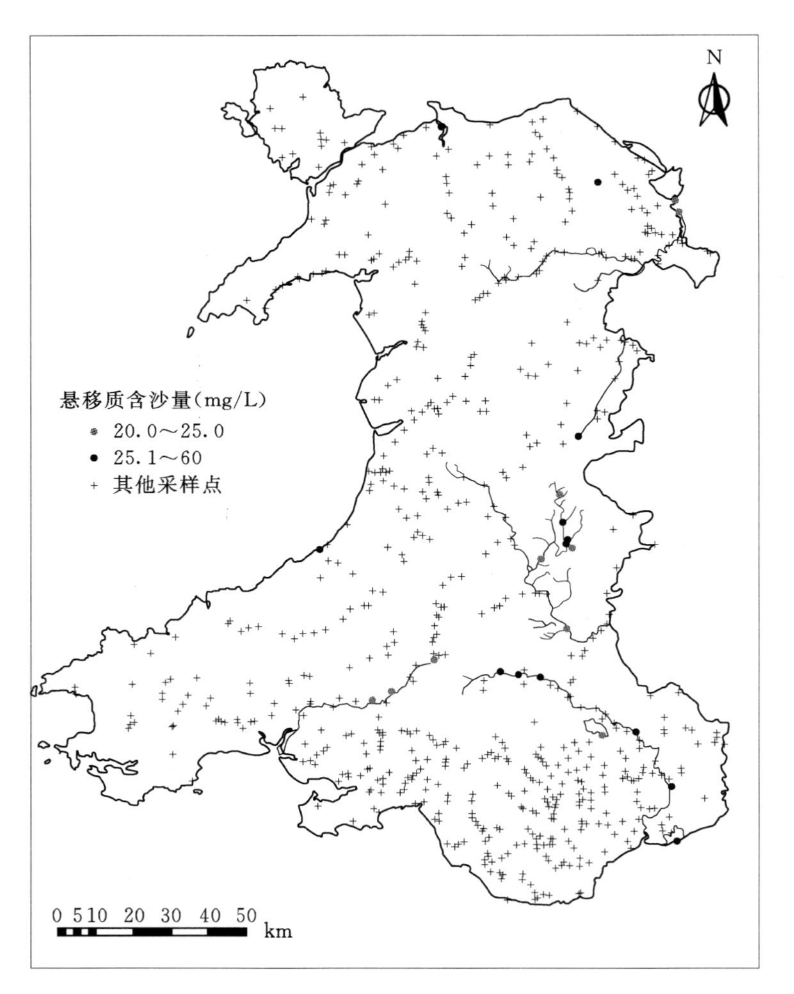


图 2-3 选定地区河流的监测点年平均悬移质含沙量分布*

政府水资源管理执行部门主要有国家环境署、饮用水监督委员会、水服务办公室、水事矛盾仲裁委员会。

2. 相关科研机构

主要包括：

(1) 英国水研究中心。英国水研究中心是一个有限公司性质的研究单位。该中心几乎包揽了英国国内与水工技术有关的科研项目，并与海外有广泛的技术合作。

(2) 沃灵夫特研究所 (HR Wallingfold)。沃灵夫特研究所成立于 1947 年；1982 年，该研究所私有化为独立的水力研究有限公司；1993 年成立沃灵夫特集团。该集团是一个专门开发国际水领域的合资机构，专长水资源与水文、城市排水、灌溉与水资源、河流与流域管理、水质与环境评价、港口、河口与潮汐、近海水域与海岸防护、近海建筑物等方面的研究。该所开发出来的流域管理模型、海洋与河口模型等已被世界上多个国家的水利部门所采用。

(3) 其他主要相关机构。包括：国家环保局；生态与水文中心 (Centre for Ecology & Hydrology)；环境署 (Environment Agency)；苏格兰环保局 (Scottish Environment Protection Agency)；北爱尔兰河流局 (Rivers Agency of Northern Ireland)；草和环境研究所 (The Institute of Grass and Environment Research)；国家土壤调查所 (National Soil Inventory)；威尔士农业办公室 (MAFF and Welsh Office Agriculture Department)；英国洛桑实验站；英国卡迪夫大学水力环境研究中心；农渔粮食部 (MAFF)；农业部威尔士办公室 (Welsh Office Agriculture Department)。

### 2.1.2　英国土壤侵蚀与泥沙主要科研成果

#### 2.1.2.1　土壤侵蚀研究

科研人员对位于英国东斯普罗郡的 Hilton 试验点已裸露 12 年的坡地侵蚀小区内的 Bridgnorth 砂壤进行了调查分析，并与小区相邻的自然草地作比较。结果表明，长期侵蚀导致 Bridgnorth 砂壤中粗砂部分流失，使黏粒和石砾的比例不断增加，草地的粗砂比例较高，间接说明草能阻止粗砂被侵蚀，保持土壤，减轻土壤侵蚀。

黏粒和粉粒的比例与坡度呈正相关，粗砂与坡度呈负相关。随着坡度的增加，土壤侵蚀逐渐加重；坡度愈大，因侵蚀而损失的粗砂也愈多，所以，粗砂的比例就愈低，黏粒和粉粒则愈高；尽管种草可以显著减轻水土流失，但是仍存在侵蚀作用 (表 2-2)。

**表 2-2　不同颗粒的坡度 ($x$) 与土壤机械组成 ($y$) 之间的关系**

| 项　目 | 黏粒 (<0.002mm) | 粉粒 (0.002～0.006mm) | 砂粒 (0.06～2mm) |
|---|---|---|---|
| 草地 | $y=0.3026+0.164x$<br>$R=0.7098$ | $y=1.4563x-1.2979$<br>$R=0.7905$ | $y=96.9026-1.6117x$<br>$R=-0.7596$ |
| | $y=1.542x^{0.47}$<br>$R=0.425$ | $y=2.18x^{1.02}$<br>$R=0.787$ | $y=112.2x^{-0.28}$<br>$R=-0.534$ |

注　$R$ 为相关系数。

在英国，研究者们结合土壤的综合特性和环境特性，研究了土壤侵蚀的风险。McHugh 等 (2003) 应用 NSI 研究数据对土壤侵蚀风险进行了预测。这个研究针对不同

的土壤类型研究了英国各地区的土壤侵蚀风险，对英格兰和威尔士的土壤流失区域土壤侵蚀的控制和土地的保护提供了宝贵的参考意见。其研究结果如图 2-4 所示。

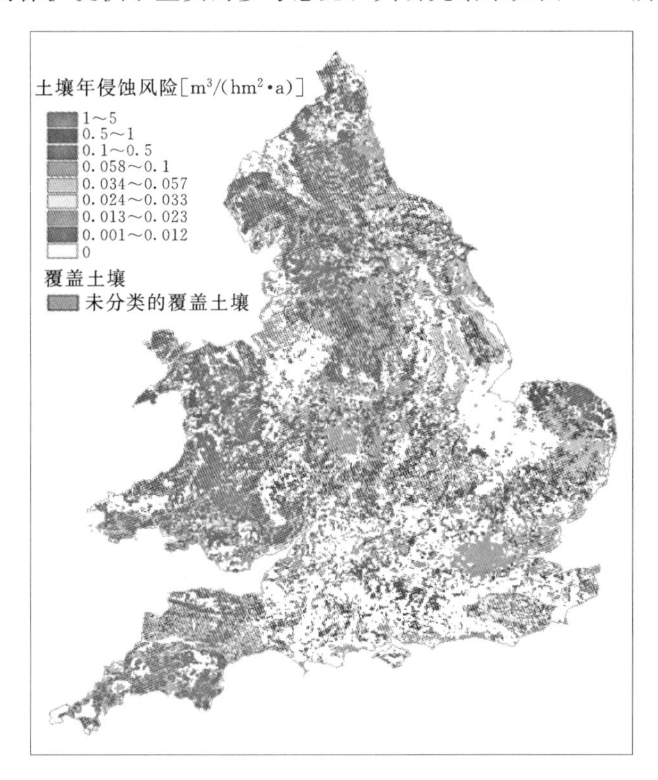


图 2-4 英格兰和威尔士地区土壤年侵蚀量预测图*

#### 2.1.2.2 河道泥沙淤积研究

1. 河道泥沙输移的影响因素研究

(1) 降雨。在威尔士中部的 Llanbrynmair 高沼地带，夏季，干旱使得犁沟两边的泥沙松散，秋季的雨水冲走了大量的松散泥沙，造成秋季河流的含沙量达到最大。

(2) 流域状况。巴拉河北部 Llafar 流域以季节性表层水饱和的灰黏土为主，这种土壤易于遭受侵蚀，同时流域里也放养了大量的绵羊和牲畜。虽然荒秃的土地只存在于流域下游围垦的草地中，仅占草地面积的 1%，但被破坏的土地也应归入荒秃的范畴，有 75% 的荒秃土地在河网附近 40m 范围内的地区。

巴拉河的含沙量从 20 世纪 50 年代的 0.076g/($cm^2 \cdot a$) 增加到现在的 0.14～0.34g/($cm^2 \cdot a$)，主要的泥沙来源就是围垦的草地。

(3) 径流。河道内泥沙的运动与区域洪水的性质关系密切，径流的季节变化会导致河道内泥沙的相应变化。

(4) 河道特性。河道特征与泥沙的输移距离、不同粒径泥沙的分布等也有着直接的相互作用关系。

在草原流域，河岸侵蚀、河道刷深和水流突变都会使河道中的泥沙含量增大；在森林中主要是排水渠的修建，增加了水流中的泥沙含量。

在河道系统中输送的泥沙一般有两个重要的淤积地点：河漫滩和河床。一般来说，细粒泥沙在河床中储存的时间很短，很可能不到 1 年时间又重新被启动、运移，而河漫滩上淤积的泥沙储存的时间却长得多，可以达 100～1000 年。

Owens 等比较了苏格兰特维德河主要河道系统中泥沙在河漫滩和河床中细粒泥沙的淤积量后发现，两者的淤积量分别占年细泥沙输移量的 40%和 4%，而 Walling 等认为英国奥赛河和沃夫河的漫滩泥沙分别为 39%和 49%，而两者的河床中储存的泥沙只占总量的 10%和 8%。

由此可见，河漫滩淤积为河道泥沙输送损失的一个重要场所，且淤积以后相对稳定。

2. 河道输沙及河床演变的研究

（1）河道输沙。利用组合指纹法的原理，Collins、Walling 等研究了英国几条河流中悬浮泥沙的来源。Collins 等（1995）通过采集不同季节和洪水事件的不同时刻的悬浮泥沙样，确定埃克斯河和赛文河流域三大主要地质地层区对泥沙贡献的空间定量变化。Walling 等（1997）研究了 1994～1997 年这一时段内奥赛河及其主要支流沃夫河悬浮泥沙的来源，他通过建立不同支流的指纹特性，确定了不同土地利用类型的表层土与河岸侵蚀、不同地质地层区对各支流泥沙的贡献，同时还得到各支流对干流泥沙的贡献。

这种方法的优点是能定量解决大流域内泥沙的起源信息；缺点是河流泥沙样的采集（特别是人工采集）很难代表流域内泥沙的整个变化过程，特别是洪水时期河流泥沙特性显著变化，正确确定采样的次数和采样时间间隔是个非常关键的问题。

Collins 等（1996）也对英国的其他河流的泥沙信息作了相似的研究。他利用 137Cs 的计年结果，估算了河漫滩的平均淤积速率并将此结果加以外推，同时利用组合指纹法得到了埃克斯河和赛文河流域 55 年和 100 年来各个年代各种地质亚区对相对泥沙贡献率的动态变化，这种变化受内因（如极端水文事件）和外因（如土地利用变化）的控制。

淤积泥沙源地类型及空间变化所包含的丰富的环境信息，为预测和建立合理的水保设施提供了科学基础。但上述方法也存在一些问题：如 Owens 等（1999）的研究中认为百年来河流泥沙通量没有变化，由于泥沙输送过程的复杂性，并不能说明上游侵蚀速率没有发生重大变化；30 年与 100 年来淤积速率相似也许因为两个时间段并不是排斥的，100 年也包括了 1963 年以来的 30 余年，某一短时期内由于单个洪水事件淤积速率突然变化，这在年平均淤积速率并不能反映。

另外，Collins 等的淤积速率外推结果也存在一定的问题，虽然能比较细致地反映泥沙来源的历史变化，但由于淤积速率的外推结果不一定准确，由此得到的年代的精度值得商榷。

（2）河床演变。卡迪夫大学水力环境研究中心在泥沙模拟方面获得了较新的研究成果，包括第一阶段采用 HECRAS 模型同 DIVAST 模型相嵌套建立河道演变模型和第二阶段建立水质及河道演变混合模型，该模型已经在卡迪夫（Cardiff）湾得以应用。

**2.1.2.3**　水土流失治理及河道整治成果

1. 水土流失的治理

在英国东南部，最普遍的治理方式是改变耕作的季节或是在易侵蚀的土地上种草。有些农民已经减少了冬季谷物的种植，改种春天播种的谷物，以此来减少秋冬季土壤侵蚀的

问题。向低地地区的农民宣传将顺坡耕作改为等高线耕作还比较成功，有些农民将这种耕作方式看作是由他们发明的土壤保持的方法。西苏塞克斯郡的农民发明的土壤保持措施包括：在未耕作的土地上种草；用成捆的栅栏来保护低洼地区，以防止其被高地上冲下来的径流侵蚀。

水土保持措施方面，注重于植被及耕作方法，也有一些机修梯田，但很少有大工程。此外，政府及科技界对土壤改良方面也做了不少努力，通过化学加速土壤熟化及泥炭岩掺石灰措施，使次等地变为优质农田。总之，英国的水土保持工作是围绕农业而展开的。

由于土壤侵蚀仅仅是局部问题，而且与其周边的影响无关，所以控制侵蚀的措施因地制宜。在农村地区管理上，重点是相应的工程措施。国家公园和其他机构有很多关于控制土壤侵蚀的计划，尤其是对于路边小路的侵蚀。鼓励路人走修建好的小路，以防止未保护的土壤侵蚀加剧。

在农业上，防止土壤侵蚀的措施还不够，而且也没有反映周边地区影响的严重性。MAFF 于 1993 年在针对土壤保护的好的农业措施的法规中加入了一些土壤保持建议。

1999 年 MAFF 又向低地地区的农民发放了一系列传单来帮助他们估计不同作物的土壤侵蚀风险。对于高山丘陵地区，虽然最近印刷的“控制土壤侵蚀”的传单确实包含怎样减少对土壤和植被的破坏的建议，但是 MAFF/WOAD 发布的放牧管理的传单却没有提到过度放牧对土壤侵蚀的影响。

2001 年，在国家环保局的帮助下，玉米种植协会向会员们发放了关于控制土壤侵蚀建议的传单。同年，国家环保局出台了一系列的最好的耕作措施，其中说明了造成侵蚀的原因和侵蚀的形式，它们被印成手册发给英格兰和威尔士的农民。除了这些义务制定的措施外，还有很多与防止土壤侵蚀有关的土壤资源可持续管理的建议。例如，2002 年农业和野生生物咨询公司的可耕作农田方法的黄金准则就鼓励农民避免在陡坡上耕作，这有助于减小土壤侵蚀的风险。

在森林地区，1998 年林业委员会提出了森林和土壤保持的方针，建议经济林种植者减少土壤退化。对于建筑工地，建筑工业研究和情报协会（CIRIA）出台了一项与环境保护相关的建筑法规，其中包括许多关于建筑工地控制泥沙流失的建议。

在保护文化遗产方面，由土壤侵蚀造成的破坏被逐渐认识，承包商们也正在酝酿解决的措施。在英格兰，人们也为此正在寻找更好的风险评价办法。

2. 河道治理

（1）泰晤士河治理。泰晤士河是英国著名的“母亲”河，发源于英格兰西南部的科茨沃尔德希尔斯，全长 338km，横贯英国首都伦敦与沿河的 10 多座城市，流域面积 1.14 万 $km^2$。在英国历史上，泰晤士河流域占有举足轻重的地位。英国的政治家约翰·伯恩斯曾说：泰晤士河是世界上最优美的河流，“因为它是一部流动的历史”。18 世纪末期，产业革命后，人口集中，大量的城市生活污水和工业废水未经处理直接排入河内，加之沿岸又堆积了大量垃圾污物，19 世纪开始，泰晤士河逐渐变成河水浑浊、污染严重的臭河。到了 20 世纪 50 年代末，泰晤士河污染更是严重，它的含氧量几乎为零，除了少数鳝鱼幸存外，其他鱼类几乎绝迹；河水污染引起疾病流行，1849～1954 年，滨河区共有 2.5 万人因霍乱而死亡。

泰晤士河夏季臭气熏天，致使沿河的国会大厦、伦敦钟楼等不得不紧闭门窗。由于伦敦饮水遭受污染及工业排放的二氧化硫、一氧化硫和氮氧化物等有毒气体混合，终于多次爆发了霍乱大流行和震惊世界的伦敦烟雾事件。其中，仅丧生于霍乱者高达 33460 人。

英国政府从 1964 年开始治理该河，首先是通过立法，对直接向泰晤士河排放工业废水和生活污水作了严格的规定。有关当局还重建和延长了伦敦下水道，建设了 450 多座污水处理厂，形成了完整的城市污水处理系统，每天处理污水近 43 万 $m^3$。目前，泰晤士河沿岸的生活污水都要先集中到污水处理厂，在那里经过沉淀、消毒等处理后才能排入泰晤士河。污水处理费用计入居民的自来水费中。根据有关法律，工业废水必须由企业自行处理，并在符合一定的标准后才能排进河里。没有能力处理废水的企业可将废水排入河水管理局的污水处，但要交纳排污费。检查人员还会经常不定期地到工厂检查。那些废水排放不达标又不服从监督的工厂将被起诉，受到罚款甚至停业的处罚。

经过多年的艰苦整治，耗资 20 亿英镑，如今流经伦敦的泰晤士河已由一条死河、臭河变成了世界上最洁净的城市水道之一，泰晤士河终于又焕发了生机。1979 年已有 104 种鱼类在河中畅游，成群水鸟在河面上飞翔觅食。泰晤士河重新成为伦敦的一道风景线。现在该市中心著名的伦敦塔桥江段可见到清晰的水流，垂钓者亦可钓到名贵的鲑鳟鱼。

泰晤士河的治理成功，关键是开展了大胆的体制改革和科学管理，被欧洲称为“水工业管理体制上的一次重大革命”（史虹，2009）。通过对河段实施统一管理，把全河划分成 10 个区域，合并 200 多个管水单位而建成一个新的水务管理局——泰晤士河水务管理局。然后按业务性质作了明确分工，严格执行。在水处理技术上运用传统的截流排污、生物氧化、曝气充氧及微生物活性污泥等常规措施。处理后的废水用于养鱼、栽培等，从而给水务工作带来活力，其优越性主要表现为：

1）集中统一管理，使水资源可按自然规律进行合理、有效的保护和开发利用，杜绝了水资源的浪费和破坏，提高了水的复用系数。

2）改变了以往水管理上各环节之间相互牵制和重复劳动的局面，建成了相互协作的统一整体。

3）建立了完整的水工体系，从水厂到废水处理以至养鱼、灌溉、防洪、水域生态保护等综合利用，均得到合理配合，充分调动各部门的积极性。

（2）卡迪夫湾治理。卡迪夫位于英国威尔士南部，塔夫河（Taff）与伊利河（Ely）流到这里，从卡迪夫湾入海。从 18 世纪中叶开始，产于威尔士峡谷的大量的原煤源源不断地从这里运往世界各地，使卡迪夫湾成为当时世界最大的原煤外运港口。然而，第二次世界大战结束后，随着国际需求减少和集装箱码头的兴起，原煤运输业在 20 世纪 60 年代基本停止。到 20 世纪 80 年代，卡迪夫湾已成为被遗弃的码头和大片泥滩的荒地。1987 年 4 月，英国政府对卡迪夫 1100$hm^2$ 被遗弃的港区开始了改造。卡迪夫湾是欧洲最具雄心的城市经济复兴项目之一，吸引了数十亿元的投资，带来就业机会。经过多年的不懈改造，一座大坝横锁塔夫河与伊利河交汇口，消除了潮汐的影响，形成了 200$hm^2$ 的巨大人工泻湖和 13km 的常水位的码头区。工程的兴建促进了该地区的发展，新增了 3 万个工作岗位，每年有 200 万人次到此旅游。

### 2.1.3 英国土壤侵蚀与泥沙科研趋势

#### 2.1.3.1 土壤侵蚀及防治研究重点和趋势

在英国，研究者们还结合土壤的综合特性和环境特性，研究了土壤侵蚀的风险。McHugh等应用NSI研究数据对土壤侵蚀风险进行了预测。这个研究针对不同的土壤类型研究了英国各地区的土壤侵蚀风险，对英格兰和威尔士的土壤流失区域土壤侵蚀的控制和土地的保护提供了宝贵的参考意见。

另外，英国在土壤侵蚀研究中，不仅注重土壤流失，而且进行河系监测。英国对土壤侵蚀评价及侵蚀预报的研究基于水保本身的研究，不同侵蚀率影响谷物的产量降低的百分数估算到了100年以后的状况。

未来，一方面要鼓励研究和采用更好的水土保持措施，包括：①在农业地区，应该提高对由于农田土壤流失造成的环境和经济损失的意识；②土壤保持的最低标准应该是创造国家农业政策的所有农业环境计划和其他支持项目下的义务环境条件；③特别地，土壤侵蚀的风险评价和土壤保持应该成为总规划的一部分，这就要求乡村委员会的工作人员在这两方面得到培训；④目标上，土壤保持最好管理方式的选择应该与当地条件和农业环境计划相符。人们应该更多地了解土壤流失对威尔士的地貌、居民地、河流、湖泊、河口及渔业的环境质量的重要影响。应该对犹如土地管理不善而导致的环境破坏给予惩罚和起诉。这就需要修改立法——在水污染中将土壤和泥沙纳入污染物质。2002年英国自然局将粉沙也列入到农田物质扩散而造成的水体污染物中。

另一方面是修复侵蚀的土壤，保护可能被侵蚀的土壤，包括：①将受到侵蚀的地区围起来，防止人进入和放牧，阻止土壤流失的加剧，让该地区的草自然生长；②在牲畜棚的周围和进口铺上硬质材料；③将沟渠和河流边岸围起来，防止牲畜进入破坏河岸，缓冲带不能拦截被侵蚀的所有细沙，要和其他的农田措施相结合；④恢复草地、灌木和乔木的种植；⑤播种和利用肥料；⑥利用草垫和土工织物适当维持表土，防止土颗粒的移动；⑦利用硬质的材料修复小路。制定整体的规划管理方案是解决土壤侵蚀及其产生的环境负效应的唯一长期方法。控制侵蚀不应该限制如造林一类的活动。但是需要考虑土壤和地貌特性，同时也要与经济、环境和社会目标相平衡。在某些地方需要有资金项目支持侵蚀土壤的恢复。

威尔士土壤侵蚀研究存在的问题主要是在威尔士土壤侵蚀程度和频率的监测和记录不足。具体包括：①在威尔士，具体地区和土壤协会的土壤侵蚀程度的资料不全，现有的资料是全国抽样的报告，研究区域只是局部地区和边长为5km的方形试验田；②威尔士土壤侵蚀率的资料不全或是基本没有，现在正在进行的调查（NSRI）尝试评价若干年土壤侵蚀的连续变化，但是结合前一条的资料，规范系统的调查将有可能得到有关土壤侵蚀原因和速率的广泛信息，这将形成整个欧洲土壤监测网络的一个部分；③目前还没有全国范围的现行控制土壤侵蚀措施的总结，若有，将会更有效、更经济地控制土壤进一步侵蚀和开展土地修复工作；④最近，EA在开发山坡侵蚀泥沙向河道的输移规模的风险评价工具的研究中，也对河流泥沙淤积的特点和风险做了一些研究工作，仍然需要进行深入的研究来确定产沙，完全描述复杂流域的侵蚀和淤积形式，了解地形突变如道路和排水沟等对泥沙和水流运动的影响。

威尔士土壤侵蚀问题的复杂性及其重要而深远的影响，保证了它在全国范围监测规划中的重要地位，一旦能被完全了解，将会采取必要的措施来保持，以达到可持续利用土地资源的目的。

#### 2.1.3.2　河道泥沙处理利用与河床演变研究重点及趋势

1. 河道泥沙淤积研究重点及趋势

关于河道泥沙输移有三个关键性问题：河道泥沙存蓄量，泥沙存蓄与输移时间，淤积泥沙的空间分布。由于侵蚀与产沙之间数值差异的存在，泥沙的动态存蓄将是一个不可回避的问题。河道内存蓄泥沙动态变化的定量研究将会有助于估算河道泥沙存蓄与流域产沙之间的动态关系，并且可以对不同河段泥沙的存蓄特征进行比较与解释。

英国学者 Lawler 等研制了一种用以自动监测河流泥沙的侵蚀、输移与淤积情况的"光电侵蚀探针"，其最大的优点在于它可以长期自动连续监测河流泥沙的侵蚀、输移与淤积，这对于没有或较少水文测站的区域连续观测泥沙是十分有意义的。

2. 河床演变研究重点及趋势

卡迪夫大学水力环境研究中心在泥沙模拟方面获得了较新的研究成果，包括：第一阶段采用 HECRAS 模型同 DIVAST 模型相嵌套，建立河道演变模型；第二阶段建立水质及河道演变混合模型。其中第一阶段的模型已经在卡迪夫湾得到应用。

### 2.1.4　小结

总体上看，英国的土壤侵蚀问题不严重，在英格兰和威尔士大约 63%的可耕种土地其侵蚀速率小于其允许值。影响土壤侵蚀的因素包括降雨、气温、土壤性质及植被等自然因素和土地利用及管理方式等人为因素。河流都是源近流短，河道泥沙问题不算严重。

从分析中可以看出：首先，英国围绕土壤侵蚀度和侵蚀率开展了很多研究，在水土保持研究方面取得了大量成果，土壤侵蚀评价、土地分级、土壤普查及遥感技术等方面处于领先地位；其次，很多对土壤侵蚀范围和过程的研究工作范围都很小，不同的研究项目仅关注个别的环境、土壤和侵蚀过程；第三，英国重视土地资源的可持续利用，在土壤战略草案中突出了土壤多样性和质量等问题；第四，英国的河流水系监测系统完善，尤其是流量的监测数据在时空上十分详细，但泥沙的监测资料却嫌不足。此外，英国在河道治理遵循自然生态治理理念，建立了完整的水工体系；最后，还可以看到，英国今后将继续研究土壤侵蚀风险，鼓励研究和采用更好的水土保持措施。

未来，英国将需要加强河道泥沙存蓄量、泥沙存蓄与输移时间、淤积泥沙的空间分布以及泥沙测量设备的研究和加强河床演变及水质嵌套模型的研究。

## 2.2　法国

### 2.2.1　法国概况

法国位于欧洲西部，西临大西洋，西北面对英吉利海峡和北海，东北比邻比利时、德国，东与瑞士相依，东南与意大利相连，南与地中海、西班牙接壤，总面积 55.12 万 $km^2$，人口为 6339 万人（2007 年），平均 115 人/$km^2$。全国分 22 个大区、96 个省、326 个专区、3827 个县。由于其特殊的地理位置，除南面属地中海亚热带气候外，其他都属

大西洋温带气候。

全国60%面积为海拔250m以下的平原，20%面积为海拔250～500m的丘陵，只有20%面积为山区。最高海拔5100m，东南部地势较高，主要的山脉有阿尔卑斯山脉等。全年平均降水量600～1000mm，最冷月1月平均气温5℃，最热月7月平均气温20℃。

**2.2.1.1** 水资源及保护状况

法国全国年平均降雨量为600～1000mm。主要河流有卢瓦尔河、罗纳河、塞纳河、加龙河、马恩河、莱茵河和绍纳河。

1964年法国制定了第一部《水法》，《水法》中按地理环境划定了6个流域，建立了6个流域水务局。各自的流域委员会和流域管理局负责本流域内水资源统一规划，统一管理，目标是既满足用户的用水需求，又满足环境保护的需求。1992年新的《水法》进一步加强了这一管理体制。

法国年均水资源总量约为2000亿$m^3$，其中1200亿$m^3$为土壤渗透和补偿地下水，800亿$m^3$流入河流和湖泊。人均水资源量3099$m^3$/a。从水资源的利用比例来看，农业15%，工业10%，生活占18%，水利发电占57%。

根据1992年新制定的《水法》以及法国面临的水资源形势，法国在水资源管理上目前致力于水资源的流域整体管理和在各领域特别是农业领域的节约用水。2007～2012年，法国政府在六大流域机构花费的水资源管理费用见表2-3。

**表2-3　2007～2012年法国政府六大流域机构的水资源管理费用**　单位：$\times10^6$欧元

| 项目＼流域 | 阿杜—加龙河流域 | 阿图—比加底流域 | 卢瓦—布列塔尼流域 | 莱茵—马斯河流域 | 罗纳—地中海—科西嘉流域 | 塞纳—诺曼底流域 | 总计 |
|---|---|---|---|---|---|---|---|
| 学识、规划和管理 | 230.50 | 164.27 | 478.60 | 282.42 | 460.90 | 471.60 | 2088.29 |
| 整体水资源管理措施 | 714.00 | 508.12 | 885.50 | 428.40 | 1379.60 | 2790.40 | 6706.02 |
| 局部水资源管理措施 | 240.00 | 195.50 | 501.60 | 329.87 | 631.10 | 937.90 | 2835.97 |
| 总计 | 1184.50 | 867.89 | 1865.70 | 1040.69 | 2471.60 | 4199.90 | 11630.28 |

注　数据来源：Appendix to the finance law for 2010，Water Agencies.

法国对水资源或者说对水环境采取一体化管理。从数据库即资料、科研、行政稽查，到地下水、地表水、饮用水和污水处理，工业废水的管理，以及农业水利化，对水实施全方位的管理，涉水的事务在一个部门得到有机结合。即：对供水、排水、污水治理、回用，对农业生活用水，对地表水、地下水实施一条龙管理。流域委员会通过协调，制定水开发与管理的总体规划，规划确定流域经协调后的水质与水量目标，以及为达到这些目标应采取的措施。流域机构注重从经济、社会、水环境效益上强化水资源的综合管理，重视与强调水质与污染控制管理力度，通过政策、法规、经济手段等方面的措施，减少污染，促进节水。

**2.2.1.2** 土壤侵蚀状况

法国土壤侵蚀以水蚀为主，主要集中在南部地区。全国大约有500万$hm^2$的农田受

到水蚀的影响，占全国耕地的 17%，而由风力造成的土壤侵蚀仅有 50 万 $hm^2$。当前，土壤侵蚀主要的影响地区是谷类及小麦种植区和其他农业生产区。

1. 主要土壤侵蚀类型

总体来看，法国的土壤侵蚀主要分为以下 5 种类型：秋冬季节裸露或裸露硬质土壤的高强度农业区的侵蚀；春夏季暴风雨造成的高强度农业区播种土壤的侵蚀；葡萄园、果园耕种沟间的侵蚀；地中海地区由于极端的气候变化如干旱和夏季暴风雨造成的侵蚀；山区侵蚀，尤其是不稳定疏松土壤导致的沟谷侵蚀和耕作土地上的土壤扰动造成的侵蚀。

2. 土壤侵蚀分布

法国土壤侵蚀的最严重地区主要分布在巴黎盆地的北部、西部和东部，这里主要是硬质土壤的集中农业区。另外，还有罗纳流域及法国西南部，这里有大片的葡萄园和春季作物。中等侵蚀的地区主要分布在布列塔尼中南部和地中海地区。林地和草地覆盖地区的侵蚀程度相对较弱。德国局部地区四季土壤侵蚀分布示意图如图 2－5 所示。

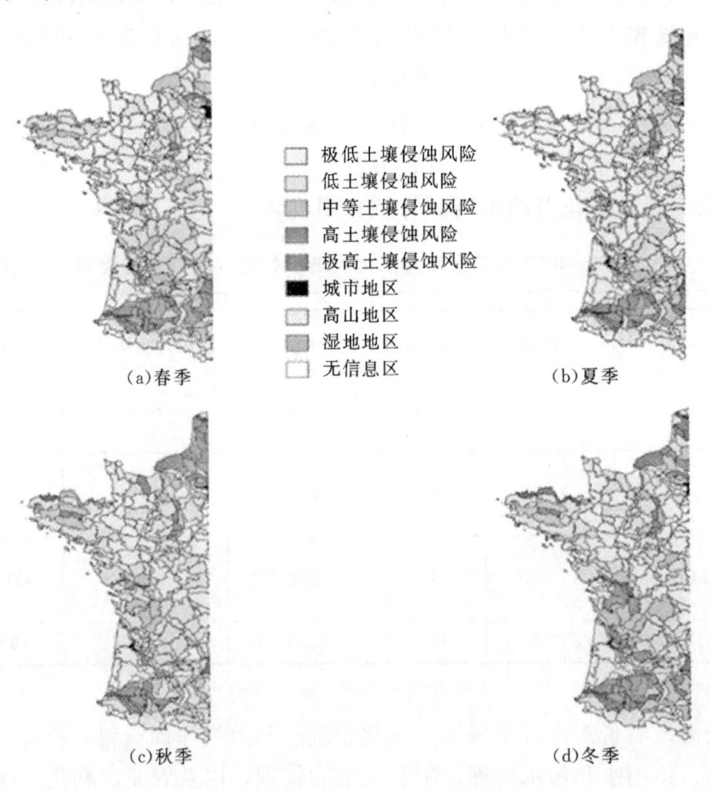


图 2－5　法国局部地区四季土壤侵蚀分布示意图*

法国西北部常年遭受土壤侵蚀的威胁。尽管该地区坡度平缓，但土壤却非常易于硬化结块，土壤在一年中的很长一段时间几乎都是荒秃的，所以降雨是土壤流失的主要威胁。巴黎盆地的北部及周边地区的冬季侵蚀比较严重，而盆地中部以冬春季侵蚀为主。该地区土壤侵蚀的最大威胁来自于粉沙土壤及遭受季节性降雨的河流海岸上游和陡坡地区。另外，Rhone-Alpes 地区由于春季耕种和葡萄种植侵蚀也非常严重。法国西南部由于暴雨强度较高，大部分地区特别是坡度较陡的山坡侵蚀严重。

中等侵蚀的地区如布列塔尼北部，由于粉沙土壤上的蔬菜种植只是季节性的，一年中有相当长的时间这里的土地是闲置的，但是降雨又很充沛，造成了该地区的土壤侵蚀问题。地中海和科西嘉地区除了在秋季降雨集中的时节外，土壤侵蚀并不是很明显。

土地利用状况、森林和草地覆盖率以及较小的坡度等使得法国某些地区的土壤侵蚀率维持在很低的水平。这些地区主要分布在法国的中部，大西洋海岸，诺曼底流域下游和法国东部。

3. 土壤侵蚀程度

根据不同的土地利用类型、土壤性质、坡度和降雨强度，可以将法国的土壤侵蚀程度划分为不同的侵蚀风险，见表 2－4（Kirkby，1998）。

**表 2－4　　法国土壤侵蚀风险表**

| 土地利用 | 结皮 | 坡度（%） | 侵蚀力 | 五种降雨侵蚀能力分级的侵蚀风险 | | | | |
|---|---|---|---|---|---|---|---|---|
| | | | | 1 | 2 | 3 | 4 | 5 |
| 可耕地 | 无 | 0～10 | | 1 | 1 | 1 | 1 | 2 |
| | | 10～30 | | 1 | 1 | 2 | 2 | 3 |
| | | ＞30 | 低/中 | 1 | 1 | 2 | 2 | 3 |
| | | | 高 | 2 | 2 | 3 | 3 | 4 |
| | 低 | 0～2 | | 1 | 1 | 1 | 1 | 2 |
| | | 2～5 | | 1 | 2 | 2 | 2 | 3 |
| | | 5～10 | 低/中 | 2 | 2 | 3 | 3 | 4 |
| | | | 高 | 2 | 3 | 4 | 4 | 5 |
| | | ＞10 | 低/中 | 2 | 2 | 3 | 4 | 4 |
| | | | 高 | 2 | 3 | 4 | 5 | 5 |
| | 中 | 0～1 | | 1 | 1 | 2 | 2 | 3 |
| | | 2～5 | | 1 | 2 | 2 | 3 | 4 |
| | | 5～10 | | 2 | 3 | 3 | 4 | 5 |
| | | ＞10 | | 3 | 4 | 4 | 5 | 5 |
| | 高 | 0～1 | | 1 | 1 | 2 | 3 | 3 |
| | | 1～2 | | 2 | 3 | 3 | 4 | 5 |
| | | ＞2 | | 3 | 4 | 4 | 5 | 5 |
| 常绿作物 | 无 | 0～10 | | 1 | 1 | 1 | 1 | 2 |
| | | 10～15 | | 1 | 2 | 2 | 2 | 3 |
| | | 15～30 | 低/中 | 1 | 1 | 2 | 3 | 4 |
| | | | 高 | 2 | 3 | 3 | 4 | 4 |
| | | ＞30 | 低 | 1 | 1 | 2 | 3 | 3 |
| | | | 中 | 2 | 3 | 3 | 4 | 4 |
| | | | 高 | 3 | 4 | 4 | 5 | 5 |

续表

| 土地利用 | 结皮 | 坡度（%） | 侵蚀力 | 五种降雨侵蚀能力分级的侵蚀风险 | | | | |
|---|---|---|---|---|---|---|---|---|
| | | | | 1 | 2 | 3 | 4 | 5 |
| 常绿作物 | 低 | 0～2 | | 1 | 1 | 1 | 1 | 2 |
| | | 2～5 | | 1 | 2 | 2 | 3 | 3 |
| | | 5～10 | | 2 | 3 | 3 | 4 | 4 |
| | | ＞10 | 低 | 2 | 3 | 3 | 4 | 4 |
| | | | 中/高 | 3 | 4 | 4 | 4 | 5 |
| | 中 | 0～2 | | 1 | 1 | 2 | 2 | 3 |
| | | 2～5 | | 1 | 2 | 2 | 3 | 4 |
| | | 5～10 | | 2 | 3 | 3 | 4 | 5 |
| | | ＞10 | | 3 | 4 | 4 | 5 | 5 |
| | 高 | 0～1 | | 1 | 1 | 2 | 3 | 3 |
| | | 1～2 | | 2 | 3 | 3 | 4 | 5 |
| | | ＞2 | | 3 | 4 | 4 | 5 | 5 |
| 有生物篱耕地 | 无 | 0～15 | | 1 | 1 | 1 | 1 | 2 |
| | | 15～30 | | 1 | 2 | 2 | 2 | 3 |
| | | ＞30 | 低/中 | 1 | 2 | 2 | 3 | 3 |
| | | | 高 | 1 | 2 | 3 | 3 | 4 |
| | 低 | 0～10 | | 1 | 1 | 1 | 1 | 2 |
| | | 10～30 | | 1 | 1 | 2 | 3 | 3 |
| | | ＞30 | | 2 | 3 | 3 | 3 | 4 |
| | 中 | 0～10 | | 1 | 1 | 1 | 1 | 2 |
| | | 10～15 | | 1 | 2 | 2 | 3 | 4 |
| | | 15～30 | | 2 | 3 | 3 | 4 | 4 |
| | | ＞30 | 低 | 2 | 3 | 3 | 4 | 4 |
| | | | 中/高 | 3 | 4 | 4 | 4 | 5 |
| | 高 | 0～2 | | 1 | 1 | 1 | 1 | 2 |
| | | 2～15 | | 1 | 2 | 2 | 3 | 3 |
| | | 15～30 | | 2 | 3 | 3 | 4 | 4 |
| | | ＞30 | 低 | 2 | 3 | 3 | 4 | 5 |
| | | | 中/高 | 3 | 4 | 4 | 5 | 5 |
| 草地/森林 | | 0～75 | | 1 | 1 | 1 | 1 | 1 |
| | | ＞75 | 低 | 1 | 1 | 1 | 1 | 1 |
| | | | 中 | 1 | 1 | 2 | 2 | 3 |
| | | | 高 | 2 | 2 | 3 | 3 | 4 |

续表

| 土地利用 | 结皮 | 坡度（%） | 侵蚀力 | 五种降雨侵蚀能力分级的侵蚀风险 | | | | |
|---|---|---|---|---|---|---|---|---|
| | | | | 1 | 2 | 3 | 4 | 5 |
| 退化地 | 无/低 | 0～2 | | 1 | 1 | 1 | 1 | 2 |
| | | 2～30 | | 1 | 1 | 2 | 3 | 3 |
| | | 30～75 | 低/中 | 1 | 1 | 2 | 3 | 4 |
| | | | 高 | 2 | 3 | 3 | 4 | 4 |
| | | ＞75 | 低/中 | 2 | 3 | 3 | 4 | 4 |
| | | | 高 | 3 | 3 | 4 | 5 | 5 |
| | 中/高 | 0～2 | | 1 | 1 | 1 | 1 | 2 |
| | | 2～15 | | 1 | 1 | 2 | 3 | 3 |
| | | 15～30 | 低/中 | 1 | 2 | 2 | 3 | 4 |
| | | | 高 | 2 | 3 | 3 | 4 | 5 |
| | | ＞30 | 低/中 | 2 | 3 | 3 | 4 | 5 |
| | | | 高 | 3 | 4 | 4 | 5 | 5 |
| 荒地 | | | | 11 | 11 | 11 | 11 | 1 |
| 水面 | | | | 12 | 12 | 12 | 12 | 12 |
| 城镇区 | | | | 10 | 10 | 10 | 10 | 10 |

4. 土壤侵蚀的影响因素

（1）自然因素。土壤硬化是耕地侵蚀的关键因素。法国西北部常年遭受土壤侵蚀的威胁，尽管该地区坡度平缓，但土壤却非常易于硬化结块，土壤在一年中的很长一段时间几乎都是荒秃的，一旦降雨该地区的土壤侵蚀就十分严重。

土壤侵蚀和暴雨相关，而后者在时间和空间上都是不协调的。降雨是水蚀的主要影响因素，其影响程度与降雨量及降雨强度有关。

暴雨形成的径流是发生严重的土壤侵蚀的最重要的直接因素。因此，影响径流的过程在分析土壤侵蚀的强度时起着重要作用，并且降低径流的措施对有效的土壤保持是非常关键的。硬质表土地区由于径流汇合冲刷而造成的片蚀和短时期的沟道侵蚀时有发生。

土壤本身的性质也对侵蚀程度起着决定性作用。某些山区的不稳定疏松土壤及粉沙土壤，较陡的坡度都是造成侵蚀的影响因素。

另外，气候的极端变化如干旱和暴雨的交替也加速了某些地区的土壤侵蚀，有些地区以冬季侵蚀为主，有些地区冬春季的侵蚀较为严重。

植被覆盖度也是影响土壤侵蚀的重要因素，森林和草地覆盖率高的地区，土壤保持较其他地区好很多，荒秃的土壤在降雨时易于发生侵蚀。

（2）人为因素。人类活动，尤其是农业生产对土壤侵蚀的影响非常巨大。不同的土地利用类型对应了不同的土壤侵蚀风险，农业生产集中地区的土壤侵蚀十分严重，特别是谷类及小麦种植区，另外，葡萄园及果园耕作的影响也十分明显，季节性的间歇耕作也是土壤侵蚀的重要影响因子，耕地坡度也是土壤侵蚀程度的决定性因素。

#### 2.2.1.3 主要河流水沙量及河道泥沙淤积

1. 径流分布

法国年降雨量约4500亿 $m^3$，河川年径流量约1800亿 $m^3$。

2. 河流流域产沙状况

法国的一些河流，如阿杜河、加龙河、卢瓦河、罗纳河和塞纳河，其流域面积和产沙量各自不同，以罗纳河的产沙量最大。这些河流流域径流及产沙数据见表2-5。

表2-5 法国河流流域产沙量

| 河流 | 径流(mm/a) | 流域面积($km^2$) | 流域产沙模数[$t/(km^2 \cdot a)$] |
|---|---|---|---|
| 阿杜河 | 670 | 16000 | 18.00 |
| 加龙河 | 320 | 55000 | 44.00 |
| 卢瓦河 | 245 | 115000 | 13.00 |
| 罗纳河 | 530 | 90000 | 340.00 |
| 塞纳河 | 130 | 65000 | 18.00 |

#### 2.2.1.4 主要组织管理、研究机构和研究队伍

1. 流域管理机构

法国的水管理机构分3个层次，包括：国家层次、大流域层次和子流域层次。

(1) 国家层次：国家有生态与可持续发展部、国家水管理委员会，负责审议国家有关水的政策、法律、法规。国家水管理委员会由国家议会、参议院及重要的公共机构和国家政府的代表组成，主席由一名议会成员担任。

(2) 大流域层次：法国以流域为单位对水资源进行管理，按照地域特征，将全国划分为6个大的流域：阿杜—加龙河流域（Adour-Garonne）、阿图—比加底流域（Artois-Picardy）、卢瓦—布列塔尼流域（Loire-Brittany）、莱茵—马斯河流域（Rhine-Meuse）、罗纳—地中海—科西嘉流域（Rhone-Mediterranean-Corsica）、塞纳—诺曼底流域（Seine-Normandy）。

全国设立6个流域委员会，每个委员会主席由地方选举的一位政府官员担任。流域委员会在以下两方面起着重要作用：在咨询了区域和地方政务会后，按照平衡的原则审议每个地区的水资源开发利用规划和年度计划，实行质和量的统一管理；负责审议其执行机构流域水务署拟定的取水和排水水费基数和费率，审议流域水务署制定的五年行动计划、私有和公共污水处理厂的资助投资等。流域委员会中国家代表、地方选举的政府官员和用水户代表各占约1/3，而水事活动的实际执行者为流域水务署董事会。

(3) 子流域层次：地方政府成立地方水资源委员会，其成员中，地方社区代表占50%，用户代表占25%，国家政府代表占25%。地方水资源委员会负责准备和贯彻执行水资源开发管理计划。

2. 科研机构

涉及土壤侵蚀和泥沙淤积科研的主要机构包括：夏都国家水工试验室，法国水文中心

研究所，法国流体力学研究中心，法国国家农业研究院，国家农业研究中心，土壤科技组等。

法国流体力学研究中心设在法国东南部城市格勒诺布尔，该所具有50多年历史，下设一个实验中心和一个计算及数字模拟中心，主要从事水力学、空气动力学、空蚀、多向流等流体力学和大气力学及其测试设施研究。

法国国家农业研究院（Institut National de la Recherche Agronomique，INRA）承担法国农业科学研究工作。该院建立于1946年并被确立为国家农业科学研究机构，科研管理人员为政府公务员，目前是世界上最有科研实力和竞争力的农业研究组织之一。该院2001～2004年的研究优先领域包括：①环境和农村发展；②植物学、动物学研究；③人类食品和食物营养；④生物信息；⑤社会科学。每年具体的研究项目设置，是由该院根据国际农产品竞争走势立足法国社会需要和农场主的实际需求自主安排和实施的。目前，全院有4000名研究人员、4600名技术人员及管理人员及1000名博士研究生。

法国土壤侵蚀的研究工作由国家农业研究中心土壤保护实验室进行。该室于1968年成立，目的是以农业为背景协调和统一法国土壤地图的绘制及土壤监测。

土壤科技组（Scientific Group about Soils-GIS Sol）于2001年由国家环境农业部、法国环境研究所、法国环境和能源控制署和INRA共同组建。其目标是开发一套法国土壤时空分布的信息系统及土壤质量监测网络。

### 2.2.2 法国土壤侵蚀与泥沙主要科研成果

#### 2.2.2.1 土壤侵蚀理论研究

1. 降雨产生的地表径流侵蚀机理

如果水流不能下渗到土壤里，而成为地表径流，那么就会带着土壤顺坡流下，这样就造成了土壤侵蚀。土壤不能吸收水分有两种情况：降雨强度超过了土表的下渗能力；降雨发生在饱和湿润的土地表面，这是因为该地区先前就很湿润，或是该地区在地下水位线以下。这两种地表径流通常发生在不同的环境：荒秃硬化的土壤为前一种，而湿润地区为后者，有时这两者在某些情况下也会同时发生。一旦在耕作土地上发生了地表径流，各种形式的侵蚀都有可能发生，按时间和空间分为顺坡片蚀、平行线性侵蚀和沟道侵蚀。

2. 雨水溅蚀的侵蚀机理研究

根据法国东南部1992年9月22日的特大暴雨事件，人们开始尝试研究蔓藤种植区大的降雨对土壤侵蚀的影响。在这次灾害中，该地区的土壤侵蚀率与地中海地区的葡萄种植园的侵蚀率相当，由细沟水流造成的侵蚀率达到3.4kg/m$^2$。据分析，雨水溅蚀是细沟地区土壤侵蚀的决定因素。雨水溅蚀率与很多因素有关，如降雨量，降雨速率，地表坡度，水深，土壤剪切力，土表的石头或植被覆盖率等。

结果表明雨滴的剥离作用是造成土壤侵蚀的主要动力，这导致了地表物质被雨水溅蚀和通过径流流失。

3. 地表径流输沙能力研究

地表径流的输沙率满足Julien和Simons特征方程，它是地表流量、坡度和土壤颗粒大小的函数。或者，由Everaert的实验得出，地表径流的输沙率还可以用水力参数如剪切流速、有效水流能量或是单位水流能量来描述。

Parsons 等（1991）、Parsons 和 Abrahams（1992）认为控制地表径流的输沙率的主要因素是雨滴剥蚀作用产生的沙量。由水流本身的运动造成的泥沙侵蚀并不多，这是由于地表水流需要消耗很高的能量来克服土壤本身的抵抗力。

**2.2.2.2**　河道泥沙输移影响因素、新技术和输沙理论研究

1. 河道泥沙输移的影响因素研究

法国研究认为，水流的输沙能力与水流速度和河床坡降都有关系。另外，降雨也是影响水流输沙的重要因素，法国东南部 1992 年 9 月的特大暴雨使该地区的河流输沙率与地中海地区的农作物耕地的水流输沙率相当。

2. 研究泥沙输移、河床演变的新技术

法国将放射性示踪砂技术应用到实验中，获得泥沙学和水文学的必要补充。1954 年以来，法国曾在国内外进行过 80 次以上的实验（派专家到国外做过 15 次实验和测量：尼日尔、班吉、土耳其、阿尔及利亚、柬埔寨各 2 次，加蓬、智利、印度、巴西各 1 次）。经过 1965～1968 年类似实验的迅速发展后，目前实验次数基本稳定在每年 10 次左右。

在研究方法上主要采用计数定量法，因为它不只用于定量，主要还可用于显示结果（可绘制输移图形）以及对结果进行解释。计算计数率即计算收集的全部信息只是初步工作，但这已基本可正确回答研究的问题：侵蚀、再悬浮、交叠、真推移质和无推移质。定量研究使探测技术得到了很大的发展，并使探测程序标准化，可获得更好的测验结果，并能确定一些参数。定量研究可对测验结果作出更合理的解释。

在测量仪器方面，法国也研制了一些应用于泥沙中的探测器。主要有：①测量模型上淤积物的厚度仪表；②混浊度仪表（X 射线 241Am），吸收法和天然的放射性吸收法的比对；③测量岩心密度的仪表；④确定沉降条件的仪表；⑤抽水时测量淤积密度的仪表。

3. 相关输沙理论的研究

早在 19 世纪的末期，法国的杜波衣斯（P. DuBoys）就第一次提出推移质泥沙运动的拖曳力理论。自此以后，Meyer-peter 等（1934）、Shield（1936）、Einstein（1942）、Kalinske（1947）、Einstein-Brown（1950）等一些早期的研究，尽管研究途径不同，有的通过水槽试验，有的通过量纲分析，有的通过考虑水流泥沙运动随机性进行理论分析等，但这些推移质理论都采用水流切应力作为水流强度指标来研究推移质运动。

所谓动力学派，是指以拖曳力或上举力或拖曳力和上举力的合力作为决定泥沙运动的水流强度指标的一些理论，这一学派最终是以水流切应力为水流强度指标的，具体公式为：

$$\tau=\gamma hJ \tag{2-1}$$

式中：$\tau$ 为床面切应力；$\gamma$ 为水的容重；$h$ 为水深；$J$ 为水力坡度。

由于水流切应力是直接促使泥沙运动的水力要素，因而动力学派在研究泥沙运动规律时应用最为广泛，在泥沙研究的各个方面均有应用，目前还有许多学者沿这一学派进行泥沙研究。

**2.2.2.3**　水土流失治理及河道整治成果

1. 水土流失治理

法国在实施山地造林中，不仅重视树种选择，而且在技术上强调环保措施的落实。他

们采用科学整地（块状）、品字形种植、薄膜覆盖、铁丝网护坡、打木桩挡土等实用技术，防止土壤流失，收到了很好的效果。

在法国，十分注意造阔叶树种，并在布局上实行乔、灌、花、草科学配置，形成多层次、多格调、水土保持功能好、景观价值高的公益林。

在法国山地和公路两旁随处可见草地上有林子或林地周围有草地，草地面积约占法国国土面积25%，森林景观如画，林草结合不仅有利于畜牧业的发展，而且有利于水土保持和土壤改良，有利于生态环境改善。

2. 河道整治成果

（1）巴黎塞纳河河道整治。塞纳河发源于法国东北部的德朗格勒高原，穿越首都巴黎，流经法国13个省，注入英吉利海峡，全长776km。

塞纳河犹如一条长长的玉带，把巴黎市区分隔成左右两岸，将左岸的索邦大学、埃菲尔铁塔，右岸的卢浮宫、协和广场，以及被塞纳河怀抱的巴黎圣母院等法兰西的文化瑰宝串连在一起。

河流是文明的发祥地，发展经济的动力，生态系统的要素，景观的依托。法国治理塞纳河按各河段的主要功能，实行统一规划，分段实施，持之以恒，将防洪、治污、治岸、交通与景观融为一体，流域各省市镇综合协调，协同出力。也就是说，兴建防洪工程必须考虑景观，修建桥梁要考虑周边生态环境，治污、河道保护与治理同步，满足了各方面的需要。

法国治河首先从治水下手，在巴黎上游先后兴建了4座大型蓄水库，蓄水容量达8亿$m^3$，调节上游来水，有效地控制了水害。同时，兴建了19个双重水闸和船闸，使塞纳河巴黎段从原先每年有半年水位不足1m深，变成水深3.4～5.7m（米拉博桥区域），河水平稳，也使整个塞纳河的航运里程达到了535km。

20世纪，巴黎开始治理河岸道路，着手“人水和谐相处”的努力。用石块砌成的河岸能够经受起常年河水的冲刷，避免泥沙流入堵塞河道。河堤一般分为二级，一旦发生洪涝，可以有效地抵御河水侵入巴黎市区。沿河的一级路面铺上沥青，植上树木，兴建了沿河快车道。1961～1967年间，右岸无红绿灯的蓬皮杜快车道修通，左岸也修建了2km长的快车道。

通过治理，塞纳河流域的生态环境大大改观，人们都愿意住在河边，与水为伴。沿塞纳河而上至出海口，两岸点缀着星罗棋布的市镇和居民区，处处绿色葱茏，风光秀美。

从巴黎段看，河沿岸的植物多为梧桐、意大利杨树和欧洲山杨，垂杨飘动给河岸增添了浪漫的色彩。苔藓植物、唇形科植物、桃叶蓼、蕨类植物等遍布两岸。从秋天至春天，海鸥纷至沓来在巴黎过冬，翠鸟也在米拉博桥下筑巢避寒。绿头鸭、野鸭、白头鸟、黑水鸡日渐增多。塞纳河水清了，鱼类也多了起来。50多年前，塞纳河内只有4～5种鱼类，如今已增至20来种，其中包括鳟鱼、鲈鱼、白斑狗鱼和河鳗等，还有红眼鱼、冬穴鱼等较为稀有的鱼种，1980年引进了六须鲇等外来品种。

（2）罗纳河综合治理。罗纳河位于法国东南部，是法国第二大河，全长812km，其中在法国境内长500km；流域面积9.9万$km^2$，在法国境内为9万$km^2$。其上游主要受高山冰川雪水的补给，中游降水受大西洋气候影响，下游受地中海气候的影响，罗纳河水量随季节变化大，从上段、中段到下段，呈融雪与降雨混合型变化。但总的来说，罗纳河水量丰富，河床坡陡，在法国境内的落差达 330m，水力资源占全国的 1/2，对于缺煤的法国是十分重要的能源。

由于罗纳河流域是法国重要的文化中心，水上运输和农业灌溉对法国经济有着重大意义，所以法国国会于 1921 年通过立法确定了要从水电、航运、农业灌溉 3 个方面对罗纳河进行综合开发治理。

罗纳河采用低坝开发，征用土地从 980km$^2$ 减少至 92km$^2$，减少了 91%，且改造了罗纳河流域的农业经济，逐步引用 175m$^3$/s 的流量，使流域内约 35 万 hm$^2$ 的农田获得灌溉。与此同时，修建了 320km 开放式排水渠和 80km 地下排水渠，以保持地下水位，保证农业用水及对环境实施保护。从 1968 年开始，在罗纳河下游试行节水喷灌技术，效果很好，现已普遍采用。

为了管好电站与河流，罗纳河公司沿河种树、种草，修建污水处理工程，疏浚河道，整治港口，修建防洪排沙工程，带动和促进两岸经济的繁荣发展，使沿河群众富裕起来。

### 2.2.3　法国土壤侵蚀与泥沙科研趋势

#### 2.2.3.1　土壤侵蚀研究重点

20 世纪 90 年代以来，法国进行了土壤侵蚀调查制图的研究工作，开发基于遥感和 GIS 技术的区域土壤侵蚀模型。Kirkby 等在地中海土地利用变化研究项目中提出的土壤侵蚀模型，以小流域（1～20km$^2$）为基本单元，详细描述了土壤侵蚀和径流泥沙输移过程，该模型可用于尺度达 5000km$^2$ 的流域。另外一项研究，提出了一个基于 250m 分辨率 DEM、水平衡和泥沙运移规律、定量评价土壤侵蚀危险性的模型。该模型已在法国土壤侵蚀危险性评价中应用，并认为有可能被推广到全球尺度（分辨率 1000m）。

法国区域土壤侵蚀研究面临的主要问题包括：

（1）对区域尺度土壤侵蚀过程缺乏清晰明了的认识和理解，限制了区域土壤侵蚀定量评价研究。

（2）侵蚀模型与 GIS 结合，大多还只是一种松散式的结合，致使侵蚀模型和 GIS 的优势均不能得到充分发挥。

（3）现有对区域土壤侵蚀的调查评价结果，大多是一种潜在侵蚀能力的评价，对土壤侵蚀的治理较少考虑，评价结果较难验证。

#### 2.2.3.2　河道泥沙处理利用研究重点和趋势

1. 河道泥沙研究重点及趋势

在法国，随着海岸工程的发展，人们的注意力越来越集中到滨海地区细粉沙及黏土的运动。这些细颗粒的运动不仅取决于力的作用，而且更重要的还受到颗粒表面物理化学性质的影响，问题比较复杂。

2. 河床演变研究重点及趋势

（1）最小能耗原理的应用。在河床演变研究中，除了考虑边界条件及冲淤特征等外在因素外，还考虑了河流的内部矛盾。从最小功的原理出发，认识到河流为了使单位时间内消耗的能量为最小，或者向宽处发展，形成游荡性河流，或者向长度发展，形成弯曲性河

流。至于究竟朝哪个方向发展，则与河床边界条件有关。

（2）河相关系的求解问题。在河相关系问题上，河宽、水深、比降及流速都是流域来水来沙条件的函数。这里有4个从变量，需要4个独立方程才能求解。从水力学的一般原理考虑，只有流量连续方程、水流运动方程及挟沙能力方程等3个条件，还缺乏一个独立条件。这是河相关系研究中的一个关键性课题。

近年来，水利科学工作者利用热力学中“熵”的概念，认识到水流要在全系统所消耗的能量最小及能量消耗在系统中是均匀分布的这两个相反的情况中，寻求一个最可能的状态。从这些概念出发，就可以把地貌工作者长期积累的有关纵剖面和断面形态的资料，在定量上得到解释。对于山区河流，河床上最粗的那部分颗粒一般在特大洪水时正处于临界起动状态，这就补充了另一个条件，使求解成为可能。

### 2.2.4 小结

总体上看，法国土壤侵蚀以水蚀为主，主要集中在南部地区，分布在硬质土壤的集中农业区，土壤侵蚀的强度不大。主要侵蚀影响因素包括土壤硬化、降雨、植被盖度等自然因素和农业生产人为因素等，风蚀面积很小，河流产沙量也不大。

从分析中可以看出：

（1）法国科研管理机构体制比较完善，研究力量也比较强。在土壤侵蚀与泥沙方面的理论和应用研究都有一定的水平。

（2）流域管理体制完善，各机构职能和分工明确，依靠健全的法律手段加强管理，这都为法国的治河工作提供了强大的支持。政府及地方流域机构都对河道整治投入了大量资金。

（3）大力开发区域尺度的土壤侵蚀模型，绘制全国土壤侵蚀风险图并进行相关的评价。

（4）在河道整治方面成果比较突出，全面考虑防洪、治污、治岸、交通与景观，从水电开发、航运、农业灌溉等多方面综合治理。

（5）重视泥沙测量仪器，研制了一些泥沙探测器。

（6）放射性示踪砂及相应的计数定量法在河流研究领域的应用为河道泥沙的研究开辟了新的空间，并在多个国家试验和应用。

未来，法国将会在如下3个方面加强研究：

（1）加强对区域尺度土壤侵蚀过程的研究，提高土壤侵蚀定量评价研究的深入。

（2）发挥侵蚀模型和GIS结合的优势。

（3）加强对土壤侵蚀治理的研究和评价。

## 2.3 德国

### 2.3.1 德国概况

德国位于北纬47°～55°之间，地处欧洲中部，北濒波罗的海和北海，南靠阿尔卑斯山脉，陆疆与9个国家交界，地形南高北低，国土横跨阿尔卑斯山、低山山脉，大部分为低地和港湾。

德国全国人口8231万人，面积35.70万$km^2$（2006年）；水系分布稠密，主要河流有莱茵河、多瑙河、威悉河、易北河和奥得河，水利资源丰富；气候属冷暖适中、变化明显的过渡区，终年气候温和，降雨均匀，很少有暴雨出现，唯夏季时有干旱，但持续时间不长，属西欧海洋性向东欧大陆性过渡的温带型，冬季气温平均1.5～6℃，夏季17～20℃，年降雨量600～1000mm。

**2.3.1.1** 水资源及保护状况

德国是由环境保护部门对供水（水量、水质）排水（污水处理）实行统一管理的。具体由中央和地方分为4级进行管理：第一级，国家级，主要是进行宏观领导与管理，负责制定有关法律、法规及政策，目前已制定有《国家水务法》，该法在用水、排水、污水处理等方面规定了一个框架和基本原则；第二级，联邦各州，它们根据《国家水务法》的基本原则，结合本州情况做出详细的规定，作为各州的实施细则颁布执行；第三级，各州的地方水务部门，其职责就是贯彻国家法律法规，负责本地区污水处理和供水管理；第四级，各类水务协会，这些协会有着明确的具体任务，例如鲁尔区协会，就是负责鲁尔河流域供水和污水处理。

德国水务管理的主要目的是：维持水域的生态平衡、保证居民和经济发展对水质的要求、保证长期供水量。德国《国家水务法》规定的基本原则是：所有河流都是国家财产，由国家负责管理；任何取水、用水、排放污水必须提出申请，只有在不对水体造成危害、不影响供水的情况下，才能获得批准。

在水质管理上，德国按照水体的使用功能划定出不同的保护区，其水质功能分为4类：第一类，游泳水质；第二类，饮用水源地水质；第三类，渔业养殖水质；第四类，贝类养殖水质。不同功能的水质有着不同的严格保护规定。任何单位和个人排放污水违反规定要求是要受到法律制裁的，凡造成水污染损害的都要予以赔偿。

德国主要的河流有多瑙河、易北河、威悉河、莱茵河等，年降雨量为790mm，从邻国流入的河流径流量200mm/a，蒸发和植物挥发损失490mm/a，形成地表径流或下渗补给地下水有500mm/a；可供利用的水资源总量为1880亿$m^3$，其中供水量为320亿$m^3$，占水资源总量的17%，饮用水占总供水量的16%；地下水总储量估计达3000亿$m^3$。德国用水来源分布地表水占20%，地下水占65%，近岸泉水及泉水占15%。

德国保护水环境的主要措施有法律约束、市场、与邻国合作3种方式。

在法律手段上，德国目前执行的是1996年底第六次修订通过的《水资源管理法》。该法律关于水资源管理和保护的规定详尽到了具体技术细节，它对城镇和企业的取水、水处理、用水和废水排放标准都有明确的规定。

经济调节也是德国保护和治理水环境的一个重要手段。其主要经济手段包括：规定自来水价格、征收生态税和污水排放费，以及对私营污水处理企业减税等。

第三个手段是与邻国合作。德国境内许多河流湖泊是国际水体，水资源与邻国共享，水患与邻国同罹。成立于1950年的“保护莱茵河国际委员会”包括莱茵河流域的德国、法国、荷兰、瑞士和卢森堡，自1970年代以来，该委员会针对莱茵河严重的化学污染、氯污染和热污染草拟了3个国际条约，确定了向莱茵河排放污染的标准。

此外，德国还连续多年对净水设施和水处理技术投资。

#### 2.3.1.2 土壤侵蚀状况

1. 概况

在德国，山地坡度在2%～6%之间的表层土都有潜在被侵蚀的危险。详细的土地利用信息及其利用情况的变化对于评估土壤的退化风险、固碳量以及其他与土壤管理和耕种有关的过程是十分必要的。例如土壤的侵蚀量严格地取决于耕地的管理措施和程度。同时这个过程是不可逆转的，它会影响到耕地的产量、天然土壤的功能、表层水体的富营养化以及临近的生物群，因此会对经济产生影响。作为广泛评估全国土壤退化的第一步，收集土地管理的相关信息及其对侵蚀的影响是十分必要的。

2. 土壤侵蚀的类型及影响因素

按照土壤侵蚀的速度和所造成破坏的严重程度，可分为正常侵蚀和加速侵蚀。正常侵蚀的速度非常缓慢，通常小于或接近土壤的成土速度。加速侵蚀是由于人类不合理的生产活动，如滥伐森林、过度放牧、陡坡开荒以及修路开矿等所引起的。加速侵蚀的速度，远远超过土壤的成土速度，是人类研究和防治的主要对象。

按引起土壤侵蚀的外营力，可分为水力侵蚀、风力侵蚀、重力侵蚀三大主要类型。其中，水力侵蚀的强度，决定于土壤或土体的特性、地面坡度、植被状况、降水特征及水流冲刷力的大小等。少数几次大暴雨引起的侵蚀量，往往占年总量的主要部分。

影响风蚀的因素有气候、地表状况、土壤质地及植物生长状况等。风速及其吹袭的持续时间，直接影响风蚀。植被削弱风的功能，增加地表粗糙度，可减轻风蚀。发生重力侵蚀的条件有：土石松软破碎、坡度陡、缺少植被等。在这些条件下，当受到地震、降水、径流、冻融、地下水以及人工挖掘和爆破等作用时，便会激发重力侵蚀。

总之，土壤侵蚀与地貌位置和坡度、表面流与地下流、自然与人工侵蚀控制措施、土壤特性、过去与目前的管理措施等密切相关。

科里内（CORINE）植被覆盖图揭示了土地覆盖物空间分布的详细情况，但并没有对耕地上的作物类型做详细说明。因此，每个行政单位内的科里内植被覆盖与植被生长分布的统计数据是结合在一起的。由此得到的土地利用图可以对德国实际土地利用造成的侵蚀风险进行详细的估计。土壤侵蚀风险计算流程图见图2-6。

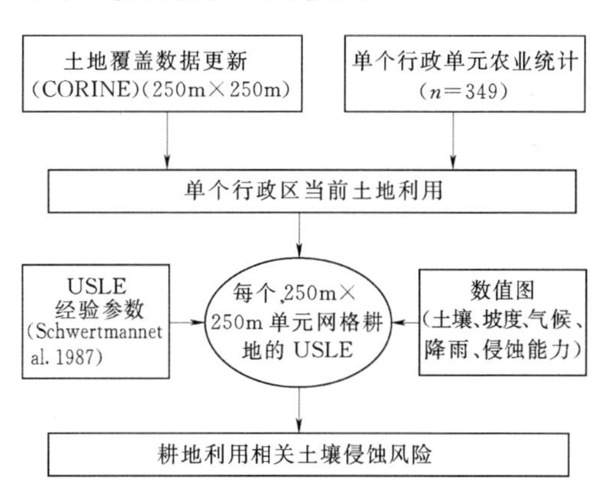


图2-6 德国计算土地利用相关的侵蚀风险流程图

利用科里内植被覆盖和统计资料估计德国局部地区的土壤侵蚀风险，其结果见图2-7和图2-8。图2-7显示了局部地区每个行政区域内所有网格每公顷土地年平均潜在土壤侵蚀量的空间分布。它代表着各种潜在侵蚀危险的综合作用，而这些潜在的侵蚀危险包括场地条件如地形、降雨侵蚀力和土壤状况等，还包括作物分布因素。作物因素主要是指天气状况以及薯类、玉米和休耕地的轮换等相关的作物生周期。

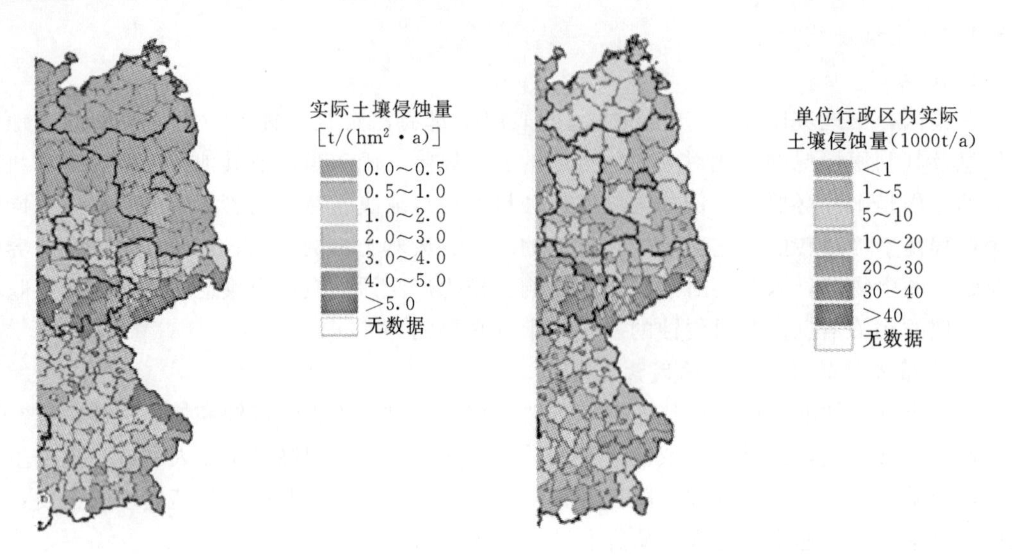


图2-7 德国局部地区单位行政区内耕地的年实际平均侵蚀风险示意图*

图2-8 德国局部地区单位行政区内耕地的年实际侵蚀风险示意图*

从图2-7可以看出，德国从北到南侵蚀的风险在逐渐增加，中部的低山丘陵区最大，主要原因是中部地势陡峭，常年降雨量大，而且有的地区累积了一些极易侵蚀的土壤。由于德国北部的地势平坦，因此侵蚀风险较低，土壤状况是控制侵蚀量的主要因素。土壤侵蚀的空间分布特性主要受到当地条件的限制，而土地的利用情况可以将平均的潜在侵蚀率减小20%。薯类和玉米往往都是种植在土壤肥沃、泥沙含量高但抗蚀能力较弱的土地上，因此增加了高生产力地区的土壤侵蚀风险。

从图2-8可以看出，由于大部分的土地被用作耕地，因此在德国东北和西北的累积侵蚀率较高。而大面积的山区地区，虽然单位面积的侵蚀风险高，但由于环境不利于农作物生长，耕种面积较小，因此这些地区的累积侵蚀率相对较低。德国高分辨率的土壤实际侵蚀风险图可用于监测和预报德国的土壤侵蚀，而且可以研究土壤管理变化和作物轮作对土壤侵蚀的潜在影响。

表2-6数据显示了不同的土地管理措施对侵蚀率的相对影响。表格中数据的绝对值严格取决于对空间分辨率的输入数据，特别是高程数据，分辨率为1km×1km。

**表2-6　德国耕地的年平均侵蚀率**

| 每公顷侵蚀风险 | 平均值 | 标准误差(SD) | 最小值 | 最大值 |
|---|---|---|---|---|
| 潜在侵蚀风险（$c$=1，$p$=1）[t/(hm² · a)] | 7.239 | 7.800 | 0.380 | 88.623 |
| 实际侵蚀风险（标准耕作，$p$=1）[t/(hm² · a)] | 1.428 | 1.717 | 0.014 | 24.665 |
| 实际侵蚀风险（少耕，$p$=1）[t/(hm² · a)] | 0.616 | 0.812 | 0.012 | 14.064 |
| 实际侵蚀风险（标准耕作和等高耕作）[t/(hm² · a)] | 0.764 | 0.995 | 0.007 | 16.575 |
| 实际侵蚀风险（少耕和等高耕作）[t/(hm² · a)] | 0.329 | 0.470 | 0.006 | 9.225 |
| 侵蚀风险累计值：每个行政区总侵蚀量（标准耕作，$P$=1）[t/(hm² · a)] | 7410.000 | 863.000 | 2.000 | 54092.000 |

### 2.3.1.3 主要河流水沙量及河道泥沙淤积

1. 德国河流分布

德国的国土横跨阿尔卑斯山、低山山脉，大部分低地和港湾。德国的大多数河流是跨国的。其中，4 条河流流入北海，即：莱茵河，发源于瑞士；埃尔伯河，发源于捷克共和国；威塞尔河，全部位于德国；埃姆斯河，其海港部分位于德国，部分位于荷兰。欧德尔河流经德国边境进入波罗的海，其流域的大部分位于捷克共和国和波兰。多瑙河经过几个东欧国家，流入黑海。莱茵河流域河流长度达到 865km，通航里程为 778km，流域面积高达 102111km$^2$，定位观测点平均流量为 2260m$^3$/s；而欧德尔河长度和通航里程仅为 162km，流域面积为 4366km$^2$；埃姆斯河的定位观测点平均流量为 85m$^3$/s。具体数据信息如表 2－7 所示。

**表 2－7　德国流域的规模状况**

| 河流系统 | 长　度(km) | 通航里程(km) | 流域面积(km$^2$) | 平均流量(m$^3$/s) |
|---|---|---|---|---|
| 多瑙河 | 647 | 386 | 56215 | 1430 |
| 埃尔伯河 | 700 | 700 | 98046 | 750 |
| 埃姆斯河 | 371 | 238 | 12649 | 85 |
| 欧德尔河 | 162 | 162 | 4366 | 550 |
| 莱茵河 | 865 | 778 | 102111 | 2260 |
| 威塞尔河 | 440 | 440 | 41094 | 350 |

2. 河流径流及泥沙信息

德国河流径流及泥沙信息见表 2－8。流域产沙量比较大的河流是 Saalach 河和 Inn 河，流域产沙模数分别是 402t/(km$^2$ · a) 和 327t/(km$^2$ · a)。

**表 2－8　德国河流流域产沙量**

| 河　流 | 测　站 | 径流深(mm/a) | 流域面积(km$^2$) | 流域产沙模数[t/(km$^2$ · a)] |
|---|---|---|---|---|
| 阿姆那河 | Weilheim | | 600 | 151.00 |
| 多瑙河 | Vilshofen | | 50544 | 29.00 |
| 易北河 | null | 160 | 130000 | 6.00 |
| 伊勒河 | Krugzell | | 1118 | 292.00 |
| 伊勒河 | Wiblingen | | 995 | 89.00 |
| 因河 | Passau | | 16423 | 67.00 |
| 因河 | Reisach | 992 | 9760 | 327.00 |
| 伊萨河 | Platting | 531 | 8964 | 29.00 |
| 伊萨河 | Sylvenstein | | 1138 | 59.00 |
| 莱希河 | Feldheim | | 2704 | 51.00 |
| 莱希河 | Fussen | | 1422 | 202.00 |
| 美茵河 | Marktbreit | 137 | 27225 | 20.00 |

续表

| 河　流 | 测　站 | 径流深 (mm/a) | 流域面积 ($km^2$) | 流域产沙模数 [$t/(km^2 \cdot a)$] |
|---|---|---|---|---|
| 奥得河 | | 150 | 110000 | 1.20 |
| 莱茵河 | | 190 | 170000 | 4.00 |
| 萨拉赫河 | Unterjettenberg | | 940 | 402.00 |
| 蒂罗尔的阿辛河 | Marquartstein | | 944 | 243.00 |
| 威悉河 | | 230 | 38000 | 8.00 |

#### 2.3.1.4　主要研究机构和研究队伍

1. 流域管理机构

由于德国的联邦机制，流域管理采取不同的方式，因而德国没有统一的流域管理系统。德国流域管理机构系统包括流域委员会和相应的流域管理局。德国流域管理工作已经开展多年，以组织安排、法规、经济、交互网络为标准工具制定流域管理规划，开展多层次的国际流域合作，解决了不同流域的水资源保护和利用问题。

联邦政府流域管理的主体是联邦政府环境、自然保护和原子能安全部，这个部门涉及水资源管理的基本问题和跨边境合作。其他相关的联邦政府部门包括联邦食品、农业和林业部、联邦卫生部、联邦交通部。环境部得到其他联邦政府和研究机构的支持，例如在柏林的联邦环境局和在波恩的联邦自然保护局。

水资源管理规定的实施由联邦州和市政府完成。在大多数州内，水资源管理通过 3 个层次进行：①高层机构负责战略决策制订和实施以及监督下属机构；②中层机构为区域政府部门，负责区域水资源管理规划，涉及对区域产生影响的水资源使用许可和管理程序；③低层机构为城市、城市城区和农村地区的技术机构，负责小范围水资源使用以及水资源和废水排放的监测、技术指导、政策执行。

为协调一般问题的处理与水资源管理条例指导下法规工具的运用，各州的最高机构积极参与法规执行工作，建立联邦州联合水资源委员会。市级政府的主要任务为水资源供应和污水处理。作为小范围水资源的拥有者，他们也负责保持水资源的清洁。为执行这些任务，市政府可建立不同类型的组织，如市属企业和市际协会等。

在联邦水资源协会条例指导下，德国建立了大约 1.2 万个水用户协会，这些协会为公共法律团体，由协会成员资助。水用户协会的建立得到所有组成团体的一致同意，并获得主管机构及参与执行的增补成员的批准。

它们的任务包括水资源管理、水供应和排污，促进农业和水资源管理部门的合作。协会有一个委员会，投票权以成员的效益和投入为基础。联邦政府、联邦州、市、协会、大学和企业开展合作，成立一些科技协会和工作组。如污水处理技术协会与德国水资源和土地改良协会等，它们以技术纲要形式制定相应规划，并作为技术标准应用。

德国在水资源保护及开发利用方面，建立保护组织，制订各种法规，甚至不惜重金投资兴建远距离调水工程。每个州都设有环境保护局，分管水资源，下设 6 个部（中央事务部、环保规划部、土壤保护部、水资源保护部、大气保护部、环境政策及能源部）。

2. 科研机构

吉森李比希大学土壤和土壤保持研究所是李比希大学农学系下属的一个教学科研机构。该所以从事土壤学和土壤保持研究的教授为核心，以大的科学研究项目为支撑，进行有关土壤学中的土壤养分、土壤物理、土壤化学以及水土保持和环境保护等方面的科学研究和人才培养，其研究动态和结果直接由教授在教学中反映给学生。

研究所人员组成：所长1名（教授），教授3人（其中C41人，C32人），高级实验师（高级工程师）2人，讲师1人，固定实验技术员7人，合同制实验技术员2人，秘书2人，教授秘书3人，维修管理工1人，后勤管理人员3人。

管理机构：研究所的教授主要是大学教授课程的主要力量。教授除了完成所规定的教学工作外，主要是申请、组织和管理科研项目，培养博士研究生。

高级工程师或者实验师的任务是管理研究所的研究设备、仪器和实验室的实验技术人员，安排每周的工作，按照各科研项目的要求和研究所的计划购置实验研究设备。他们还负责仪器设备的日常维修联系、日常技术管理、实验设施、药品等的管理以及学生的实习安排。

实验技术员的主要任务是完成从各个方面来的任务的分析。秘书分所内秘书和教授秘书，所内秘书主要是处理所内的日常事务，教授秘书是处理教授的日常事务。

博士研究生毕业后一般找另外的工作，有些按照研究项目的需要和项目所具备的经费可以继续他的研究工作，作为教授的研究助理，但最长同一研究的时限不超过5年。

研究经费：研究经费来源分为3方面：一是大学经费，大学根据研究所教授和其他固定人员的位子每年给一定的固定经费；二是研究经费，可来源于国家、州基金会及企业，许多大型企业设有基金或资助某一研究的经费；三是专项经费，主要用于研究所建设，修缮，大型仪器设备的购置、维修等费用。

研究发展方向：土壤研究领域，其研究的方向已经从过去的单纯的土地利用转向土地保护利用，农业生态环境的保护以及与之相关的人类生活环境的保护。

目前的主要研究工作有：水源保护区的专业技术及农业土壤学研究，氮肥施用后硝态氮的流失及对地下水、饮用水源污染状况的研究，土地休闲过程中生态因素的研究，施肥、杀虫剂、除草剂对土壤产生的有害作用的研究；大型农业机械对土壤结构的破坏的研究；不同耕作方式、栽培措施对土壤肥力和养分的影响；除此之外，矿区土地恢复及再利用，机场附近土壤及河流污染状况调查，有机垃圾的堆腐及腐殖化过程的研究等。另外该所还和第三世界国家开展合作，研究热带与亚热带地区的土壤问题，干旱地区的水土保持及盐碱地治理问题等。

相关研究机构包括：科布伦茨（Koble-nz）联邦水文研究所；全球径流数据中心；科隆市防洪委员会；德国大坝委员会；德国联邦水工研究所；德国亚琛工业大学；德国联邦环境局；德国吉森大学国际发展与环境研究中心；特里尔大学的土壤侵蚀研究站；慕尼黑附近巴伐利亚州土壤及作物栽培研究所；斯图卡特作物栽培研究所。

### 2.3.2 德国土壤侵蚀与泥沙主要科研成果

#### 2.3.2.1 土壤侵蚀研究

1. 土壤侵蚀理论研究

土壤侵蚀机理研究的新进展首先是土壤质量的概念，即土壤发生侵蚀的标准。以前大多数情况下对土壤侵蚀的判别，总是与其的剥落、搬运，或土地肥力、作物产量等宏观因素结合起来，而目前则侧重于从更广泛、更综合的角度来评价土壤质量或土壤侵蚀标准。

其次就是土壤颗粒组成、尺度，尤其是土表颗粒特性对侵蚀影响的研究。人们在研究土壤侵蚀问题时，过去往往多侧重于其中细颗粒成分的影响，而实际上土壤中尤其是土表层内的粗颗粒或岩粒成分（定义为粒径大于 2mm）对土壤的各种物理性质及侵蚀过程起着重要作用。

另外，岩粒成分对土壤侵蚀的影响，还取决于它在土层中所处的位置、相邻岩粒颗粒的排列关系，以及土壤质地、孔隙特征等多种因素。

在欧洲，土壤流失一直被认为主要由细沟侵蚀或沟间侵蚀造成的结果。事实上，切沟侵蚀是一种极为重要的却常被忽视的泥沙来源。

对于暴雨造成的侵蚀问题，现有的很多土壤侵蚀预报模型及控制措施，大都基于长期的平均降雨特性。然而，土壤的大量侵蚀却常常发生于高强度、丰雨量的暴雨时节，因此进行土壤保持时对这个问题是绝不可以忽视的。

2. 土壤侵蚀模型研究

（1）EROSION 3D 模型。EROSION 3D 模型是以光栅为基础的物理土壤侵蚀模型，可以用来预测土壤侵蚀和淤积的时空分布以及流域内地表径流的悬移质泥沙输移过程。该模型用于单次暴雨土壤侵蚀的模拟计算（表 2－9），最短可模拟 10 分钟内的暴雨侵蚀，包括雨水在土壤中的渗流过程、地表径流和土壤侵蚀的动力过程模拟。

**表 2－9　　基于单次降雨的土壤侵蚀物理模型的应用比较**

| 模　　型 | 输移和淤积计算 | GIS 界面 | 评价参数的效果 | 模型是否是用户友好型 |
| --- | --- | --- | --- | --- |
| KINEROS（Smith 等，1995） | √ | — | +++ | — |
| EROSION 3D（Schimidt 等，1996） | √ | √ | ++ | √ |
| SHE/SHESED/MIKE SHE（Refsgaard and Storm，1995） | √ | ? | +++ | — |
| EUROSEM（Morgan 等，1998） | √ | √ | +++ | — |
| LISEM（De Roo 等，1996；Jetten and De Roo，2000） | √ | √ | +++ | — |

EROSION 3D 模型计算需要的基本参数有：地形参数、土壤颗粒级配、土壤密度、初始土壤含水量、土表覆盖程度、土表糙率、土壤抗剪力、土表状况因子、土壤类型分布数据、土地利用状况数据、气象数据等。

EROSION 3D 和其他模拟土壤侵蚀分布的模型相比，有下列优点：参数相对较少；可以与 GIS 技术兼容；应用简单方便。

（2）欧洲土壤侵蚀模型 EUROSEM（The European Soil Erosion Model）。20 世纪 80 年代，欧洲土壤侵蚀科学家们开始寻找自己的土壤侵蚀模型，EUROSEM 应运而生。该模型是基于物理成因的次降雨分布式侵蚀模型。除了可以计算径流量和土壤流失总量以外，还可以生成次降雨中水文图和产沙图。

该模型涉及：植被截留，直达地面的降雨量和树冠降雨量及其动能，树干径流量，地表洼地蓄水量，溅蚀和径流引起的土壤剥离，产沙，径流的输移能力等。并考虑了土壤表层岩石碎块覆盖对下渗、流速和溅蚀的影响。该模型适用于田间尺度和小流域，可作为选择水土保持措施的工具。

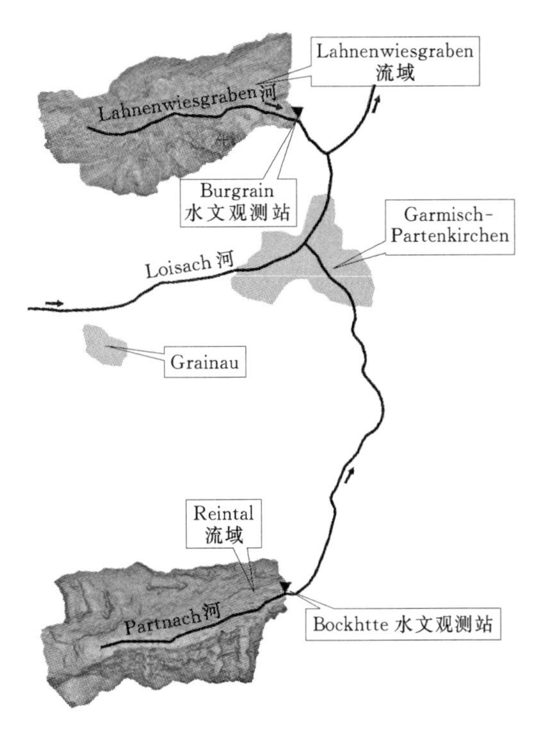


图 2-9 河流的地理位置

### 2.3.2.2 泥沙研究

1. 河道泥沙输移的影响因素

Schmidt 与 David（2006）对巴伐利亚阿尔卑斯的两条小河流（Partnach 和 Lahnenwiesgraben）（河流地理位置见图 2-9）的泥沙含量进行了监测，结果表明河道泥沙的输移与流域状况、河道特性、降雨、径流都有密切关系。

Reintal 流域的 Partnach 河以溶解质泥沙为主，固体颗粒的泥沙只占一小部分，这是由于该流域以三叠纪的石灰岩为主（日平均产沙类型见图 2-10）。同时，滑坡造成的河道淤塞也阻断了河流的连续性，大部分固体颗粒在此落淤。

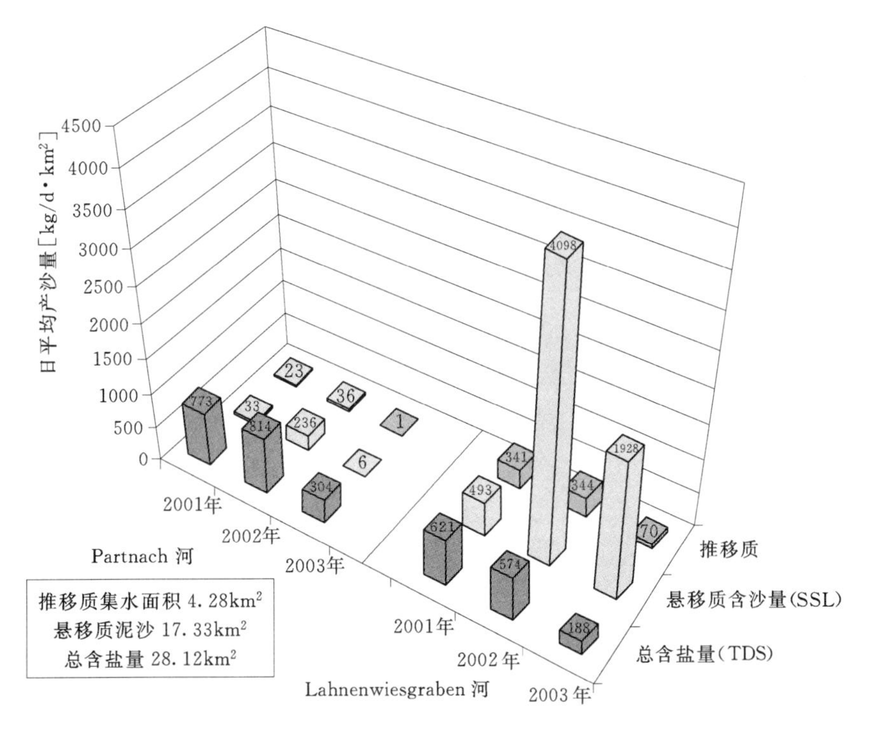


图 2-10 Partnach 河和 Lahnenwiesgraben 河日平均产沙量类型

而 Lahnenwiesgraben 河以固体颗粒泥沙为主，流域产沙也相对较高，这是因为该流域除了石灰岩外，结构松散的岩石、泥岩和土层非常多，这些非溶解质增加了河道内的固体颗粒含量。

另外，降雨引发的洪水也导致河道中悬移质泥沙含量急剧增加，这在 Lahnenwiesgraben 流域 2003 年 5 月 31 日～6 月 1 日的洪水含沙量观测中（图 2－11）有明显体现。

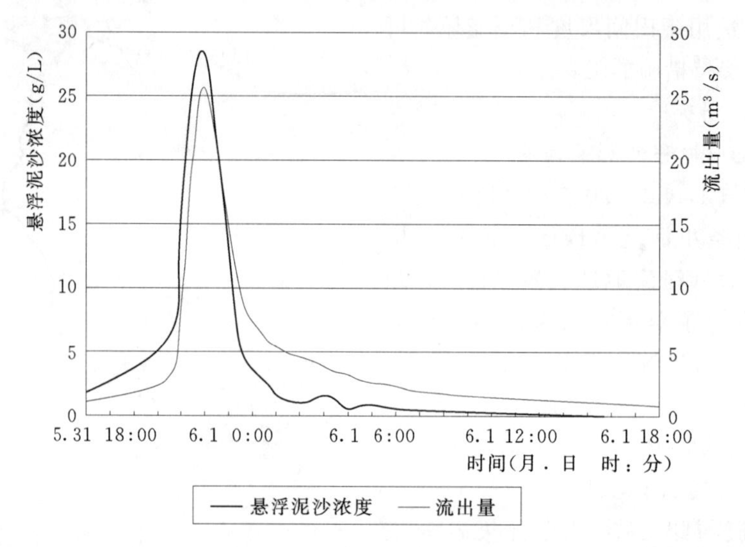


图 2－11　Lahnenwiesgraben 流域 2003 年 5 月 31 日～6 月 1 日洪水过程与悬移质含沙量变化

通过对 Lahnenwiesgraben 流域 55 次洪水及其对应泥沙数据的分析和整理，也得到了该流域较为可靠的河流流量和悬移质含沙量间的经验关系式（图 2－12）。

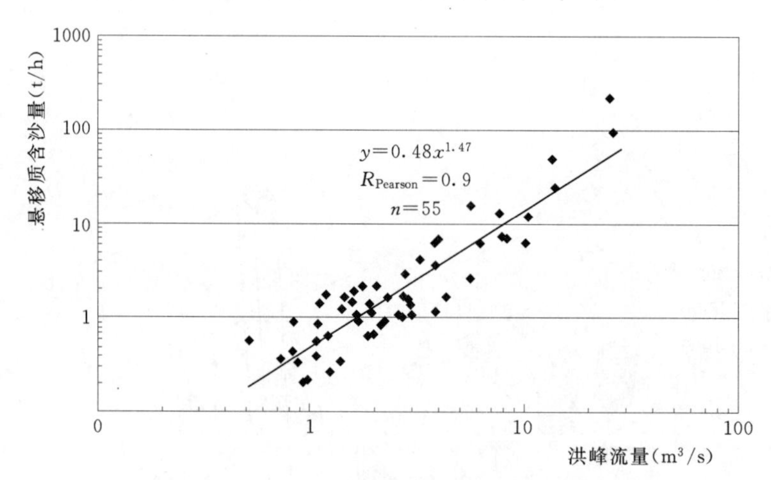


图 2－12　Lahnenwiesgraben 洪峰流量与悬移质含沙量的经验关系

2. 相关河道输沙理论的研究

Meyer-Peter 公式的全部推导过程都是建立在大量实验资料的基础上的，各主要变值的变化范围如下：槽宽为 0.15～2m，水深为 0.01～1.2m，坡降为 4‰～2%，泥沙比重为 1.25～4，泥沙粒径为 0.40～0.30mm。就水槽试验来说，资料的变化范围较大，特别

是包括了中径30mm的卵石试验数据，适用于粗砂及卵石河流。最后推导出的完整推移质输沙公式如下：

$$\gamma \frac{Q_b}{Q}\left(\frac{K_b}{K_b'}\right)^{3/2} hJ = 0.047(\gamma_s - \gamma)D + 0.25\left(\frac{\gamma}{g}\right)^{1/3}\left(\frac{\gamma_s - \gamma}{\gamma}\right)^{2/3} g_b^{2/3} \tag{2-2}$$

其中

$$Q_b = BR_bU$$
$$Q = BhU$$

式中：$K_b$ 为与全部阻力有关的阻力系数；$K_b'$为与沙粒阻力有关的阻力系数；$B$ 为河宽；$h$ 为平均水深；$J$ 为比降；$U$ 为平均流速；$\gamma_s$、$\gamma$ 为泥沙及水的比重；$g$ 为重力加速度；$D$ 为泥沙粒径；$g_b$ 为以泥沙干重计的推移质单宽输沙率；$R_b$ 为与河床床面阻力有关的水力半径。

#### 2.3.2.3 水土流失治理及河道整治成果

1. 水土流失治理

（1）水土流失治理工程。在德国的水土保持工程中，水保林主要是高大挺拔、木质好、病虫害少的山毛桦类树木，占80%以上，另有少部分针叶林，主要是杉林和柏林，多为自然林或少部分人工栽植，多呈混交形式；经济林主要是苹果，属密植型；农田多为自然状态，属低丘或缓坡地形；拦水工程多为重力坝，坝体坚实，工程质量较好，均和饮水工程相结合。生态保护的内容是，禁止人为砍伐树木，保持水土，保护地下水平衡，整治河岸，使其恢复自然原貌，力图建立起人类与自然的和谐发展状态。

国家提倡按欧共体的标准建设生态村，要求所有农产品种植禁止使用化肥和农药，肥料靠有机肥，病虫害靠生物防治或人工捕杀，所获得的农产品价格可提高3～5倍，水质得到净化，生态环境得到改善，村民寿命大大延长。

（2）小流域水土保持规划。在小流域尺度上使用通用土壤流失方程（USLE）、地理信息系统（GIS）与计算机技术进行统一规划，是国外水土保持规划中采用的最新手段之一。

该法采用数据库与地理信息相结合，来描述土壤水蚀危害的空间分布特性，其中采用USLE来确定土壤流失量。USLE各因子的取值，通过土壤勘测、土地利用与所有权调查、数字化高程数据及气候图等进行综合而获得。这些USLE因子数据，以及相关地理分布图，利用GIS处理形成多边图。

该多边图体现了土壤侵蚀各影响因素的整体效应，通过对各个因子进行调整，则可产生不同的水土保持方案，确定土壤允许流失量并依此对小流域分类。USLE与GIS结合的土壤保持规划方法，是一个空间信息（图形集）与属性信息（数据库）的交叉系统，用以描述研究地区的土壤-气候-土地使用等情况。该系统可用于估计不同土地利用措施下的年土壤水蚀危害性，并可用于小到农场田块管理，大到农场发展规划的地区性资源分配等不同领域。

2. 河道整治成果

（1）莱茵河“亲近自然”的河道治理。20世纪50年代德国正式创立了“近自然河道治理工程学”，提出河道的整治要符合植物化和生命化的原理。20世纪80年代末，德国提出了全新的“亲近自然河流”概念和“自然型护岸”技术。所谓“自然型护岸”技术，就是放弃单纯的钢筋混凝土结构，改用无混凝土护岸或钢筋混凝土外覆土植被的非可视性护岸。它以“保护、创造生物良好的生存环境和自然景观”为前提，在考虑具有一定强度、安全性和耐久性的同时，充分考虑生态效果，把河堤由过去的混凝土人工建筑改造成为水体和土体、水体和植物或生物相互涵养，适合生物生长的仿自然状态的护坡。

德国自 19 世纪以来因航行、灌溉和防洪的需要，在河流上修建了各类工程，如河流两岸的水泥护坡、引水工程，对河道进行裁弯取直等。后来德国认识到，河道人工化后不利于生物多样性保护，因此陆续开始逐步拆除一些河岸的水泥护坡、砖石护坡，还原于灌木、草本等植物。德国同时认识到了恢复天然河道的重要性，如德国的莱茵河，由于裁弯取直，河道从 354km 缩减为 273km，致使水流加快，冲刷加剧，加大了下游城市的洪水威胁，并且使河道的蓄水能力与生物量大大降低。

1993 年和 1995 年莱茵河发生了两次洪灾，洪水淹了一些城市，造成的损失估计达几十亿欧元。分析洪灾原因，主要是由于莱茵河河流生态遭到破坏，莱茵河的水泥堤岸限制了水向沿河堤岸渗透所致。因此，德国现正进行河流回归自然的改造，将水泥堤岸改为生态河堤，重新恢复河流两岸储水湿润带，并对流域内支流实施裁直变弯的措施，延长洪水在支流的停留时间，减低主河道洪峰量。

（2）山区河流“人工阶梯—深潭”系统。山区陡坡河流的河床常由一段陡坡和一段缓坡加上深潭相间连接而成，呈一系列阶梯状，这就是阶梯—深潭系统（step-pool system）。阶梯和深潭是陡坡山区河流河道地貌的基本组成部分，阶梯和深潭交替呈现阶梯状，是坡度大于 3%～5%山区河流的典型特征。

通常阶梯都由卵石和巨石组成，而深潭中的泥沙主要是细砂、粗砂和少量砾石，河道纵向轮廓呈现重复的阶梯状，德国 Bararian Alps 等山区河流中都发现了发育良好的阶梯—深潭系统。

研究发现，阶梯—深潭结构能够增加水流阻力，消减水流动能，对河床起到保护作用。在过去的 10 年间，德国已经将人工阶梯—深潭结构应用于山区河流治理，用来保护河床，稳定河道，避免严重的天然灾难，如河道的急剧冲刷和侵蚀，泥石流和近岸山体坍塌，保证人类活动区域的安全；同时又保持河岸生态系统，恢复河流的生态功能，使河流呈现天然面貌。

（3）河道治污。美丽的莱茵河发源于阿尔卑斯山，是一条著名的国际河流，流域面积为 20 万 $km^2$，流域内生活着 5000 万人，有 2000 万人以莱茵河作为直接水源。

然而，历史上的莱茵河并不都是安然无恙的，在 20 世纪 70 年代，由于莱茵河干流河道被高度渠化，两岸密集城市排放的生活、工业污水使河道严重污染，鱼虾几近绝迹，一度被称为“欧洲最浪漫的臭水沟”。尤其是 20 多年前的“莱茵河污染事件”，是世界环境污染最著名的“十大事件”之一，曾给莱茵河带来了巨大的生态灾难。

经过长期的综合防治，莱茵河在走过了半个世纪的“先污染、后治理”的弯路之后，又逐渐恢复了昔日的生机。以前为了贪图一时之利而为航行、灌溉及防洪建造的各类不合理工程被拆除，两岸因水土流失严重而被迫修建的水泥护坡被重新以草木替代；部分曾被裁弯取直的人工河段也重新恢复了其自然河道。与此同时，各国全面控制工业、农业、交通、城市生活等产生的污染物排入莱茵河领域，坚持对工业生产中危及水质的有害物质进

行处理，以及减少莱茵河淤泥污染等大量措施同时并举。

莱茵河流域已经由20世纪70年代“欧洲最浪漫的臭水沟”变成世界上各大河流管理的样板。2002年，联合国教科文组织将莱茵河中游的宾根到科布伦茨的65km长的河段，列为世界文化多样性景观自然保护遗产。

### 2.3.3 德国土壤侵蚀与泥沙科研趋势

#### 2.3.3.1 土壤侵蚀治理特点及研究重点和趋势

1. 土壤侵蚀的研究重点

(1) 流域侵蚀产沙平衡研究中的沙源与来沙量问题。目前较多地利用水文站泥沙资料进行沙源分析。利用观测站资料研究时，泥沙测定只能给出输沙量的非常规样本。通常利用水沙关系曲线来推算缺测日输沙量；径流小区资料分析也是研究泥沙来源的常用方法。小区多选择在泥沙侵蚀与输移的典型区，进行定点人工观测或进行室内外模拟试验。

小区试验为流域内不同地貌部位及土地利用方式产沙量的区别提供了有效的依据，但观测结果多应用于小流域泥沙研究中，如何将小区和小流域研究成果应用到较大流域，是目前泥沙研究中的重点和难点之一；大面积的人工调查进行沙源和来沙量研究费时费力，目前多采用大面积人工或遥感调查与径流小区和典型小流域资料相结合的方法进行大面积的沙源分析。

(2) 流域侵蚀产沙平衡研究中的模型问题。尽管极端降雨条件会产生大量的泥沙，但侵蚀模型对平均侵蚀率的测量仍然是很好的泥沙预测方式。USLE可以模拟单坡面长期的泥沙侵蚀，但USLE模型预测的坡面侵蚀并未考虑坡面凹陷处的淤积问题。然而，一部分冲积物或崩积物会在其运移过程中发生淤积，而且流域的范围越大发生淤积的机会就越多。

下面提到的几个侵蚀预测模型都是可以模拟泥沙运移过程的模型，它们分别是用来模拟单次降雨过程和长期侵蚀过程，以及模拟单坡面侵蚀和不同尺度全流域侵蚀产沙的。大部分的模型都是用来模拟单次降水侵蚀的，如EROSION3D、EUROSEM、KINEROS2、ANSWERS、AgNPSm。应用这类模型最主要的问题是初始条件的确定，因此，这类模型通常被用来模拟不同降水的设计。

模拟全流域土壤侵蚀的模型需要对流域空间进行离散化和参数化处理，一般采用两种方式：一是基于栅格的空间离散化处理（EROSION3D、ANSWERS、AgNPSm），但是栅格的大小会对模拟结果产生很大的影响，因此，可研究流域的最大尺度是由栅格的最大数量所决定的；另一种是将流域根据一定的参数标准划分成若干个具有代表性的坡面（KINEROS2、EUROSEM），这些坡面通过沟道连接起来，进而通过模型模拟泥沙的输移过程。将侵蚀模型与地理分析软件进行不同程度的耦合是近年来泥沙平衡研究中模型研究的主要方向之一。

2. 土壤侵蚀治理的研究趋势

今后的土地治理应该考虑对侵蚀、生态和水质等多方面因素的影响。研究表明，单一的主动土壤侵蚀控制措施如水土保持耕作，并不能成为万能的减少土壤侵蚀和泥沙淤积的方法。只有将主动和被动的土壤侵蚀控制措施相结合，才有可能保持和恢复耕地地区的生态多样性和维持土地的可持续利用，比如将水土保持耕作和恢复保持原有自然草地带相结合。

#### 2.3.3.2　河道泥沙处理利用研究重点和趋势

1. 以河床演变综合研究为重点

目前德国对于河床演变的研究，是将地壳运动、河流动力作用、土壤侵蚀和地域上升等多因素的相互作用进行综合考虑。河漫滩的形成决定于不同的来沙量、输沙能力和河道比降。而气温和植被的变化对河道内泥沙的输移将会产生影响，不同河段泥沙输移能力的改变又与其周围地壳运动形成的不同地形结构有关。

2. 重视河湖生态保护的河道整治的研究趋势

德国在过去的河道整治中，河流被裁弯取直或浆砌护岸铺底的现象也比比皆是，造成许多动植物因缺少栖息之地而灭绝，生态系统失去平衡。现在，他们十分重视河湖的生态保护工作，将恢复和维护河流生态平衡计划纳入国土规划之中，并将原直线式浆砌护岸改造为自然生态护岸，具体做法为：

（1）严格控制河湖（水库）及周边地区的开发建设。在沿湖周围新开发建设项目要严格进行环境影响评价。

（2）保护湖滨带。认为湖滨带连接陆地与水域，动植物种类繁多，是保持湖泊生态平衡的核心地带。政府和有关民间保护组织还有计划地把湖边私有耕地购买过来将其恢复为芦苇地，并建立自然保护区。

（3）加强减少面源污染措施。规定在距离湖面一定距离内严禁施用磷肥等的同时，教育农民科学施肥，提倡在湖区周围实行弃耕和生态耕作，政府对由此造成的损失给予补偿。

（4）大力恢复河流生态。如河流两岸的水泥护坡，要逐步拆除并代之以灌木、草本，对曾被裁弯取直的人工河段，逐步恢复弯曲状态，以实现恢复河流的生机和活力。

### 2.3.4　小结

总体上看，德国南高北低，终年气候温和，降雨均匀，少有暴雨出现；土壤侵蚀影响因素有气候、地表状况、土壤质地及植被状况，主要受土壤状况影响，坡度在2%～6%之间山地的表层土都有被侵蚀的潜在危险；北部地势平坦，侵蚀风险较低，中部低山丘陵区土壤侵蚀风险最大；河流水系分布稠密，主要河流的产沙量都不大。

从分析中看出：

（1）德国土壤侵蚀和泥沙研究机构健全，队伍不大，但理论研究比较深入。

（2）在小流域范围内，开展土壤侵蚀的风险、流域产沙和输沙模型研究等。研发的土壤侵蚀模型——EROSION 3D模型和参与研发的欧洲土壤侵蚀模型——EUROSEM（The European Soil Erosion Model）在国际上影响很大。

（3）河道泥沙的研究多是与侵蚀相结合的泥沙来源和类型的研究，也包括了河流泥沙含量与水力要素关系的研究内容。在河道泥沙输移的影响因素和相关河道输沙理论的方面的研究成果比较多。

（4）流域管理工作已经开展多年，以组织安排、法规、经济、交互网络为标准工具，制定流域管理规划，开展多层次的国际流域合作，解决了不同流域的水资源保护和利用

问题。

（5）河道治理以“亲近自然”为基本理念，逐步向生态治理发展。

未来，德国将在如下3个方面的研究有所加强：

（1）土壤侵蚀研究的重点将是流域侵蚀产沙平衡研究中的沙源与来沙量问题和流域侵蚀产沙平衡研究中的模型问题。

（2）土地治理研究将考虑对侵蚀、生态和水质等多方面因素的影响，采取主动和被动的土壤侵蚀控制措施相结合的双重治理模式，保持和恢复耕地地区的生态多样性和维持土地的可持续利用，如将水土保持耕作和恢复保持原有自然草地带相结合。

（3）泥沙研究的重点是河床演变综合研究和河湖生态保护的河道整治。

## 2.4 俄罗斯

### 2.4.1 俄罗斯概况

俄罗斯领土略呈长方形，总面积为1705.54万$km^2$，是世界上面积最大的国家。俄罗斯国土东临太平洋，西临大西洋，北靠北冰洋，南至高加索和黑海；其边境线长达60000$km^2$，其中海岸线长约40000km；其领土占前苏联的76.2%，约为中国领土面积的2倍，占地球陆地面积的将近1/10；东西最宽距离为9000多km，跨170个经度，11个时区，南北跨越35个纬度，最宽距离为4000km多。

俄罗斯地形大致为东南高、西北低，形成三大地形单元——西部平原、中部高原、东部和东南部山地。俄罗斯中部的乌拉尔山脉是亚、欧两大洲的分界线。乌拉尔山脉以西为东欧平原，面积大约为400万$km^2$，是世界著名的大平原之一，绝大部分在俄罗斯境内，又称俄罗斯平原。

俄罗斯地势低平，平均海拔170m，地形呈波状起伏，丘陵性的高地和较平坦的低地交错分布，构成了东欧平原的一大特色。从西伯利亚以东至叶尼塞河之间，是西西伯利亚平原，面积260万$km^2$，河网密布，湖泊众多，沼泽成片，海拔多在50～100m之间，宽阔而平坦。两大平原构成了俄罗斯地形的主要特征。在这个面积广大的国度，平原面积占了3/5以上。

俄罗斯境内自然条件复杂，共分为9个自然区：科拉—卡累利亚、俄罗斯平原、高加索山地、乌拉尔河新地岛、西西伯利亚平原、中西伯利亚高原、贝加尔地区、西伯利亚东北部和远东区；从南到北跨极地荒漠、苔原、森林苔原、森林、森林草原和草原6个植被带。

俄罗斯大部分地区处于北温带，气候多样，以大陆性气候为主；温差普遍较大，1月平均温度为－1～－37℃，7月平均温度为11～27℃；年降水量平均为150～1000mm。

俄罗斯人口1.42亿人（截至2007年6月1日）。全国有130多个民族，其中俄罗斯族人占82.95%。

#### 2.4.1.1 水资源及保护状况

俄罗斯是水资源开发利用大国，人均水资源占有量为30405$m^3$，全年总用水量大约为

2673 亿 $m^3$，人均用水量为 1800$m^3$。工业用水量非常大，为 2251 亿 $m^3$，占总用水量的 84.2%；农业和渔业用水量为 305 亿 $m^3$，占总用水量 11.4%；城市用水量则相对较少，仅占总用水量的 4.4%，为 117 亿 $m^3$。

为了可靠地保证生产经营和居民用水需要，利用水库进行径流调节，全国水库的总有效库容大约是 3500 亿 $km^3$，其中有一半主要集中在伏尔加—卡马河和安加拉—叶尼塞河的梯级水库中。水库是居民生产生活用水的主要水源，全国有 100 多座库容超过 1 亿 $m^3$ 的水库，库容小于 1000 万 $m^3$ 的水库也有 2 万多座。

近年来，俄罗斯对水资源管理及开发利用进行了重大改革，水资源管理权全部划归俄罗斯自然资源部。自然资源部不仅具有水资源管理权。同时还具有国土管理权。自然资源部设有水资源司负责水资源利用和保护的统一管理协调。

为实现水资源可持续管理，保持水生态安全，防治水污染和水害，满足经济社会的可持续发展所需的基本的水质和水量要求，俄罗斯通过制定和修改《俄罗斯联邦环境保护法》、《俄罗斯联邦水法典》等环境法律法规以及相关政策，在水资源行政管理、权属管理、规划管理、配置管理、经济管理等许多方面确立了行之有效的具体管理制度。

2006～2007 年全俄水资源综合利用与保护研究总院对《水资源管理条例》进行了修订，其中包括利用行政、经济手段调控水资源价格机制，控制用水户产生污染物等内容。

俄罗斯水管理战略目标主要包括以下几方面：

(1) 在保证可持续用水的基础上，为人民和经济建设部门提供可靠的优质用水。

(2) 恢复并保持水源地（江、河、湖、库及以地下含水层等）的生态安全，保证水资源的蕴藏量及质量。

(3) 保护人民生活和经济部门的生产免受不良水质的危害和影响。

俄罗斯为加强水资源的管理，促进经济发展，采取以下措施：

(1) 用水许可证制度。俄罗斯主要通过发放用水许可证对水资源进行分配和管理。任何用水主体在用水之前，都必须先取得用水许可证，否则是非法的。

(2) 信息系统建设。俄罗斯建立了全国水资源信息数据库，包括水建筑物及其运行状况、存在问题、是否为病险库等都可在此数据库中进行查询。部分州还设有专门的数据显示系统。

(3) 水价制定。1999 年俄罗斯制定了水价暂行管理办法。水价主要考虑的是水资源成本，一是包括供水建筑物建设、保护及运行等各种成本；二是国家税收。水资源税全部上缴中央财政。在制定水价时，不同河流和地方都是有差别。

(4) 污染治理。随着经济发展和人类活动的增加，近年来，俄罗斯的水污染问题越来越突出，已引起俄罗斯专家和有关政府部门的广泛关注。全俄水资源综合利用与保护研究总院专门成立了河流和水库生态恢复（保护）研究室、水文生态研究室、水库保护研究室等，从不同领域研究水环境及其治理对策。

#### 2.4.1.2　土壤侵蚀状况

1. 土壤侵蚀概况

俄罗斯约 1/3 地区遭受严重的土壤侵蚀，每年从这些土地上过度流失的土壤量近 18.2 亿 t，允许土壤流失量 340～1090t/($km^2$ · a)。

俄罗斯的土壤侵蚀类型主要是风力侵蚀和水力侵蚀。重力侵蚀和冻融侵蚀在俄罗斯也占有很大的面积（主要分布在俄罗斯东部和东南部的中西伯利亚高原和东西伯利亚山地地区）。

风力侵蚀主要分布在伏尔加河和叶尼塞河之间的南部地区，包括俄罗斯平原和西西伯利亚平原南部的新垦区，风蚀面积约为414.4万$km^2$，占国土总面积的24.3%。水力侵蚀主要分布俄罗斯平原中部和南部地区，水蚀面积约为342.8万$km^2$，占国土总面积的20.1%。

2. 侵蚀影响因素及特点

俄罗斯影响土壤侵蚀的主要因素是自然因素和人为因素。自然因素包括地形和气候，俄罗斯属温带大陆性气候，降雨稀少但非常集中，且在俄罗斯的平原区地势低平，坡度较小，南部和北部又无高大山脉阻隔。人为因素是指人类不合理的活动造成的土壤侵蚀，早期俄罗斯为了追求高粮食产量，大量垦殖，加之不合理的耕作方式，土壤流失严重。

水蚀的主要影响因素是径流和人为因素。在俄罗斯大平原和西西伯利亚平原南部地区，河流众多，且地势较为平坦，在降雨时很容易产生面蚀，冲走地表的肥沃土壤。在西西伯利亚平原，农民为了解决粮食问题，大量开垦林地，加上不合理的耕作方式，造成了严重的水土流失。

风力侵蚀的主要影响因素是地形因素、气候因素和人为因素。在俄罗斯平原和西西伯利亚平原的南部和北部均没有东西走向的山脉，所以风可以很容易地穿过平原地区，加之俄罗斯受西伯利亚高压和副热带低压的控制，容易形成大风。人为对森林的破坏，使这一地区失去了天然的屏障，所以风蚀严重。再加上俄罗斯在20世纪六七十年代既不研究开垦的条件，又不区别土壤的性质，大肆宣扬垦殖，到处推行开荒，造成了中央黑土区表层肥沃的黑土流失，难以恢复。

3. 土壤侵蚀研究现状

前苏联在19世纪初就已经开始对土壤侵蚀进行研究，并且在1923年在苏联的奥尔诺夫斯克州成立了第一个土壤保持试验站——诺沃西里试验站，这也是全世界第一个土壤保持试验站，在土壤侵蚀机理、面蚀及沟蚀规律、不同侵蚀程度对土壤肥力的影响等方面均取得了重要的成果。

广泛开展了实验室内及田间用人工降雨模拟装置进行的水土流失规律研究，完善了径流小区的测流装置，创造了面蚀、沟蚀的新的调查成图方法，观测了农业改良土壤、森林改良土壤、水利改良土壤等措施的综合效益。

以后的土壤侵蚀研究小组研究了土壤面蚀机理，完善了野外及室内的土壤侵蚀研究方法。制定了评定土地侵蚀危险性的方法、侵蚀土地的绘图方法、水土保持措施经济效益的评定方法。这个小组还为10余个流域制定了综合治理规划及防蚀措施规划。该实验室还组织各高校协作，研究不同自然条件下的侵蚀规律及成河作用。

#### 2.4.1.3 主要河流水沙量及河道泥沙

1. 全国径流状况

河流总长度为960万km，但占总长度90%以上的河流均是长度不到100km的小河流。长度超过500km的大河有254条左右，其中超过1000km的有58条，在苏联欧洲部分 18 条，西伯利亚和远东有 40 条。

俄罗斯年降水量 90430 亿 $m^3$，形成河川径流量 40430 亿 $m^3$，人均年径流量 2780$m^3$，另外还有境外的入境径流量 2270 亿 $m^3$。全国长度超过 10km 的河流在 12 万条以上，拥有 200 个淡水湖和咸水湖，其中 90%的湖泊水面面积是 0.01～1$km^2$，深 1.5m 左右，最大的淡水湖贝加尔湖水面积 3.15 万 $km^2$，储水量为 23 万亿 $m^3$。地下水是俄罗斯主要水源之一，地下水资源量为 7875 亿 $m^3$/a。

欧洲部分的主要河流有伏尔加河、顿河、北德维纳河、乌拉尔河。伏尔加河是欧洲最长的河流，长 3530km，流域面积达 136 万 $km^2$，占俄罗斯平原面积的 1/3 以上。西伯利亚的主要河流有鄂毕河、勒拿河和叶尼塞河。其中鄂毕河是俄罗斯最长（连同支流额尔齐斯河为 5410km）和流域面积最大（299 万 $km^2$）的河流。

2. 主要河流

俄罗斯的主要河流数据见表 2-10。

**表 2-10　　俄罗斯主要河流数据**

| 所在洲 | 河流名称 | 河长 (km) | 流域面积 ($km^2$) | 径流量 (亿 $m^3$) | 河口流量 ($m^3$/s) |
|---|---|---|---|---|---|
| 亚洲 | 因迪吉尔卡河 | 1726 | 360000 | 583 | |
| 亚洲 | 叶尼塞河 | 4086 | 2605000 | 6255 | |
| 亚洲 | 亚纳河 | 872 | 238000 | | 1000 |
| 欧洲 | 乌拉尔河 | 2534 | 231000 | 80 | |
| 亚洲 | 泰梅尔河 | 840 | 124000 | | 1220 |
| 亚洲 | 塔兹河 | 1401 | 150000 | | 1450 |
| 亚洲 | 普尔河 | 1020 | 112000 | 276 | 875 |
| 亚洲 | 皮亚西纳河 | 818 | 182000 | | 2600 |
| 亚洲 | 哈坦加河 | 1636 | 364000 | | 3320 |
| 欧洲 | 伏尔加河 | 3688 | 1380000 | 2540 | 8000 |
| 亚洲 | 鄂毕河 | 4315 | 2990000 | 3850 | 12300 |
| 亚洲 | 额尔齐斯河 | 4248 | 1640000 | 950 | |
| 欧洲 | 顿河 | 1870 | 422000 | 295 | 935 |
| 欧洲 | 第聂伯河 | 2285 | 503000 | 530 | 1670 |
| 欧洲 | 伯朝拉河 | 1809 | 322000 | 1290 | 41000 |

3. 河道泥沙输移的特点

在俄罗斯影响泥沙输移的因素主要是河流流速和河道特征。河道特征中的河床比降和河道形态对泥沙输移影响最大，而且俄罗斯降雨集中，降雨强度大，也是影响河道泥沙输移的重要因素之一。

#### 2.4.1.4　主要研究机构和研究队伍

1. 水资源管理机构

俄罗斯尽管在苏联时期就已比较重视水资源管理，并提出了流域管理机构设置问题，

但进展很慢。到目前为止，一些大的河流仍是多家分散管理，没有一个全流域统一管理的单位。如鄂毕河由性质不同的 3 家单位分管，伏尔加河的管理单位多达 5 家。

俄罗斯专家认为，中国在这方面做得比较好，像黄河有这么多的问题，若没有黄河水利委员会这样一个全流域的管理机构，是很难解决、协调的。近年来，俄罗斯对水资源管理与利用进行了很大的改革，水资源管理权限全部划归俄罗斯自然资源部，自然资源部不仅具有水资源管理权，同时还有国土管理权，自然资源部设有水资源司。俄罗斯的流域管理机构与中国的不完全一样，下属均无科研单位。水资源管理的法律文件主要是《水管理条例》。

近两年，全俄水资源综合利用与保护研究总院正在负责对该条例进行修订，其中包括如何利用行政、经济手段调控水资源价格机制、限制用户产生污染源等。现行的水管理权属分 3 层，即全俄、各州（共和国）和地方。

由于相互间的行政、经济等诸多方面的制约关系，俄罗斯在水管理中出现了很多问题，因此如何对管理条例进行修改以适应新的社会结构，正在积极探索之中。目前，俄罗斯相关机构正力求通过总结近 10 年的经验，提出新的管理办法，使这一条例能更有效地发挥其法律的约束作用，使水管理工作做得更好。

2. 科研学术机构

主要包括：俄罗斯国家水文研究所，俄罗斯水问题研究所，俄罗斯科学院，莫斯科州立大学水文地理学院，喀山州立大学自然地理学和地球生态学院，莫斯科国立大学土壤侵蚀和渠道过程研究所。研究主要包括土壤侵蚀、生态环境和农业经济等与泥沙相关的问题等。

圣彼得堡国立水文研究院主要偏重于泥沙交换、船形波对河床的影响、对输沙的影响，模拟河床变形、桥梁冲刷、预报泥沙淤积、河床抬高情况，土壤侵蚀及其影响以及河床演变分析的新方法等的理论研究方面。

全俄统一能源集团水电技术研究院（圣彼得堡）主要偏重于泥沙交换、船形波对河床的影响、对输沙的影响，模拟河床变形、桥梁冲刷、预报泥沙淤积、河床抬高情况，土壤侵蚀及其影响以及河床演变分析的新方法等的应用方面。

俄罗斯科研学术机构的管理体制与中国类似，科研单位靠市场，研究方向必须与国家的经济发展紧密联系。

### 2.4.2 俄罗斯土壤侵蚀与泥沙主要科研成果

#### 2.4.2.1 土壤侵蚀理论研究

1. 水力侵蚀理论

俄罗斯平原南部的土壤侵蚀和小河的淤积问题。俄罗斯平原的南半部是俄罗斯的主要农业耕作区，那里有大部分的耕地。17 世纪在莫斯科周围的俄罗斯平原开始进行集约栽培，这里属于南方森林景观区的一部分。18 世纪开始培育森林草原带。21 世纪可耕作土地面积达到最高。21 世纪的下半叶预计可耕作土地面积在草原带将增加。因此，本质上的区别是观察俄罗斯平原可耕地面积在不同景观区的时序变化。

土地耕种导致流域内面蚀，细沟侵蚀和沟蚀的增加，引起了大量的泥沙转移到河底。大部分的泥沙淤积在河底，掩埋渠道。在俄罗斯平原的不同的景观区评估河流淤积过程，淤积速率和强度之间的关系是有可能的。

研究用复杂的方法来评价在大流域内集约耕作时期的地貌变化。20 世纪下半叶的几十年在山谷底部干溪对淤积速率的评价，了解到斜坡耕地的侵蚀和俄罗斯平原不同部位的淤积之间的关系。

淤积的强度并没有直接对应不同的区域在同一时间内的计算水土流失量。最大值是在南部的草原地带观察到的，该区也是土壤流失最大的地区。俄罗斯平原的这部分耕地仅在20 世纪进行耕作，所以相较于其他地区，浅沟和细沟侵蚀更为强烈是有可能。最低淤积速率是在林区南部土壤流失相对较高的地区测定的。耕作和非耕作坡地的泥沙再淤积是普罗特瓦流域中游的侵蚀和流域差异的主要原因。

20 世纪流域坡地集约耕作引起了俄罗斯平原不同农业区的小河渠道的泥沙输入量增加。作为一项规则，最大土壤侵蚀速率在地区大量种植后立即进行观察。由于耕作，必须对河网显著减少进行观察，从而导致了地表径流、地下径流和表面侵蚀的增长之间的显著改变。

2. 风力侵蚀理论

风力侵蚀理论描述了全尺度的风蚀现象，包括土壤吹离、土壤颗粒的突变、运输和淤积，无论是在当地还是在全球范围都易于使用，特别是对粉尘运输监测。风力侵蚀理论本身相当复杂，但由此产生的方程很简单，而且容易使用，因为他们需要的变数容易测量，并可随时开发与利用现有的数据。

（1）土壤被吹走。当风速超过临界值时，土壤开始风蚀。临界风速的风能强度为 $E=0.5U_t^2$。变量 $U_e$(m/s)、$q$[kg/(m$^2$ · s)]、$\tau$(N/m$^2$）和 $E$(J/kg）足以表征土壤吹离的过程，而且通过组合，可使这些变量组成两个独立的因素

$$B=qU_e/\tau$$

$$Z=U_t^2/U_e^2$$

式中：$B$ 是质量交换参数，类似于物理理论层蒸发中的大规模交换参数，用来描述在界面的湍流边界层和固体表面之间气体动力值。

已经证明：

$$B=c_w-c_\delta$$

式中：$c_w$ 为表面粗糙层以外的气流中的土壤颗粒。粗糙层以上气流中的土壤颗粒集中，因此 $c_\delta$ 随着高度的增加趋近于零。

由于风力作用，物质交换参数表现出这些土壤微粒的集中。这些粒子开始被风吹走。据 $\pi$-定理中的土壤吹离过程，可确定公式 $B=f(Z)$ 的应用与无量纲参数有关。

（2）土壤颗粒起飞速度。由于土壤颗粒的运动是旋涡造成的，运动速度与此旋涡有关。因此，大小不同的土壤颗粒首先依据旋涡的速度将会以相同的速度起飞，这是一个气流平均流速的未知函数。这就是利用平均土壤颗粒代表所有的土壤颗粒，在某一特定风度起飞。确定平均土壤颗粒的起动风速 $v_0$，应用通过表面的土壤粒子流的质量守恒定律，表示为平均风速的函数。

$$v_0=\kappa U_e \tag{2-3}$$

式中：$\kappa$ 值取决于空气动力学土壤表面粗糙度，根据试验事先确定。

（3）轨迹方程。预测土壤流失，必须把土壤粒子流分成两部分，其中一部分是跃移粒子，另一部分是悬移粒子。可通过使用单个土壤颗粒轨迹方程得以实现。假设在薄粗糙层以外，粗糙度随着高度变化，风速是恒定的。

要确定运动的轨迹，需要考虑作用在气流中的土壤颗粒上的力。土壤颗粒的起动存在阻力

$$F_d = Kr_i^2 \rho_a (U_e - u_i)^2$$

式中：$K$ 为风阻系数；$u_i$ 为 $X$ 轴方向粒子速度的水平分量。

由于阻力作用，土壤颗粒获得 $X$ 轴方向的加速度，根据牛顿第二定律：

$$m\frac{du_i}{dt} = F_d \tag{2-4}$$

式中：$m$ 为土壤颗粒物质密度。

（4）沙尘气流中土壤连续性方程。通过力学方法描述土—气流量，要涉及一个连续和互穿运动的沙尘气流。在这种情况下，空气流的组分是连续体，并假设土壤多级连续系统都在同样的空间移动。空气流平均速度用 $U_e$ 表示，且密度恒定。每一个土壤连续体由一套包含多个粒径的土壤颗粒组成。

（5）沙尘气流结构。临界速度 $U_\Omega$ 和横向飞行的适当高度 $H$ 依赖于粒子的性质。如果 $U_t < U_e < U_\Omega$，那么粒子反弹；如果 $U_e \geqslant U_\Omega$，那么粒子起动。

（6）无限领域土壤流失量的预测。解决预测通过这一表面的土壤粒子流的保存规律这个问题。如果风速 $U_e \geqslant U_\Omega$，那么土壤粒子通量 $q$ 为从地面到大气。如果 $U_e \geqslant U_t$，所有粒径的土壤颗粒都在 $r_i$ 中存在，因此大气逆向流动将不会发生。在这种情况下，所有的粒子从表面起飞，颗粒被搬运走将是不可改变的。

3. 其他侵蚀研究成果

（1）土壤降雨侵蚀仿真模型。仿真模拟能从动力学角度对土壤多年侵蚀过程进行描述。最初，根据单块农业集水区（坡地）的单位降雨量，提出了描述土壤侵蚀过程的流体力学模型。下面是这种模型的主要方程和基本关系。

坡面径流采用下述波动方程描述：

$$\frac{\partial bh}{\partial t} + \frac{\partial bvh}{\partial x} = b(I - F) \tag{2-5}$$

$$v = \frac{mh^{1/\alpha}}{n(1 + a\sqrt{I}/\Delta)}\sqrt{h\sin\beta} \tag{2-6}$$

式中：$x$ 为距分水岭的距离；$h$ 为坡面径流水深；$v$ 为坡面径流流速；$b$ 为集水区度；$I$ 为降雨强度；$F$ 为土壤入渗强度；$m$ 为坡面细流计算系数；$n$ 为坡面粗糙度；$\Delta$ 为粗糙面凸出高度的平均值；$\alpha$、$\beta$ 为常数。

根据以往的资料确定出集水区几何图形、土质特征、轮作制度、植被发育期、农业技术措施实施期、技术方式（其中包括防蚀措施）。模拟研究时间及相应的气象资料不得少于 20～80 年。

根据提出的模拟期限，依据轮作制度逐年重复上述研究项目，便可得出集水区土壤多年的径流量和侵蚀量，还可以确定沿集水区侵蚀量分布状况。特别是还可以评价集水区的侵蚀强度以及距分水岭不同距离的侵蚀强度。

作为例子可分析在俄罗斯地中海地带建立的模拟模型，该地区缺少多年降雨侵蚀观测资料。但人们早已发现，当降雨形成径流时，流体力学模型能恰当地描述土壤侵蚀。

因此，当缺乏多年观测资料而又要评价土壤侵蚀时，利用仿真模型可以评价其作用的全过程。

(2) 风蚀预报模型。经过过去几十年的努力，俄罗斯的科学家们提出了不同形式的土壤风蚀预报模型，用于估算风蚀量与评价各种防风蚀措施。建立预报模型的基本思想是用定量函数表达土壤风蚀过程中诸影响因子的作用及其定量关系，例如波查罗夫（Bocharov）模型。

俄罗斯科学家波查罗夫认为，风蚀取决于众多的因素，包括地表土壤物质性质和若干气流特征参数。他于 20 世纪 80 年代曾提出下列模型：

$$E=f(W,S,M,A) \tag{2-7}$$

式中：$E$ 为风蚀程度；$W$ 为风力特征；$S$ 为土壤表层特点；$M$ 为气象要素特征；$A$ 为人类对土壤表面的干扰程度以及与农业活动有关的其余一些因子。这些因子具有一个共同的特点，即在其余因子保持不变的情况下，其中任一因子的变化都可以引起风蚀量的变化。但各风蚀因子的作用并非是等效的，又是相互影响的，具有复杂的内在关系。

Bocharov 模型从系统论思想出发，全面归纳了各种风蚀因子，所归纳出的 4 组变量具有明显的层次性，同时充分考虑到各因子之间的相互作用，较 WEQ 的思想前进了一步，将人类活动这一在现代风蚀过程中极其活跃的因素纳入预报模型中，给风蚀预报提供了又一新思路。但 Bocharov 模型并没有给出具体的定量关系，这些关系仍依赖于实验与野外观测研究，该预报模型只是一个抽象的概念模型，不能直接应用。

**2.4.2.2　河道泥沙输移理论研究**

1. 明渠非恒定流的泥沙输移理论

在研究河流泥沙输移过程中产生的诸多科学问题中，科学家们特别重视非恒定流的泥沙输移。由于降雨、春季洪浪和水流经过调节能力低的水力池，造成水流运动在江河经常不稳定。

对于泥沙输移机理的认识和非恒定流动的研究，可通过分析实地观察结果、精确实验、开发和率定数学模型，并提出新的计算和预测方法来实现。然而，通常我们会限制河床的泥沙输移变异，且不考虑水力特性时变水流的地形响应。

对明渠非恒定流的泥沙输移水力特性进行研究，结果表明：输沙量大幅变动（增加或减少）的水流应考虑时变水力特性产生的地形响应，而对于稳定输沙量的水流可用时均值表示；根据恒定流特性，悬移质和推移质输沙相差很大，在非恒定均匀流中，悬移质输沙比例相对于推移质要高。

2. 河床演变理论

预测河曲发展有很大的实际意义。20 世纪的下半叶出现的模拟河岸侵蚀和弯曲发展的主要方法为：在分析驱动力和抵制力平衡的基础上，定性和定量地描述河流侵蚀机理和河岸崩塌，并在黏性床沙质的溪流中使用计算机来实现。

河曲水流边界作用：河道的发展及其内部的所有流动，由于受到河道边界的反作用，因而冲刷河岸。曲流主要特点是底流和二级流结合，沿着弯曲段螺旋流动。造成这个现象的一个原因是向心力以及横向比降驱使河道表面向凹岸射流，由于静水压力，近床水流偏转向凸岸。河岸结构、颗粒粒径、颗粒间凝聚力以及植被覆盖共同决定了河岸冲刷率和相

应的河道断面及平面的变化。

河岸侵蚀与水流之间的相互作用可以在“基底端点控制”的框架内研究。按照这一概念，河床的淤积量取决于河岸冲刷率，或河流夹带和顺流输运所引起的凹岸的侵蚀和基底物质转移率。如果流量可以清除所有来料，并能冲刷断面区域，河岸侵蚀将会进一步加剧。反过来说，如果该水流无法清除所有的碎屑，碎屑在河岸附近积累的情况将会出现，淤积物质将阻止河岸的进一步侵蚀。

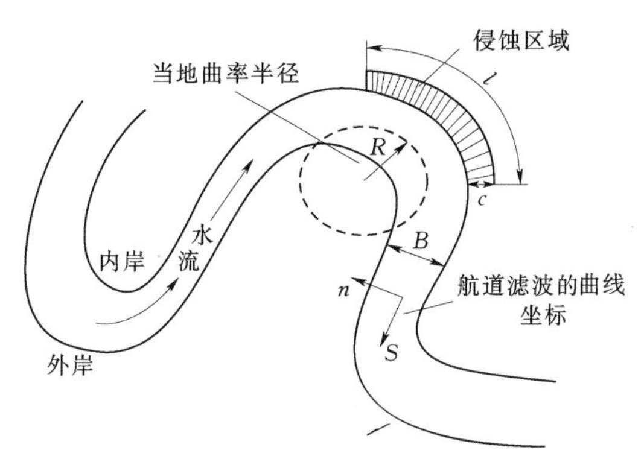


图 2-13　河流曲段河流—渠道相互作用

因此，天然河流的断面形状和近岸流水深可作为河岸蚀性的间接指标，可以忽略河岸凝聚力的影响。出于同样的原因，虽然基础的因素仍然对决定输沙量非常重要，但是横向流中的剪应力侵蚀过程可以被忽略。

假设外（凹）岸的侵蚀伴随着内（凸）岸的泥沙淤积，且断面形状相对稳定，则河岸后退的年速率，可从凹岸螺旋流的质量守恒方程中得出（图 2-13）：

$$\Delta c \cdot \Delta l \cdot (h+H)=G_n \cdot \Delta t \tag{2-8}$$

式中：$\Delta l$ 为河岸截面的长度；$h$ 为河流最大深度；$H$ 为水面以上的河岸高度；$G_n$ 为横向泥沙通量；$\Delta t$ 为时间。

### 2.4.2.3　水土流失治理及河道整治成果

1. 水土流失治理成果

以俄罗斯黑土为例：在世界范围内，黑土约有 900 万 $km^2$，占世界陆地总面积的 7%，集中分布于三大片，即俄罗斯大平原、美国密西西比河流域和中国东北。其中以俄罗斯大平原分布面积为最广，约 90 万 $km^2$，尤以沃龙涅什为中心的中央黑土区最为富饶。

20 世纪 60 年代，苏联领导人曾企图以开垦荒地来摆脱当时粮食和农产品的匮乏。在他们看来，似乎只有开垦荒地才能保证粮食和畜产品的供应，才能有发达的农业，既不研究开垦的条件，又不区别土壤的性质，大肆宣扬垦殖，到处推行开荒，造成了严重的水土流失。

据统计，前苏联约 1/3 耕地遭受严重的土壤侵蚀，每年从这些耕地上过度流失的土壤量近 25 亿 t。土壤侵蚀不仅破坏土地，减少了土地利用面积，流失和吹走地表肥土和水，直接影响农、林、牧业生产。而且，水土流失造成大量泥沙冲入河流，淤塞水库和灌溉渠道，对水库、交通、建筑等造成严重破坏，使发电、航运、蓄洪和灌溉等效益下降，同时也间接形成水、旱、沙尘暴等灾害。

为防治水土流失，恢复黑土的生产力，俄罗斯专家对黑土进行了长时间的调查研究，最后确定了治理模式：根据地形条件横坡作垅、带状间作、免耕等以防治水土流失；根据有机质合成和分解的特点，采用各种养地与用地相结合的措施，以恢复和提高土壤肥力；实行保护性耕作措施，把生产和生态环境保护结合起来的技术，在应用中既确定了生态环境保护功能，又确定了增产功能；营造防护林、利用积雪雨水保持土壤水分以及其他一些保水耕作措施。

经过半个世纪的努力，黑土恢复了生产力。黑土中有机质大于 10%的占 12%，有机质大于 7%的几近 55%，基本上恢复到了以往的肥力。7%的黑土为俄罗斯提供了 80%的农产品。

2. 河道整治成果

以乌拉尔河为例：1971 年，苏联国家水工建筑物设计院制定了综合利用和保护乌拉尔河水资源的方案。方案规定在乌拉尔河及其一些支流上将修建 8 座新水库。其中最大的是伊列克河上的阿克丘宾斯基水库（水库库容为 5.84 亿 $m^3$、面积为 81$km^2$）、乌拉尔河上游的扬格利斯水库（库容为 9.4 亿 $m^3$、面积为 140$km^2$）、大库马克河上的阿尔特奈斯科水库（库容为 9.46 亿 $m^3$、面积为 100$km^2$）、萨克马拉河上的麦德诺戈尔斯科水库（库容 14.72 亿 $m^3$、面积为 73.2$km^2$）。

现在，乌拉尔河流域已建有 7 座大型水库（见表 2 - 11）。其中，伊里克林斯克水库是为改善东奥伦堡的工业中心供水而于 1957～1958 年修建的。该水库位于别列佐夫(BepeaoBcK—efi）村的下游，是乌拉尔河流域的最大水库，位于古伊里克拉峡谷，由北至南延伸达 70 多 km，其水面面积为 260$km^2$。

**表 2 - 11　　乌拉尔河流域已建水库表**

| 水　库　名　称 | 所在河流 | 库　容<br>（亿 $m^3$） | 库水面面积<br>（$km^2$） |
|---|---|---|---|
| 上乌拉尔斯克 | 乌拉尔河 | 6.01 | 75.5 |
| 马格尼托戈尔斯克 | 乌拉尔河 | 1.89 | 33.4 |
| 伊里克林斯克 | 乌拉尔河 | 32.57 | 260.0 |
| 上库马克 | 大库马克河 | 0.48 | 12.9 |
| 卡尔加拉 | 扎克琴・卡尔加拉河<br>（伊列克河支流） | 1.86 | 22.3 |
| 阿克丘宾斯克 | 伊列克河 | 5.84 | 81.3 |
| 切尔诺夫斯基 | 黑河 | 0.53 | 12.9 |

伊里克林斯克水库的修建，减轻了奥尔斯克市的洪水灾害，水库库容为 32.57 亿 $m^3$。这几乎是枢纽坝址处乌拉尔河年平均流量的 2 倍。水库最宽为 8km，平均深为 13m，最深处 40m。

### 2.4.3　俄罗斯土壤侵蚀与泥沙科研趋势

#### 2.4.3.1　土壤侵蚀及防治研究重点和趋势

当前，由于俄罗斯耕作区土地的不断退化，俄政府特别重视土壤侵蚀和防治研究及治理。研究的重点放在对土壤侵蚀机理的研究，特别是对水力侵蚀和风力侵蚀机理的研究。通过建立土壤侵蚀模型，土壤降雨侵蚀仿真模型，从动力学角度对土壤多年侵蚀过程进行描述。尤其是在缺少土壤侵蚀观测资料时，用这种方法有很高的可行性。目前，俄罗斯专家准备建立适合于自己的土壤侵蚀模型，对土壤侵蚀的预测仍然是今后研究的重点。

其次，俄罗斯还重视主要耕作区土壤侵蚀规律的研究。由于俄罗斯主要耕作区土地退

化现象特别严重，农作物减产明显，所以俄政府重视对耕作区土壤侵蚀的治理，大力支持耕作区土壤侵蚀规律的研究。研究包括引起土地退化的各种因素（主要为水力、风力和不合理的耕作制度）。水力侵蚀主要是耕作区的面蚀、细沟侵蚀和切沟侵蚀，应防止水土流失，提高土地的生产力。风力侵蚀包括对俄罗斯新垦区的风蚀荒漠化的研究。通过研究，制定相应的水土保持措施，防止水土流失，保证国家的粮食安全。

**2.4.3.2** 河道泥沙处理利用研究重点和研究趋势

俄专家在探讨“河床演变研究”今后的方向时，认为纯粹的河床演变研究将越来越少，今后的研究应从全流域角度来考虑问题，并应与生态环境相联系，目前重要的课题是如何保护河流。过去在河流上建立大量的工程，自然环境遭到严重的破坏，而现在又回过头来研究是否值得建立这么多的工程。这确实是很值得深思的问题。

同时，俄罗斯学者认为泥沙学科是一门交叉和综合性学科，对于泥沙问题，不是仅仅研究河流泥沙问题，而是对相关的问题同时进行研究，包括土壤侵蚀、生态环境和农业经济等。

研究中特别重视与工程实际相结合，重视实测资料的收集，如莫斯科大学土壤侵蚀、河床演变实验室，要求不论是数学模型的研究人员还是物理模型的研究人员，每年7～9月必须到现场进行观测，以便收集到平时没有掌握的资料，确定今后的研究方向。认为这是科学研究的最后阶段，在办公室是无法完成的。

研究包括：泥沙交换、船形波对河床的影响、对输沙的影响，模拟河床变形、桥梁冲刷、预报泥沙淤积、河床抬高情况，土壤侵蚀及其影响以及河床演变分析的新方法等。

从俄罗斯河道泥沙当前的研究中看到：

（1）重视泥沙引起的灾害的防治，如洪水问题、泥沙变化对农业的影响等。近几年伏尔加河、列纳河相继出现洪水，特别是冰坝带来的洪水（发生在从南方流向北方的河流），黑海的洪暴潮，引起潮水倒灌，都给社会经济、生命、财产造成很大损失。

近4年俄罗斯政府拿出10亿美元防治洪水。研究人员在这方面做了很多的工作，拟出一整套的研究治洪方案，加深河槽，降低洪水位，并且又开始恢复始于沙皇时代，一度中断的涅瓦河入海口跨海坝的修建。同时在实验室参观了列那河冰坝的物理模型试验，考察了跨海大坝及俄罗斯南方塞姆河的洪泛区并了解河道变迁历史。

（2）与国家的重点任务和工程紧密结合。圣彼得堡国立水文研究所承担了从西伯利亚穿过蒙古国到中国大庆的石油天然气输送管道的输送特性、穿河管道冲刷的研究任务，并要提供水文信息、管道埋设的深度以及管道埋设的机械方法等方案。如远东大铁路、桥梁、道路、水渠的研究；河底管道断裂，石油在河水中的扩散问题研究；海岸平衡，保证旅游安全方面的研究。

（3）重视国际合作。目前上述几个单位分别与德国、美国、中国和周边的国家有合作研究项目，包括技术和设备等。

### 2.4.4 小结

总体上看，俄罗斯国土面积大，东南高、西北低，自然条件复杂，气候多样；土壤侵蚀类型主要是风力侵蚀和水力侵蚀，水蚀和风蚀面积大，土壤流失量大；侵蚀的主要影响因素包括地形、气候和人为因素；河流众多，泥沙问题也比较多，河流流速、河床比降和河道形态是泥沙输移的主要影响因素。

从分析中可看出：

（1）俄罗斯土壤侵蚀的研究起步早，理论基础好，在侵蚀机理和过程方面的研究处于先进水平。

（2）泥沙研究成果比较多，特别是在泥沙基础理论和河床演变理论方面有大量的成果。

（3）政府重视泥沙灾害的防治，如洪水问题、泥沙变化对农业的影响等，取得了不少的成果。

（4）政府重视土壤侵蚀防治工作，开展了卓有成效的工作，如黑土地土壤侵蚀治理模式。

（5）政府坚持出版大量科学专著、论文集；鼓励学者参加国际交流活动；重视对年轻学者的培养。

（6）总体上科研经费略嫌不足，国家支持力度有限，科研人员、特别是青年科研人员流失严重。

未来，俄罗斯将会加大政府的科研投入，避免人才流失，同时，也会加强降雨侵蚀等数据观测的基础性工作。

# 第3章 美洲与非洲典型国家土壤侵蚀和泥沙淤积

## 3.1 美国

### 3.1.1 美国概况

美国位于北美洲中部，领土还包括北美洲西北部的阿拉斯加和太平洋中部的夏威夷群岛。美国北与加拿大接壤，南靠墨西哥和墨西哥湾，西临太平洋，东濒大西洋；面积962.9万$km^2$，本土东西长4500km，南北宽2700km，海岸线长22680km；大部分地区属于大陆性气候，南部属亚热带气候；中北部平原温差很大，芝加哥1月平均气温−3℃，7月24℃，墨西哥湾沿岸1月平均气温11℃，7月28℃。

美国人口3亿人（2006年10月17日），白人占75%，拉美裔占12.5%，黑人占12.3%，亚裔占3.6%，华人约243万，占0.9%，多已入美国籍（2000年美人口普查数据）。美国黑人、拉美裔和亚裔等少数族裔总人口已达到1.007亿人（截至2006年7月）；通用英语；56%的居民信奉基督教新教，28%信奉天主教，2%信奉犹太教，信奉其他宗教的占4%，不属于任何教派的占10%。

#### 3.1.1.1 水资源及保护概况

美国水资源丰富，河川年径流总量为2.97万亿$m^3$（本土48个州为1.70万亿$m^3$），按2009年人口计算，人均9179$m^3$。一方面随着水资源开发利用工程建设任务的基本完成；另一方面由于人民生活水平的进一步提高和环境保护、生态维护思潮的高涨，美国各级政府对水资源保护工作十分重视，已经把水资源保护工作作为各级水资源管理机构的重要任务。由于美国自来水是直接饮用的，因此对源水水质要求较高。美国各级机构对水资源保护的主要做法是严格限制污染型工业的发展，注重合理的工业布局，绝对禁止在水源保护区建立有污染的工业，大力发展污水处理厂（全美建有2万余座水处理厂），所有污水都经过严格的处理后排放，并且对暴雨径流产生的污水，也都经处理后再排放。如，濒海城市旧金山市因为下水收集系统和污水处理厂修建年代较早，处理能力偏小，为了保护海洋生态环境，该市在下水道中修建了污水储存系统，在处理厂来不及处理时，将污水暂存在箱涵（pipebox）中，以免直接排入海湾而污染海洋环境。为保证供水水质，旧金山和丹佛市将自来水集水区用国家购买的方式购买下来，防止因人类过度的开发利用而影响水源水质，对供水水源地采取了严格的保护措施。

美国十分重视对水生态的保护，在开发利用水资源过程中，十分注意对野生动物的保护，并在这方面进行了深入的研究，如野生鱼种、动植物用水都给予了充分的考虑，大多数水库都有最小下泄流量要求，以保证野生动植物对水的需求。生态环境对水的需求，已经成为美国水资源开发利用最重要的制约因素之一。

为了有效地保护水资源，美国采取了水质水量统一管理的水资源保护体制，如波托马克河管理委员会就拥有对污染河流水质的行为进行直接处罚的权力，而且对河流的水质保护拥有监督管理的权力，从而使该河流水质一直保持在较好的水平。美国一些高等院校和研究机构受政府支持开展了大量的水资源保护方面的研究，设备十分先进，研究十分深入。

美国十分重视水资源保护工作。一方面保护水资源不受破坏，使水资源的效益得到充分发挥，给国民留下一个美好的生活空间；另一方面，保护好水资源，防止产生水资源开发利用带来的负面效应，从生态的角度看待水资源保护工作，把水资源保护提到了应有的高度。

**3.1.1.2**　土壤侵蚀状况

美国水土流失面积 427 万 $km^2$，占国土总面积的 45.6%，每年土壤侵蚀量 40 亿 t，约有 12 亿 t 泥沙淤积在水库、湖泊内，每年库容损失价值达 1 亿美元。

土壤侵蚀最严重的地区在美国中西部，华盛顿、俄勒冈与爱达荷 3 个州的大部分地区，农地的坡度为 15%～25%。

融雪和大暴雨所引起的土壤侵蚀模数达 12360～24170t/($km^2$ · a)。爱达荷州东南部的坡度为 35%，土壤侵蚀模数为 3954t/($km^2$ · a)；密西西比河东南部，在许多没有合适水土保持措施的带状作物地上，土壤侵蚀模数可达 4442t/($km^2$ · a)；密苏里州为 2693t/($km^2$ · a)。在美国，露天开矿也是造成土壤侵蚀的主要原因。

美国土壤侵蚀遍布全国 50 个州，西部 17 个州尤为严重，平均每年流失土壤 50 亿 t，其中水力侵蚀 40 亿 t，风力侵蚀 10 亿 t。土壤侵蚀中，40%来自坡耕地，约 20 亿 t；25%来自河道、河岸侵蚀，约 12.5 亿 t；25%来自林地、城市用地和道路，约 12.5 亿 t；10%来自牧场和草地，约 5 亿 t。流失的土壤有 3/4 淤积在河道、洪泛平原区和湖泊、水库，只有 1/4 输入海洋。

目前，土壤侵蚀在美国虽然已不像 20 世纪 30 年代那样对美国农业构成直接威胁，但一些地区土壤侵蚀引起土地生产力下降、化肥需求量增加的现象依然存在。特别是农业土壤侵蚀对水体的淤积、污染、富营养化等，越来越引起人们的重视。

美国的水土流失是比较严重的，主要是在 19 世纪和 20 世纪初期，由于大量砍烧森林、移民垦荒，并采用粗放的耕作方法，引起强烈的土壤侵蚀，使农作物产量大大下降。

近些年来土壤侵蚀明显的原因是：①大量开垦坡地，引起严重的水土流失和滑坡；②放弃轮作；③热带地区耕作周期的间隔时间缩短；④干旱地区逐渐减少休耕面积；⑤广泛采用机耕。美国由于大量使用农业机械，防止水土流失的梯田遭到破坏；干旱地带的防风林被砍伐；为扩大田块，铲平了田埂。上述种种原因使土壤抗御侵蚀的能力大大降低。

由于世界粮食需求量的剧增，以及化肥的出现而加速了土壤侵蚀。

美国的土地根据权属的不同，分为联邦土地和非联邦土地两部分。据美国农业部1992年调查，联邦土地约占国土面积的21%，其中88%分布在西部地区的11个州；非联邦土地约占国土面积的79%，其中绝大部分属私人所有，少量属州、县、市和其他非联邦政府机构所有。

1830～1930年是美国土壤侵蚀发展最严重的时期。据1934年美国内务部土壤侵蚀局对其本土所作的土壤侵蚀调查，土壤侵蚀面积达到428万$km^2$，占其本土面积的55.5%（见表3-1）。

**表3-1　美国土壤危害程度估计（1934年）**

| 土地类型 | 面积（万$km^2$） | 占本土面积（%） |
|---|---|---|
| 土地总面积（本土48个州） | 771 | 100.0 |
| 各类受侵蚀土地（包括农地） | 428 | 55.5 |
| 基本毁坏 | 24 | 3.1 |
| 严重侵蚀 | 90 | 11.7 |
| 中度或开始侵蚀 | 314 | 40.7 |
| 其中农地 | 120 | 15.6 |
| 基本因耕作而毁坏的 | 20 | 2.6 |
| 严重侵蚀 | 20 | 2.6 |
| 一半或全部表土流失 | 40 | 5.2 |
| 中度或开始侵蚀 | 40 | 5.2 |
| 未受侵蚀的土地（林地、沼泽等） | 284 | 36.8 |
| 未明显受侵蚀损害的土地（沙漠、劣地、西部山地等） | 59 | 7.7 |

全国3.82亿英亩（1英亩=4046.86$m^2$）耕地和3.99亿英亩牧场占美国国土面积的40%左右，其土壤侵蚀数量占总数量的62%，耕地是土壤侵蚀的主要发生源地（见表3-2）。

**表3-2　1992年美国土壤侵蚀主要类型及其主要源地**

| 类型及源地 | | 土地面积（百万英亩） | 年侵蚀量（$\times10^9$t） | 每英亩侵蚀量（t） |
|---|---|---|---|---|
| 片蚀与细沟侵蚀 | 耕地 | 382 | 1.2 | 3.1 |
| | 草地 | 126 | 0.13 | 1.0 |
| | 牧场 | 399 | 0.4 | 1.2 |
| 风蚀 | 耕地 | 382 | 0.93 | 2.5 |
| | 草地 | 126 | 0.01 | 0.1 |
| | 牧场 | 399 | 1.75 | 4.4 |

1992年美国国家资源清查结果表明，强烈侵蚀耕地面积达1.05亿英亩，占总耕地面的27%。强烈侵蚀耕地土壤侵蚀量当年为每英亩11t。与之相比，非强烈侵蚀区每英亩土

壤损失3.4t（见表3-3）。

表3-3 1992年美国耕地侵蚀状况

| 侵蚀程度 | 面积（亿英亩） | 百分比（%） | 侵蚀量（亿t） | 百分比（%） | （t/英亩） |
|---|---|---|---|---|---|
| 强烈侵蚀 | 1.05 | 27.5 | 11.6 | 54.5 | 11.0 |
| 非强烈侵蚀 | 2.77 | 72.5 | 9.69 | 45.5 | 3.4 |
| 合计 | 3.82 | 100 | 21.3 | 100 | |

据估计，1992年美国土壤侵蚀平均每年每英亩316t，全国每年土壤侵蚀量达69亿t。全国因片蚀、沟蚀和风蚀而从非联邦土地流失的土壤为50亿t。其中农地土壤侵蚀量达30亿t（包括片蚀和细沟侵蚀量20亿t），牧地、草地和林地流失量在20亿t以上。此外，每年约有10亿t土壤从非联邦土地的河岸、沟道、路边和建筑工地上流失。

而自然侵蚀或地质侵蚀可能占总侵蚀量的15%～30%。农地的片蚀和细沟侵蚀在东半部，特别是衣阿华、密苏里、伊利诺伊、印第安纳、密西西比等州和阿肯色州东部、田纳西州西部一带比较严重。尤其是在黄土分布的田纳西州西部，爱荷华州西部和密西西比州西北部一带，土壤年侵蚀模数达2500～5000t/km$^2$，个别地区超过10000t/km$^2$。在科罗拉多、新墨西哥和得克萨斯等州风蚀也很严重。

美国根据表土厚度、土壤再生能力和耕作方式的不同，确定森林草地的允许土壤侵蚀量为每年每平方公里50～500t，耕地为1250t，其他一般取225～1150t。中西部地区的4360万hm$^2$农田中，有47%受到土壤侵蚀的影响。在玉米条播种植地带，平均年侵蚀量达1790t/km$^2$以上。得克萨斯和新墨西哥的部分地区，年风蚀量达2240t/km$^2$。全国已有1.42亿hm$^2$森林因放牧而遭到破坏，每年增加荒地约20.2万hm$^2$。风蚀每年约破坏4400hm$^2$土地。

**3.1.1.3** 主要河流水沙量及河道泥沙

美国河湖众多，水资源丰富。全国年平均地表径流量为2.97万亿m$^3$，约占全球年地表径流总量的6.3%，居世界第4位。但受地形和气候的影响，在水网密度、水系大小、水源补给、水量及其季节变化等方面分布很不平衡。落基山脉构成全国水网的主要分水岭，其次是东部的阿巴拉契亚高地和北部低矮的冰碛垅。发源的河流各自向着不同的方向独流或汇集为大小不同的水系，分别注入大洋；西南地区的河流，则注入内陆湖泊或中途消失于沙漠中。落基山脉以东地区水网稠密，水量丰富，集中了本土年地表径流量的72%；落基山脉以西地区，水网稀疏，水量不大，仅占本土年地表径流量的28%，其中约3/4又集中在西北部。

美国本土的中部平原地区，发育了世界最大的水系之一密西西比水系和世界最大的淡水湖群五大湖。密西西比河纵贯国土南北，注入墨西哥湾，全长（以密苏里河为源）6262km，是世界第4长河，流域面积322万km$^2$，干支流流经美国31个州，占美国本土面积的2/5以上。密西西比河东岸重要支流有俄亥俄河等，水量大，季节变化较缓和；西岸支流有密苏里河、雷德河等，水量较小，季节变化较大。密西西比河干流的水量及其季节变化主要决定于东岸支流，河口附近年平均流量1.88万m$^3$/s，洪水期见于春季，枯水期在秋季。五大湖分布在美国中北部边境，除密歇根湖完全在美国境内外，苏必利尔湖、休伦湖、伊利湖和安大略湖与加拿大共有，总面积 24.5 万 $hm^2$，素有“北美洲大陆地中海”之称。

阿巴拉契亚高地以东空间有限，水系较小，但因降水量多，水网稠密，水量丰富。其中纽约以北地区，冬季雪量大，积雪期长，洪水期出现在春季，枯水期在秋季；纽约以南地区，河流水量季节变化一般以夏涨冬枯为特点。

哥伦比亚河源于加拿大境内落基山脉西坡，流经美国西北部半干旱区，切穿喀斯喀特山脉和海岸山脉，注入太平洋，全长 1953km。

西北太平洋沿岸降水虽丰，但河流多独流入海，不构成系统，水流湍急。盆地与山脉区和科罗拉多高原地区，多间歇河和盐沼，大部分属于内流区，较大的外流河是科罗拉多河，源出落基山脉，主要依靠冰雪融水补给，流经干旱与半干旱区，注入加利福尼亚湾，全长 2333km。

水库淤积也是一个问题。对 1105 座大、中、小型水库的淤积调查表明，在运行不到 20 年（有的略超过 20 年）的时间里，库容的损失达 42.6 亿 $m^3$，占原库容的 3.9%；年库容损失率从 0.16%上升到 3.56%。据估算，美国水库每年淤积泥沙约 12.3 亿 $m^3$。

#### 3.1.1.4 主要研究机构和研究队伍

1. 土壤侵蚀及防治相关机构

美国的水土保持主管机构为农业部。农业部下设自然资源保护局［1935～1994 年称水土保持局（SCS）］和林业局，分别负责私有土地和国有土地上的自然资源保护工作，水土保持是其重要任务之一。

自然资源保护局（NRCS）职责包括：负责非联邦土地上的自然资源保护工作，特别是定期开展土壤调查，提供全国分县土壤资源数据，为政府决策和国会立法提供依据；通过水土保持、灌溉水管理、湿地的保护恢复、堤岸加固和淡水控制、野生动物栖息地的改善等措施，设计和建立区域性自然资源保护系统，指导和帮助地方搞好水土保持与其他自然资源的保护工作；提供保护和恢复水质、湿地以及减少土壤侵蚀所需的植物品种；评价预报土壤侵蚀、农业非点源污染、农业措施与管理方式对农牧业经济影响的新技术。但其核心任务仍是保护和改善土壤这一人类赖以生存的基本资源，协助土地所有者维护和提高土地资源质量，在提高土地生产力和保护环境之间寻求平衡。

NRCS 下设三级机构，即州、区和小区。在 50 个州、2965 个区及小区都陆续设置了水土保持机构。区和小区的工作重点是从技术上协助当地农牧场主进行水土保持规划、设计，提供基本资料。除了政府的专业机构外，美国也非常重视发展半官方和非政府组织的作用，并自上而下成立了各级民间水土保持协会，开展流域管理、保护水土资源的宣传、监督等活动。

此外，美国水土保持的科研体系比较完善，国家级最主要的研究机构有国家泥沙实验室、国家侵蚀实验室、干旱流域研究中心等研究机构。这些研究机构在全国都布设有相应的试验站网，试验站又布设有试验区。这些研究机构的科研成果为美国水土保持规划及小流域综合治理措施提供了科学依据，最为典型的有通用土壤流失方程和 WEPP 模型。

2. 水文管理机构

美国的水文业务工作由地质调查局（USGS）负责。地质调查局隶属内务部，是内务部的一个局。美国地质调查局负责全国的地图测绘、地质调查、矿产土地勘察以及水资源的调查和评价，并提供相关的资料、成果和技术分析报告，为水资源、能源、矿物资源、土地资源的管理开发利用保护服务，为最大限度地减轻自然灾害、人类活动引起的环境恶化提供服务。地质调查局除行政办公室外，主要业务部门有生物处、地理处、地质处、水资源处等。

水资源处负责水资源监测、评估和信息发布等工作，下设4个办公室，分别是水质评价办公室、地下水办公室、水质办公室、地表水办公室。美国地表水、地下水、水质（包括地表水质与地下水质）评价等水文工作全部由USGS的水资源处负责。州地区办公室工作根据各州的情况又分为水文调查研究、水文监测分析、项目管理、计算机中心、水文数据中心等。

3. 水资源管理机构

美国水资源分别由农业部的自然资源保护局、国家地质调查局的水资源处、国家环境保护署和陆军工程兵团，依据联邦政府授权的职能分别管理。农业部自然资源保护局负责农业上水资源的开发、利用和环保责任，在各州设立52个工作机构负责此项工作。国家地质调查局水资源处负责收集、监测、分析、提供全国所有水文资料，并在四大河流域设办事处，有近5000名工作人员为政府、企业、居民提供详尽准确的水文资料，并为水利工程建设、水体开发利用提出政策性建议。

国家环境保护署根据环保需要，制定相应的规定和要求，调控和约束水资源的开发、利用，防止水资源被污染。陆军工程兵团主要负责由政府投资兴建的大型水利工程的规划设计与施工。在联邦政府的统一领导下，各部门职责明确，既分工又协作，既相互配合又相互制约，形成“多龙管水，配合默契”的管理体制。

4. 研究基地和设备

美国3S技术（遥感、地理信息系统和全球定位系统）的应用十分普遍，各所大学和实验室的3S技术不仅普及，而且应用水平较高。农业部自然资源保护局开展的全国自然资源清查，主要借助了遥感与地理信息系统技术。路易斯安那州立大学海岸、能源和环境资源中心的陆地扫描实验室，直接接收卫星信息，经处理后编制各类专业图件。国家土壤耕作实验室采用全球定位系统，进行小流域调查与制图。在美国很多基础信息都是免费提供的，如分辨率低于30m的遥感资料即可无偿提供给用户，从而为新技术的应用创造了有利条件。

国家土壤侵蚀实验室和泥沙实验室在土壤侵蚀实验中，均采用一种表面微地形激光扫描仪，来测定试验前后的微地形变化。该仪器测量快捷，水平和垂直精度都在0.2m左右，测量速度和测点间距都可调节，尤其适于室内试验使用。国家土壤耕作实验室内有一套设备，可以模拟各种温度、湿度和光照，用于研究植物生长条件和残茬的分解过程，其土壤分析采用机械手进行，可替代8名分析人员的工作。国家泥沙实验室的Goodwin水溪试验场，自动化观测设备完善。该水溪为耶祖河支流，流域面积21.4$km^2$；在其14个小区出口均设有测流站，通过量水槽或测桥测流；每个测流站都有一套电子数据采集系

统，由计算机根据预订时间间隔向所控制的传感器发出测量指令，测量水位、水温、地温、降水等数据，自动抽取沙样；收集到的数据暂时储存，再按主机指令向泥沙实验室传输。

美国大部分河流泥沙含量很小，仅有较少的水文测站测量泥沙。USGS泥沙测验主要用直接采样的积时式采样器和物理仪器。物理仪器有通过测量水流密度获取悬沙浓度的振动式测沙仪器、超声波悬沙测量仪和新型的激光测沙仪。

美国水文测站无人驻守，实行自动测报和巡测相结合，设施简单，自动化程度高。

### 3.1.2 美国土壤侵蚀与泥沙主要科研成果

#### 3.1.2.1 土壤侵蚀理论研究

美国国家土壤侵蚀研究实验室是从事土壤侵蚀研究工作的重点单位之一，主要研究水力侵蚀的基本过程及水蚀预报模型。1965年美国农业部出版的《农业手册》，向全国推荐了通用土壤流失方程，应用于水土保持规划。1993年，美国农业部国家土壤侵蚀研究实验室颁布了修正的通用土壤流失方程，简称RUSLE（Revised Universal Soil Loss Equation），主要用于预报长时期平均的土壤流失量。2000年，该机构又颁布了最新版本的RUSLE，用于预报不同生态系统（农田、矿区、建筑工地、耕地等）的土壤流失量。

鉴于USLE方程（通用土壤侵蚀方程）只是一个以试验数据为基础的回归统计模型，缺乏比较严密的揭示，不能反映土壤流失的物理过程，只能计算年平均土壤流失量，而对于次降雨过程所产生的土壤流失无法计算，美国农业部决定，从1985年开始着手研究一项为期10年的水力侵蚀预报项目，简称WEPP（Water Erosion Prediction Project），以便取代USLE。1987年，美国农业部国家土壤侵蚀研究实验室提出了WEPP的基本框架。1995年8月，正式颁布了WEPP—95。之后，1998年、2000年和2001年又分别颁布了不同的版本。该模型自1995年问世以来，在美国、德国、乌克兰等国的水土流失动态监测预报方面获得了广泛的应用。这个模型考虑了决定侵蚀的重要物理过程，能模拟和预测不同土壤、坡度和管理条件下的土壤侵蚀变化，能预报侵蚀的瞬间变化，估算水库、河流中泥沙淤积的变化。

从20世纪80年代初期开始，在通用土壤流失方程的基础上，许多新的模型建立起来，同时，众多基于土壤侵蚀过程的物理模型相继问世，从而适应了各种情况下的土壤侵蚀预测和评价。这时期的模型主要有RUSLE、WEPP、CREAMS、ANSWERS、EPIC、WEPS等。

1. USLE（Universal Soil Loss Equation，通用土壤侵蚀方程）

1965年，W. H. Wischmeier和D. Smith对美国30个州近30年的观测资料进行了系统分析，根据近万个径流小区的试验资料，提出著名的经验模型——USLE方程，作为预测面蚀和沟蚀引起的年平均土壤流失量的方法，它考虑了降雨、土壤可蚀性、作物管理、坡度坡长和水土保持措施5大因子。

USLE可用来计算年平均土壤流失量，从而指导人们进行正确的耕作和经营管理，采取适当的保护措施来保持土壤。它所依据的资料丰富、涉及区域广泛，因而具有较强的实用性，曾在世界范围内得到了广泛的应用。1978年，W. H. Wischmeier和D. Smith针对应用中存在的问题，对USLE进行了修正，使USLE更具普遍性。

USLE不足之处：以年侵蚀资料建立起来的USLE，无法进行次降雨土壤侵蚀的预报。同时，实践证明，USLE不太适用于垄作、等高耕作，以及那些使泥沙就地淤积的带状耕作措施等。

2. RUSLE（Revised Universal Soil Loss Equation，修正通用土壤侵蚀方程）

相对于USLE而言，RUSLE模型结构简洁，参数物理意义明确，计算简单，具有很强的实用性和综合能力。在亚利桑那南部对RUSLE预测结果和根据坡面形态实测值进行比较，得到了很好的效果，证明了RUSLE模型应用的可靠性。

RUSLE模型应用相当广泛，几乎涉及土壤侵蚀预测的各个方面。如：测定农作物栽培及覆盖对土壤流失的影响；对小流域农地水土保持规划；与GIS结合评估军训基地土壤侵蚀危险程度；利用RUSLE预测区外多年平均泥沙淤积量；特别是成功地应用于矿区、建筑工地及复垦土地的土壤流失评估，这对中国的城市水土流失研究可提供有力的工具。

虽然RUSLE与USLE相比，具有更广泛的实用性和更高的精确度，但从本质上并未摆脱USLE的影响，它是一个仍需不断完善的侵蚀产沙模型。学者们在RUSLE的应用中，也对其进行了补充和完善。为了弥补RUSLE是一个二维空间模型的不足，在GIS的支持下，对小流域DEM模型进行了计算，提取出小流域水沙运移的流路并引入到模型中，较好地解释了RUSLE中侵蚀与产沙之间的关系，这是对RUSLE的一个重要改进。

采用RUSLE对热带地区的小流域进行了侵蚀产沙的预测，提出了一种从DEM中计算坡长的栅格算法，并采用Nearing（1997）针对陡坡地提出的S因子计算公式，使得RUSLE能更好地应用于陡坡地区；在对C值因子的计算中引入了遥感图像直接提取出所需的C值。

3. EPIC（Erosion Productivity Impact Calculators）模型

EPIC模型被用来评价土壤侵蚀对土壤生产力的影响，它是一个连续的土壤侵蚀评价模型，可以用来确定耕作措施对农业产出和水土资源的影响。该模型的研究区域通常是基于田间尺度的，其中天气、土壤和耕作措施被假定为相对均等。EPIC主要由气候、水文、侵蚀淤积、营养循环、杀虫剂、作物生长、土壤温度、耕作、经济作物环境控制等9个因子和36个方程组成，并进一步扩展到许多模拟农业管理的程序中，用来确定管理措施在土壤和水资源方面的影响。

最近，EPIC模型发展集中在水质和全球气候变化的问题上。在使用EPIC模型测定水保措施及作物耕作措施的研究中，考虑了两个耕作系统，即常规耕作措施和保土耕作措施。研究认为，EPIC模型可以被用作评价水土保持规划和水土保持政策的工具。

4. WEPP（Water Erosion Prediction Project，水蚀预报模型）

WEPP模型是美国农业部农业研究局主持开发的一个土壤侵蚀模型，几乎涉及与土壤侵蚀相关的所有过程，包括天气变化、降雨、截留、入渗、蒸发、灌溉、地表径流、地下径流、土壤分离、泥沙输移、植物生长、根系发育、根冠生物量比、植物残茬分解、农机的影响等。

WEPP模型具有以下几个特点：①能很好地反映侵蚀产沙的时空分布；②能计算全坡面或坡面上任意一点的净土壤流失量及其随时间的变化情况；③外延性好，易于在其他区域应用；④能较好地模拟出泥沙的输移过程；⑤可以模拟和描述气候、地表水文、土壤水分平衡、植物生长、残茬管理、细沟和细沟间侵蚀等因素对土壤侵蚀的影响。WEPP是一个迄今为止最为完整和复杂的土壤侵蚀模型，因此计算结果准确，堪称目前国际上侵蚀模型的典范。

由于 WEPP 模型涉及众多的子模型和参数，因而模型的实用性受到限制，目前研究人员正在寻求将 GIS 应用于 WEPP 模型的方法，以减少工作量，使不同地区的 WEPP 应用参数易于确定，从而使 WEPP 的应用更加广泛。

由于 WEPP 为过程模型，因此较 USLE 具有明显的优越性，突出地表现在它可以模拟如下过程：用气候发生器模拟日降雨量、降雨历时等降雨要素；模拟降雨入渗、径流、蒸散发、土壤水下渗；利用土壤基本特性计算土壤可蚀性、临界剪切力、水力传导率等。模型最大特点：一是可以估算土壤侵蚀的时空分布，即全坡面或坡面任意一点的土壤净流失量及其随时间的变化；二是实现了侵蚀预报模型与 GIS 相结合。但 WEPP 不能用于切沟和河道侵蚀，只能用于排水沟和农田临时切沟侵蚀预报。

5. WEPS（风蚀预报系统）

WEPS（风蚀预报系统）是美国农业部组织多学科科学家开发研究的一个连续的以过程为基础的模型，可以模拟每日的天气、田间条件及风蚀状况等。研究开发风蚀预报系统的目的，是为了提高土壤风蚀评价技术，取代曾作为重要预测工具在土壤保持、环境规划及环境评价等方面被广泛应用的经验性的风蚀方程（WEQ），增加一些诸如植物伤害评价、风蚀悬浮土壤流失量计算等新功能。

在给定的土壤和生物量条件下，当风速大于跃移起动风速时便开始发生土壤风蚀。风蚀起动后，土壤风蚀持续的时间长短和严重程度，取决于风速分布和地表状况的演变。由于风蚀预报系统是一个连续的以日为时间尺度的模型（图 3－1），它不仅模拟基本的风蚀过程，而且模拟改变土壤风蚀易感性的过程。

风蚀预报系统中大多数子模型以每日天气作为改变田间条件物理过程的自然驱动力。水文子模型说明土壤温度和水分状况的变化；土壤子模型模拟土壤性质的变化过程；作物子模型和分解子模型分别模拟植物生长过程和植物分解过程。最后，当风速大于侵蚀临界时，用侵蚀子模型来计算土壤流失量或淤积量。

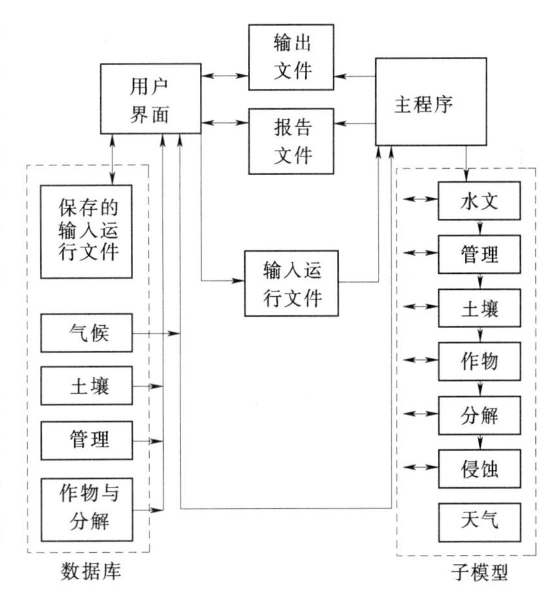


图 3－1 风蚀预报系统模型结构

典型的田间管理活动，如耕地、栽植、收获及灌溉等使土壤和生物量状况产生跳跃式的变化。这些管理活动及它们对系统状态的影响，通过函数分组，由风蚀预报系统的管理子模型来模拟。

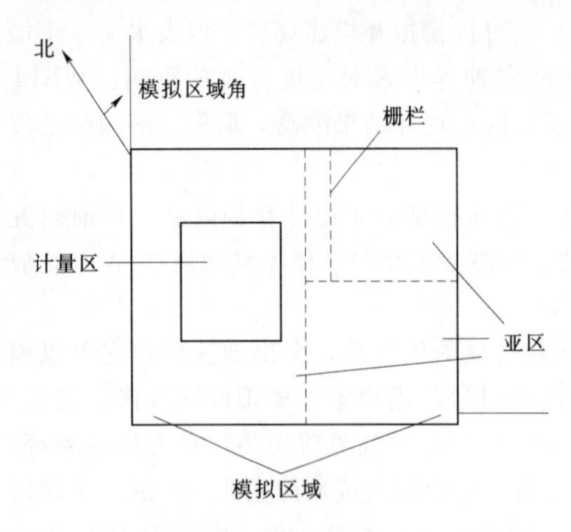


图 3-2　风蚀预报系统模拟区域图形

风蚀预报系统中，模拟区域是一块或几块相邻的田野，如图 3-2 所示。用户必须输入模拟区域及任何具有不同土壤、管理或作物亚区的几何图形。此外，还须输入地表及土壤的初始条件。风蚀预报系统可输出用户选定时间间隔计量区内的土壤流失量或淤积量。通过选择多样的和重叠的计量区，可获得模拟区域内不同空间尺度的输出结果。风蚀预报系统还可分别给出跃移—蠕移土壤流失量和悬浮土壤流失量，这对于评价风蚀对其他地区的影响是非常有用的。

根据当时地表粗糙度（定向糙度及随机糙度）、平铺及直立生物量、土壤团聚体大小分布、结皮及岩石覆盖状况、结皮表面松散可蚀性物质状况及土壤表面湿度，侵蚀子模型判断风蚀是否发生 。如果 10m 高处日最大风速达到 8m/s，积雪厚度小于 20mm，每小时数次评价地表状况以确定是否会发生风蚀。

侵蚀子模型的模拟过程执行下列操作：①根据地表面空气动力学粗糙度计算摩阻流速；②计算静态临界摩阻流速；③计算每个格栅点的土壤流失量或淤积量；④及时更新土壤表面变量，以反映风蚀造成的土壤表面状态变化。

**3.1.2.2　河道泥沙输移特点及适用的输沙理论**

1. 泥沙输移的研究

在 20 世纪，许多研究都验证了模拟和预测泥沙输移动力学问题的方法。其中大多数的方法都是围绕以下系列元素：流量、悬移质浓度和推移质含量。虽然用这些方法取得了一些进展，但对泥沙输移现象的完全理解还相差很远，主要是因为元素之间没有完整的理论关系。

目前最新的研究是采用相空间重建的无序性理论（也就是看上去复杂无规律的行为可能是一些简单的系统通过非线性变量决定的）来研究泥沙输移现象。

相空间重建最常用的方法是滞后方法。该方法利用它的历史数据和一个合适的滞后时间，一个单一变量的时间系列 $X_i$（$i=1，2，3，\cdots，n$）可以在多维相空间重建。

$$Y_j=(X_j,X_{j+\tau},X_{j+2\tau},\cdots,X_{j+(m-1)\tau}) \tag{3-1}$$

式中：$j=1，2，\cdots，N-(m-1)\tau$；$m$ 是向量 $Y_j$ 的维数，也就是插入维数；$\tau$ 是滞后时间。在一个插入维数为 $m$ 的相空间重建中可以有利于我们去理解以 $m$ 维变换存在的动力学问题。$m$ 维变换 $f_T$ 按照下式给出：

$$Y_{i+T}=f_T(Y_i) \tag{3-2}$$

式中：$Y_i$、$Y_{i+t}$ 为 $m$ 维向量，分别描述系统在时间 $j$ 和 $j+T$ 的状态。接下来的问题就是找到 $f_T$ 的合适的表达式。

在目前的研究中，选择的流域是美国密西西比河流域。密西西比河是北美一条主要的输沙河流。尽管在它的主要支流上已经建立了许多大坝，但密西西比河的输沙量始终居世

界第6位。每年排入海洋中的泥沙约为2.3亿t。

在目前的研究中，获得的推移质数据通过美国路易斯站测得。日推移质数据从1948年4月开始，但在1960年以前和1981年以后有许多丢失的数据。为了避免由于这些丢失的数据而造成结果的不确定性，只研究了其中的一部分连续系列，即从1961年1月到1981年12月。日推移质在20年内的变化情况见图3-3，表3-4描述了一些重要的统计参数。

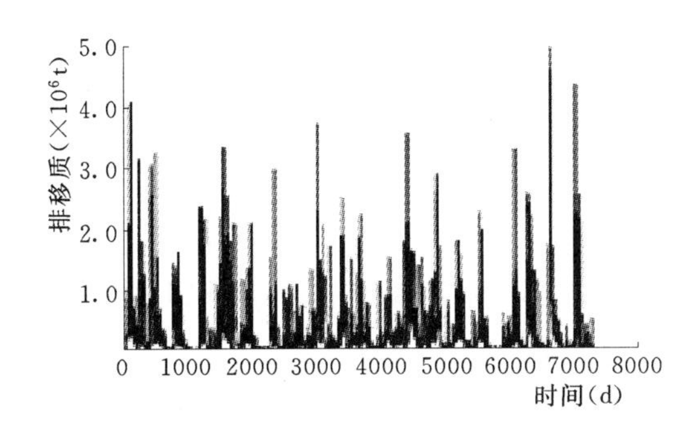


图3-3　密西西比河日推移质的变化

**表3-4　密西西比河日推移质统计**

| 统计参数 | 参数值（t） |
| --- | --- |
| 均值 | 283205 |
| 最大值 | 4960000 |
| 最小值 | 2540 |
| 变差系数 | 1.491 |
| 斜率 | 3.323 |

图3-4描述了在二维相空间重建的单一变量推移质系列。除了仅有的一些非常高的不相应的数值外，重建的相空间趋于很好的几何形状。

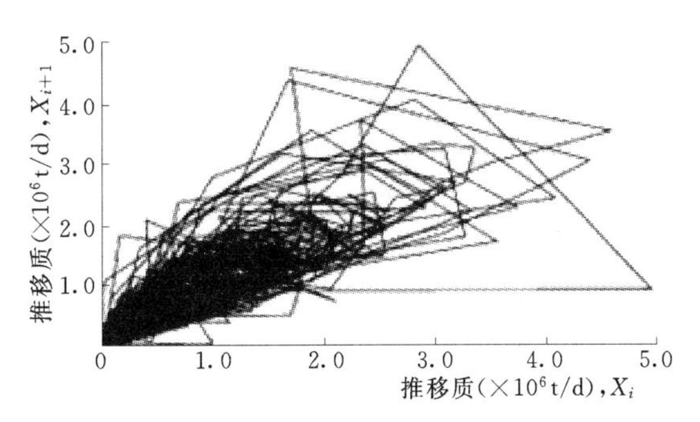


图3-4　美国密西西比河日推移质系列相控见图

应用局部多项式的局部逼近的方法，可以预测日推移质系列。整个21年的数值分为两个部分，前20年用于相空间重建，最后1年用于预测。插入维数从1～10用于相空间重建，滞后时间从1～10d用于预测。

研究表明，在短期内获得较精确的推移质预算是有效的。相应的，随着提前预测时间的增加，预测的精确度降低，这是无序性动力系统的重要特性。推移质动力问题也是无序的，这为提前观测关于推移质动力无序性的存在提供了理论上的依据。

相空间重建和局部逼近预测能精确地预测提前一天的推移质系列。获得的不仅是推移质动力的主要趋势，而且还有小的变动和极值。同样较好的预测也可以提前5d，这表明了短期预测的可能性。

2. *泥沙输移比（SDR）的研究*

（1）流域面积与泥沙输移比。流域空间尺度的不同，会对泥沙的输移产生不同的影响。美国的学者在不同的区域将*SDR*与流域面积以及*SDR*与距离的关系建立起*SDR*曲线，用以快速地确定流域的*SDR*值。

Renfro（1975）在Maner研究的方程的基础上，通过在德克萨斯州黑土区大草原14个流域的产沙观测结果建立起一个*SDR*与流域面积之间关系的经验模型，这个模型表现

出 *SDR* 与流域面积之间较好的相关性（$R^2=0.92$）：

$$\log(SDR)=1.7935-0.1491\log A \tag{3-3}$$

式中：$A$ 为流域面积，$km^2$。

美国农业部水土保持局（2002）在德克萨斯州黑土区大草原流域观测数据的基础上也建立起一个 *SDR* 与流域面积之间幂函数关系的模型：

$$SDR=0.51A^{-0.11} \tag{3-4}$$

式中：$A$ 为流域面积，$km^2$。

（2）降雨—径流与泥沙输移比。水是泥沙运移的工具，降雨和径流是泥沙输移的驱动力。流域的降雨与 *SDR* 关系密切，长历时、低强度降雨条件下的 *SDR* 值通常要比短历时高强度降雨条件下的 *SDR* 值低。

因此，一般的规律是流域降雨越集中，径流量就越大，水流挟带泥沙的能力也就越大，*SDR* 值越大。如果降雨强度小，季节分配比较均匀，情况则会相反。USLE 中的降雨侵蚀力（*R*）因子能够反映对土壤的剥蚀能力。

Arnold 等（1987）在他的 SDR 预测模型中就考虑并应用了峰值径流（$q_p$）：

$$SDR=\left(\frac{q_p}{r_{ep}}\right)^{0.56} \tag{3-5}$$

其中

$$r_{ep}=r_p-f$$

$$f=(R-Q)DUR \tag{3-6}$$

式中：$q_p$ 为峰值径流，mm/h；$r_{ep}$ 为降雨峰值超额率，mm/h；$r_p$ 为降雨峰值，mm/h；$f$ 为平均入渗率，mm/h；$R$ 为降雨量，mm；$Q$ 为径流量，mm；$DUR$ 为降雨历时，h，$DUR=4.605R/r_p$。

因此，这个 SDR 模型可以被重新表达为：

$$SDR=\left[\frac{\left(\frac{q_p}{r_p}\right)}{\left(0.782\,845+0.217\,155\,\frac{Q}{R}\right)}\right]^{0.56} \tag{3-7}$$

该模型常被用于评价水土资源关系的工具（Soil and Water Assessment Tool，SWAT），因此又被称为 SWAT—SDR 模型，可以用来计算单次降雨的 *SDR* 值。

（3）地质、地貌因素与泥沙输移比。一般情况下，凡是地质构造凹陷区或下沉区都是属于泥沙堆积环境。相反，在构造抬升区，侵蚀区地质构造性质对泥沙的侵蚀与淤积的影响主要是通过地貌形态表现出来的。

*SDR* 受地形特征的影响，坡面短而陡的流域将比坡面长而平的流域输送更多的泥沙进入沟道。流域的形状也会影响到 *SDR* 值。形状狭窄的流域或许 *SDR* 值会高一些。

Williams（1975）利用主河道的比降来预测 *SDR*。所建立的模型为：

$$SDR=0.627SLP^{0.403} \tag{3-8}$$

式中：$SLP$ 为主河道的比降，%。

Maner 曾建立起的 SDR 模型显示 *SDR* 与 $G/L$ 有密切的相互关系，Renfro（1975）又进一步将 Maner 所建立的模型修正如下（$R^2=0.97$）：

$$\log(SDR)=2.94359+0.823621\log\left(\frac{G}{L}\right) \tag{3-9}$$

式中：$G$ 为流域地形（流域分水岭的平均高程与流域出口高程之差）；$L$ 为流域最大长度（平行于主河道的流域分水岭与流域出口两点间的距离）。

Williams（1975）的研究则认为 *SDR* 与流域的面积、流域的 $G/L$ 及点绘的径流曲线弯曲的峰值数具有较密切的关系。从这样的角度出发，Williams 利用德克萨斯州 15 条流域的产沙数据建立其 SDR 模型如下：

$$SDR=1.366\times10^{-11}\cdot(DA)^{-0.0998}\cdot\left(\frac{G}{L}\right)^{0.3629}\cdot(CN)^{5.444} \tag{3-10}$$

式中：$DA$ 为流域面积，$km^2$；$G/L$ 为流域的地形与长度比，m/km；$CN$ 为长期的径流曲线弯曲峰值的平均数。

（4）对流域内不同区域 *SDR* 影响因子关系的综合考虑。以上的研究成果都考虑了某一或某几个因子与比尺之间的影响关系，这种关系在一定时期内对于确定的区域而言或许是可用的，但人们所追求的是能够最大限度地考虑各种影响因子的具有更广泛使用空间的 *SDR* 预测模型。这就要求能够在模型中尽可能地考虑各种影响因子的作用及其对 *SDR* 影响的物理过程。Mutchler 等人对美国密西西比州 Pigeon Roost 溪的研究综合考虑了流域面积和年径流与 *SDR* 的关系：

$$SDR=0.488-0.0064A+0.01RO \tag{3-11}$$

式中：$A$ 为流域面积；$RO$ 为年径流量。

3. 相关泥沙输移理论的研究

美国泥沙科学家爱因斯坦根据水槽试验中长期观察的结果，注意到推移质与床面泥沙颗粒（床沙）之间存在着不断的交换。所谓平衡，只是指在一定的时间内，自河床中冲刷外移的泥沙与自推移质中沉淀落淤的泥沙正好保持相等。

如果能够分别写出床沙的冲刷率及推移质的落淤率，把它们保持恒等，就可以得到平衡情况下的推移质输沙率公式。在公式的推导过程中，爱因斯坦考虑了泥沙运动的随机性质，采用了概率论和力学分析相结合的方法，不是研究某一颗泥沙或者某几颗泥沙的运动，而是研究大量彼此独立的泥沙颗粒在一定的水流条件下最有可能出现什么情况。最后所导出的推移质公式形式如下：

$$1-\frac{1}{\sqrt{\pi}}\int_{-0.143\psi-0.5}^{0.143\psi-0.5}\exp(-t^2)\mathrm{d}t=\frac{43.5\Phi}{1+43.5\Phi} \tag{3-12}$$

其中

$$\psi=\frac{\gamma_s-\gamma}{\gamma}\cdot\frac{D}{R'_b\cdot J}$$

$$\Phi=\frac{g_b}{\gamma_s}\cdot\left(\frac{\gamma}{\gamma_s-\gamma}\right)^{\frac{1}{2}}\cdot\left(\frac{1}{g\cdot D^3}\right)^{\frac{1}{2}}$$

式中：$R'_b$ 为与沙粒阻力有关的水力半径，在床面平整、不存在沙波时，$R'_b=R_b$，如水流属于二元水流，两壁阻力可以忽略不计，则 $R'_b=R_b=h$。

4. 泥沙测验新技术的应用

美国在这些年来除了继续利用取样方法测取泥沙资料之外，还加强了泥沙测验自动化的研究，重视新技术的开发和应用研制出了利用电学、光学、声学、射线技术及遥感技术的各类水文泥沙测量仪器。

比较有代表性而且应用比较广泛的几种技术分别是：振动式含沙量计、超声波悬沙测量仪、X射线颗分仪、利用卫星监测悬沙。

**3.1.2.3　水土流失治理及河道整治成果**

1. 水土流失治理成果

美国水土保持采取的主要措施有水土保持农业耕作措施（休闲、轮作、地面覆盖、等高耕作、少耕法、免耕法等）、田间工程措施（倾斜地埂、水平地埂、带沟地埂、水平梯田、草坡梯田、田间排水系统、垄沟区田等）和造林种草措施。沟道治理措施主要有草皮排水沟、封沟育林草、沟头防护、削坡填沟及坝库工程（混凝土坝、土坝、砌面坝）等。

美国的水土保持工程措施强调与自然和谐一致，考虑鱼类的活动和回游栖息等，不仅达到治理的目的，而且创造了优美的景观。

自1934年大面积开展水土保持措施以来，美国水土流失得到了有效的控制。截至1997年，全美221万农场主（占总数的90%）采用了水土保持措施，其中梯田和推广免耕1920万$hm^2$，带状种植900万$hm^2$，牧草种植3000万$hm^2$，造林1200万$hm^2$，野生动物栖息地管理4493万$hm^2$。治理面积已经占总流失面积的25%，共治理小流域8300条，已完成3000条。

根据美国自然资源保护局从30万个取样单元中选取6000个单元的结果，1982～1997年间农地的侵蚀量下降了42%，由1982年的34亿t下降为1997年的20亿t；农地的侵蚀模数下降了35%，由1982年的$2000t/km^2$下降为1997年$1300t/km^2$。

1982年与1992年相比，美国农地的风蚀、片蚀和细沟侵蚀量从1982年168.4万$km^2$作物农地上的31亿t减少至1992年152.8万$km^2$作物农地上的21亿t，其中，面蚀和细沟侵蚀量从1982年的17亿t减少至1992年的12亿t，风蚀从1982年14亿t减少至1992年的9亿t。

2. 河道整治成果

（1）密西西比河河道整治。密西西比河发源于明尼苏达州的伊塔斯卡湖，流经明尼阿波利斯、圣路易斯、凯罗、孟菲斯、维克斯堡、巴吞鲁日，于新奥尔良注入墨西哥湾，全长3766km。若按河源唯远的原则，以其最长的支流密苏里河为源，从蒙大拿州大耶费逊、麦迪逊、加雷坦河汇合的三叉口算起，则全长为6262km。

密西西比河的主要支流包括：伊利诺斯河、密苏里河、俄亥俄河、田纳西河、阿肯色河等，形成一个庞大的水系，是美国内河航道网的主干，流向自北向南，流域面积达322万$km^2$。

历史上密西西比河的天然条件并不好，上游水深很浅，中游河道游荡不定，洪水过后河道淤积严重。随着贸易的增加，联邦政府认识到了密西西比河的重要性，开始改善航道，治理浅滩、清除拦门沙等河道开发治理工作。

为了稳定河势，充分发挥密西西比河的综合功能，美国政府对该河流进行了大规模的治理。密西西比河的整治基于河流综合性稳定整治概念，实施裁弯、疏浚、筑堤、护岸、闸坝、丁坝等河道整治等，以达到稳定河势，利于长期维护和发挥防洪、航运、发电和其

他水利效益。

密西西比河干支流河道整治工程种类之全、数量之多，在世界河流整治史上是领先的。其工程措施主要是在上游清除暗礁、堵塞支汉、修建梯级闸坝与渠化河道；在中游修建防洪堤、丁坝群、护岸以及疏浚以便缩窄河道，提高航深；在干流下游建防洪堤、分洪区、分洪道、裁弯取直并辅以护岸、丁坝以及疏浚等办法以稳定河岸河床；在河口则修建导流堤，治理拦门沙水道等；在各支流则以综合利用水库为主。

裁弯取直：密西西比河下游蜿蜒于冲积平原之上，变段很多，裁弯最多的是密西西比河下游和阿肯色河。20 世纪 30 年代曾在干流下游终端，对 16 个弯道进行裁弯取直，在 740km 长的河段内缩短了 274km，加大了比降，降低了洪水位。

在裁弯的同时配以护岸、丁坝、疏浚等措施，使河流在裁弯段保持相对稳定。虽然耗费的资金巨大，但稳定了河势、降低了上游防洪水位、加大了泄流能力、减少了弯道险工、缩短堤防、缩短航程、增加农业用地等。

为保护堤防不受冲刷破坏，沿干流两岸作了不少护岸工程。过去采用柳条编的木埽沉排，也用过沥青沉排，最近，采用混凝土块连成的沉排作下部护岸。上部护岸主要为防浪，用块石砌护。

用块石堆筑丁坝和顺坝，目的是在枯水期导流，固定流向，维持航深，以减少疏浚工程量。用挖泥船清淤，主要目的在于维持一定的航深。丁坝的修筑起到了挑流作用，避免水流直接淘刷岸脚，并间接缩窄河宽，加速了床沙移动，稳定了河槽。丁坝修筑后，虽然河流仍有变化，但非常缓慢。

各支流上所建具有防洪作用的较大水库有 150 余座，总库容 2000 多亿 $m^3$，占密西西比河总径流量 5800 亿 $m^3$ 的 34.5%。这些水库由陆军工程师兵团、田纳西流域管理局和恳务局等政府机构管理，对密西西比河全流域的防洪工作进行统一调度。由于这些水库的拦洪作用，使该河中下游的最大洪水流量削减 10%左右。

经过一个多世纪的开发和治理，密西西比河水系已经发展成为集航运、防洪、发电、供水、灌溉、娱乐、环保于一体的综合利用水系。

密西西比河综合治理的经验可总结为以下几条。

1）政府重视、领导统一、措施有力。自 1820 年美国国会第一次讨论发展内河航运的法令以来，先后通过了 36 项防洪、航运的法令或法律，保证了内河开发有序地进行。

2）航道、船闸、船队尺度标准统一、性能优良，做到了系列化、规范化和标准化，不仅提高了航运效率，而且便于维护。

3）重视科研在河流治理和工程建设中的作用。每年政府都有大量的经费投入到维克斯堡水道实验站，进行相关研究、成果转化、数学模型、实体模型实验等，优化比选方案，为工程设计、施工和维护等提供保障。

4）倡导公众参与，增强河流意识。在密西西比河下游的图尼卡县（Tunica County）建立了密西西比河流博物馆，将河流变迁、河流贡献、人河相处、生态环境、善待河流等知识，或以图文并茂，或以实物模型直观明了地向公众宣传。

（2）田纳西河整治。田纳西河是美国第五大河流俄亥俄河最长的一条支流，位于美国东南部，是密西西比河的二级支流，河流长度 1368km，流域总面积为 10.6 万 $km^2$，多年平均年径流量为584亿$m^3$；流域内雨量充沛，气候温和，属温带区，夏暖冬凉，1月气温最低，降雪不常发生，年降水量在1016～2159mm之间，多年平均降水量1320mm；河流落差集中，蕴藏着丰富的水能资源和矿产资源。

田纳西河上游总面积为5.54万$km^2$，人口为240万人（1990年）；海拔高程从189m（查特努加）到2038m（密切尔山）；林业用地比例最大，植被覆盖率占64%，牧业用地是第二大用地，占27%，其他包括城市用地，占6%，水面面积占2%，荒地占1%，多有开矿活动；上游平均气温是27℃，年均降雨量在1016～2286mm。

田纳西河下游总面积为5.05万$km^2$，人口为270万人（1990年）；年均降雨量是1208～1619mm，年均径流量是457～900mm；林地面积占55%，农地和牧业用地占41%，城市用地占1%，其他用地，包括湿地、水面、荒地等占3%。

1933年始，田纳西河流域管理局（TVA）通过对农民开展培训、改良土壤、提高种植技术和施肥技术，造林，防火等改善生产条件，提高农作物产量，特别是通过水力发电吸引工业进入该流域，转化当地农业人口为工业人口等。到20世纪30年代末，田纳西流域地区就兴建起1.5万个示范农场和林牧业基地。

20世纪60年代，流域内基本完成了水土流失的治理任务，河流泥沙得到有效控制。到20世纪90年代，在流域内的COPPER矿区已治理水土流失面积38$km^2$，年均土壤侵蚀量从50000$t/km^2$下降到2000$t/km^2$，地区的溪流开始恢复，本地鱼种又再现。

田纳西河流域设站测悬沙，在1935～1938年及1963～1965年两个时段进行观测的10个支流流域中，在1965年之前没有兴建水库、并且后一时段降雨（1963～1965年）大于前一时段（1935～1938年）的就是位于Duck河的Hurricane Mills水文站，该站控制流域面积6623$km^2$。在Duck河上建成的Normandy大坝是1976年完工的。因此可用该站的资料来说明水保措施对减沙的作用。

田纳西河干流有8个测站，其中有2个观测时段1934～1938年、1939～1943年的测站包括Johnsonville、Savannah、Hales Bar和Chattanooga。干流4个测站的月均含沙量线性回归趋势线逐年下降，说明年均含沙量呈减少趋势（见图3-5）。

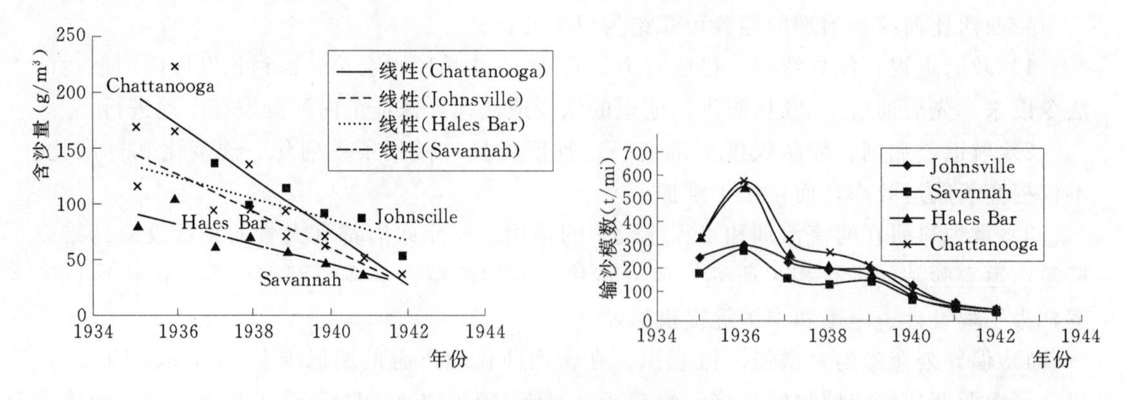


图3-5　田纳西干流测站年均含沙量和输沙模数变化

图3-5表明，各站输沙模数呈逐年减少的趋势。美国科学家分析认为减少的原因主要是气候干旱和该时期的水库建设，水土保持的减沙效果因缺乏研究数据而无

法说明。

表 3-5 所列的两个阶段的径流、输沙观测资料的 Hurricane Mills 水文站，就是田纳西管理局为了评定田纳西河流域水保措施的总体效益而专门选的 10 个测站中的一个。由表可以看出，尽管第二阶段比第一阶段年均降雨增加 9.2%，但年均产流还是减少了 3.1%，这就说明，由于土地利用方式的变化，植被覆盖度的增加，的确因蒸腾和蒸发多消耗了一部分水。即使在年降雨偏多的条件下，第二阶段的年均输沙率还是比第一阶段减少了 44.7%，即 Duck 河年输沙模数又从 293t/km² 降到 162t/km²。

**表 3-5　Duck 河流域 Hurricane Mills 站年平均径流量与悬沙输移量的变化**

| 项　目 | 第一阶段（1935～1937 年） | 第二阶段（1963～1965 年） | 变化率（%） |
|---|---|---|---|
| 平均年降雨（mm） | 1281 | 1398 | +9.2 |
| 平均年径流量（亿 m³） | 35.3 | 34.2 | -3.1 |
| 平均年输沙量（万 t） | 194 | 107 | -44.7 |
| 平均年含沙量（kg/m³） | 0.55 | 0.31 | -43.6 |
| 平均年输沙模数（t/km²） | 293 | 162 | -44.7 |

### 3.1.3 美国土壤侵蚀与泥沙科研趋势

#### 3.1.3.1 土壤侵蚀研究重点、主要问题和趋势

1. 土壤侵蚀研究重点及问题

土壤侵蚀研究问题包括：雨滴击溅和地表水流的剥蚀过程，包括降雨能量与入渗量、土壤击溅量及冲刷量的关系，不同土壤的击溅量随时间的变化等。研究重点包括：发展和评价坡地流域上控制侵蚀的各种水土保持耕作制度的研究、土壤侵蚀降低土壤生产力及耕作破坏土壤剖面的研究、季节对土壤侵蚀的影响研究、水流入渗的机理研究。

2. 存在问题

尽管土壤侵蚀模型研究取得了大量的成果，但由于土壤侵蚀发生发展过程的复杂性，生态环境演变的剧烈性，以及人类认识自然能力的局限性，使得土壤侵蚀模型仍有诸多问题存在。

（1）坡面模型研究较多，而流域模型研究、特别是大中流域研究较少，沟道及重力侵蚀研究薄弱。大部分在时间上具有连续性的模型都是用于模拟单坡面侵蚀的，这与模拟全流域的侵蚀模型具有明显的区别。已有的流域土壤侵蚀模型，又大多是适用小流域的，如 WEEP 的流域版只适用于 1km² 内的田块小流域，LISEM 被设计用于 1～100hm² 的流域，EPIC 设定的排水最大面积为 100hm² 等，适合于大中流域的模型较少。在小流域或坡面侵蚀模型中，主要模拟了坡面及细沟的侵蚀过程，而对于切沟、冲沟等沟道侵蚀过程的研究相对较少，这可能与国外土壤侵蚀主要发生在缓坡地有关。

在侵蚀产沙的研究中，人们已经注意到了重力对于土壤侵蚀的影响，特别是在沟壑发育的黄土高原，重力侵蚀量占总侵蚀量的比例很大，有的超过了 50%，高的可达到 70%，甚至 90%，但在侵蚀产沙模拟中考虑重力侵蚀的研究还很少。

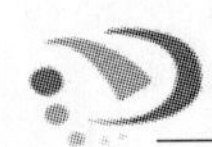


（2）模型中产沙部分研究较多，泥沙输移及汇集部分的研究较少。现有的土壤侵蚀模型大部分包括泥沙产生和泥沙汇集两个部分：在侵蚀产沙方面的研究较为全面，对包括降雨溅蚀、径流剥离、坡面侵蚀、细沟侵蚀、浅沟侵蚀等均有细致的研究，也为土壤侵蚀模型的建立奠定了坚实的基础；在泥沙输移和汇集方面的研究较为薄弱，一般采用水流挟沙力公式或泥沙连续方程进行计算，也有的基于流域泥沙输移比等于1的假设，直接将各单元的产沙量叠加后，得到全流域的泥沙输出量。

对于挟沙力的计算，由于坡面水流受下垫面及降雨扰动的影响很大，一般模型多采用河流挟沙力公式，造成计算精度不高；流域输沙比为1的假设，在坡面尺度或小流域或许是成立的，但对于大中流域，输沙率是随着流域面积的增大而减小的，输沙比为1的假设就不成立，况且单元流域对全流域出口断面的贡献是否满足叠加原理，还有待于进一步的研究。

3. 土壤侵蚀模型研究的趋势

从土壤侵蚀模型发展的状况、趋势及存在问题综合来看，以下几个方面应作为土壤侵蚀模型未来研究的重点。

（1）大中流域土壤侵蚀模型的研究。土壤侵蚀模型的研究主要在坡面到小流域尺度上展开，坡面是土壤侵蚀发生的策源地，影响侵蚀产沙和泥沙汇集的因素相对较为简单，对坡面侵蚀进行模拟是流域模拟的基础。

小流域的土壤侵蚀自成一个完整的体系，土壤侵蚀不仅包括雨滴溅蚀、片蚀、细沟和浅沟侵蚀，还包括重力侵蚀、潜蚀以及沟道侵蚀，但由于未参与河道过程，没有包括侵蚀堆积和再侵蚀过程，与大中流域的侵蚀产沙和输移过程是不同的，不能简单地将坡面或小流域的研究成果直接在大中尺度流域应用。

因此，开展不同尺度流域侵蚀产沙和输移之间内在联系的研究，将坡面和小流域的研究成果应用到大中流域，建立大中流域土壤侵蚀模型，为大中流域水土保持、大江大河泥沙治理提供技术支持，是土壤侵蚀模型研究的一项重要工作。

（2）开展沟壑密度对侵蚀产沙和输移影响的研究，探索重力侵蚀的模拟方法。人类从开始研究土壤侵蚀至今已有100多年的历史，对侵蚀的物理机理的研究取得了大量成果，但由于自然界本身的复杂性和人类对自然的扰动加剧，以及人类认识自然能力的限制，仍有许多未被掌握的侵蚀规律需要去探索。

（3）加强GIS、RS技术在土壤侵蚀模型中的应用，开展流域分布式土壤侵蚀模型研究。建立大中流域土壤侵蚀模型，提高模拟精度，必须解决模型输入的空间分散性和不均匀性，并考虑不同单元的水沙形成及模拟参数的不同，而建立分布式模型是目前一条有效的途径。

#### 3.1.3.2　河流泥沙科技研究重点

河流泥沙科研重点包括：地表水流的泥沙输移过程，包括地表水流剥蚀与泥沙输移的关系；泥沙淤积过程，包括产沙量与坡面侵蚀量和沟槽淤积量的关系；在坡地流域侵蚀性沙床上，探索泥沙输移的各种原理。重点研究基础理论，集中在下列几个方面：控制雨滴和水流剥蚀及输移的原理，水流中泥沙淤积原理，将控制剥蚀、输移及淤积的原理变化能用于生产实践的数学模型。

### 3.1.4 小结

美国水土流失面积大、分布广、侵蚀比较严重。为此，美国政府为水土流失治理进行了持续的努力，到19世纪60年代基本上遏制住了水土流失严重恶化的势头，其后的水土保持开始走上了专项治理的方向，土壤的面蚀、细沟侵蚀以及风蚀程度呈现逐年下降的趋势，大部分河流泥沙含量很小。

从分析中可以看出：

（1）美国土壤侵蚀理论和应用研究都比较深入，绘制了全国土壤侵蚀模数、土壤允许值，研发了一系列土壤风力侵蚀和水力侵蚀预报和过程模型，如USLE、RUSLE、WEPP、EPIC、WEPS等，并在国际上得到广泛应用。

（2）坡面模型研究较多，而流域模型研究，特别是大中流域研究较少，沟道及重力侵蚀研究薄弱。

（3）模型中产沙部分研究较多，而泥沙输移及汇集部分的研究较少。

（4）在泥沙领域进行了大量的研究，多是结合环境影响、环境评估和环境修复进行，传统的河流泥沙、水库泥沙等处于次要地位。

（5）利用先进设备和仪器进行泥沙运动机理的研究和泥沙量测方面比较先进。

（6）在泥沙研究及生态环境等问题的研究上，实体模型实验研究渐少，且多为基础性研究，模型尺度较小，实验设备先进，在理论上的贡献突出。

（7）研究了各河流含沙量、入海泥沙通量以及海岸带泥沙通量等泥沙信息地图，显示了土壤类型和泥沙分布。

（8）非常重视基础理论研究。利用先进的实验仪器和设备、借助数学模型，进行纯学术性的研究，在理论上取得了不少创新成果和新的认识。

（9）在河道治理和航运方面也取得了很多成果。如铰链钢筋混凝土块的地毯式护岸，可以有效地防浪淘刷，保护河岸；尺度标准统一的航道、船闸和船队，使得航运工程做到了系列化、规范化和标准化，不仅提高了航运效率，而且便于维护。

（10）重视人类活动对河流生态环境的影响，不断增强公众的河流意识和环境意识。

未来，美国将会在土壤侵蚀方面加强沟道和重力侵蚀模拟、大中流域土壤侵蚀模型的研究，同时，也将会关注地表水流的泥沙输移过程、泥沙淤积过程等方面的基础研究。

## 3.2 埃及

### 3.2.1 埃及概况

埃及国土总面积100.15万$km^2$，作为撒哈拉沙漠的一部分，全国96%的地区为沙漠，仅有近4%的土地可供人类居住生活，是典型的沙漠之国。埃及地跨亚、非两洲，西与利比亚为邻，南与苏丹交界，东临红海并与巴勒斯坦、以色列接壤，北临地中海，大部分领土位于非洲东北部，只有苏伊士运河以东的西奈半岛位于亚洲西南部，全国海岸线约2900km。埃及全国人口7600多万人（2008年），99%聚居在尼罗河两岸形成的狭长河谷和入海处形成的三角洲，主要为阿拉伯人；伊斯兰教为国教，信徒主要是逊尼派，占总人口的84%，其余为科普特基督徒和其他信徒；官方语言为阿拉伯语，通用英语和法语。

埃及全境分为四大地理区域，即尼罗河谷与三角洲地区、西奈半岛、东部沙漠和西部沙漠。其中，尼罗河谷与三角洲地区3.5万$km^2$，大部分位于河流三角洲，土壤多为尼罗河搬运淤积物形成，比较肥沃；尼罗河三角洲与北部的迈尔尤特湖（Maryut）、伊德库湖（Idku）和布鲁卢斯湖（Burullus）与满扎拉湖（Manzal）等湖泊相连；尼罗河峡谷的耕地呈狭长带状，四周围绕沙漠。西奈半岛位于埃及东北部，有很小部分位于亚洲大陆西南端，总面积6.1万$km^2$，南部地区由石灰岩和变质岩组成。东部沙漠覆盖22.3万$km^2$，西与尼罗河河谷相连，东与苏伊士运河、苏伊士湾和红海相接。西部沙漠面积68.1万$km^2$，西南大部覆盖巨型岩石，盖贝尔山脉（Gebel Uweinat）起源于此。

埃及干燥少雨，境内尼罗河三角洲和北部沿海地区属地中海型气候，年均降水50～200mm，其余大部分地区属热带沙漠气候，炎热干燥，气温可达40℃，·年均降水量29mm，4～5月常有“五旬风”，夹带沙石，危害作物。

埃及大部分地区为沙漠覆盖，风力侵蚀严重，境内有世界最长河流——尼罗河，两岸狭长河谷和入海三角洲是埃及最富饶的地区，4%的国土面积聚居着全国99%的人口，河流泥沙问题对保障人居安全、保护水土资源有重要意义。

**3.2.1.1** 水资源及保护概况

埃及仅有一条尼罗河，世界最长的河流，也是埃及唯一的地表水源，南北贯穿埃及1.35万km，埃及境内的流域面积30万$km^2$。尼罗河8～10月汛期水量占全年水量的70%，每年约320亿$m^3$水量未经利用，2～4月为枯水期，最大洪峰流量为14000$m^3/s$，枯水时流量约350$m^3/s$。尼罗河从阿斯旺到三角洲河段，全长973km，平均纵坡1：12300；罗塞塔河段和达米埃塔河段均长250km，纵坡1：13000；阿斯旺处年均径流量840亿$m^3$，最大年径流量1510亿$m^3$（1878年），最小径流量420亿$m^3$（1913年）（水利部科技教育司，1989）。

尼罗河全流域面积294.4万$km^2$，由于流经不同自然带，水资源分布呈明显纬度地带性，总径流表现为由南向北递减的变化。同时，由于地形等非地带性因素的影响，水资源纬向分布受到干扰，在流域内形成主要水源区——埃塞俄比亚高原和最大耗水区——苏丹南部广大沼泽，从而改变了流域水量平衡。在地带性因素和非地带性因素的综合作用下，尼罗河流域水资源空间分布不均，地域差异明显，分为7个径流区，包括4个产水区和3个失水区（表3-6）（水利部科技教育司，1989）。

**表3-6　尼罗河不同流域及其径流分布**

| 流　域　名　称 | 径流分区 | 流域面积（万$km^2$） | 年均径流量（亿$m^3$） | 径流深度（mm） |
|---|---|---|---|---|
| 东非高原湖区（孟加拉以上） | 产水区 | 46.6 | 270 | 58 |
| 索巴特河（河口以上） | 产水区 | 18.7 | 135 | 72 |
| 青尼罗河（喀土穆以上） | 产水区 | 32.5 | 520 | 160 |
| 阿特巴拉河（阿特巴卡以上） | 产水区 | 6.9 | 120 | 174 |
| 杰贝勒，加扎勒河（孟加拉—马拉卡勒） | 失水区 | 43.9 | −125 | −28 |

续表

| 流 域 名 称 | 径流分区 | 流域面积（万 $km^2$） | 年均径流量（亿 $m^3$） | 径流深度（mm） |
|---|---|---|---|---|
| 白尼罗河（马拉卡勒—喀土穆） | 失水区 | 34.3 | −20 | −6 |
| 尼罗河干流（喀土穆—河口） | 失水区 | 105.1 | −90 | −9 |
| 尼罗河总和（河口以上） | — | 288 | 810 | 28 |

除尼罗河外，埃及境内还有苏伊士运河。该运河扼欧、亚、非三洲交通要冲，沟通红海和地中海，连接大西洋和印度洋，具有重要战略意义和经济意义。埃及境内主要湖泊有大苦湖和提姆萨赫湖，以及阿斯旺高坝形成的非洲最大的人工湖——纳赛尔水库（$5000km^2$）。

**3.2.1.2** 土壤侵蚀概况

由于气候干旱、土壤易蚀、植被稀疏，埃及土壤侵蚀以风力侵蚀为主，也是土地退化的主要类型。东部、西部沙漠区，西奈半岛的沙质结构区，以及沙丘占优势的沿海地区均存在严重风蚀，总体上全国约90%的地区发生风蚀。除了自然因素，在北部沿海的旱作栽培区，植被破坏、过度放牧、森林火灾、矿产开发等不合理的土地利用也加速了风蚀发展。风蚀地区内，流动沙丘和风沙侵蚀覆盖的面积约16.6万 $km^2$，占国土总面积的17%。

在西部沙漠，据估计风蚀造成的年均土壤流失率在 $550t/km^2$ 以上，年均土壤淤积率介于 $450\sim7000t/km^2$ 之间，风速显示的风蚀等级为9.4～29.0。在Omayed地区，由风蚀方程（WEQ）计算的平均风蚀速率高达1万 $t/km^2$，在富凯地区的测算结果为 $520\sim7200t/km^2$。

除风力侵蚀外，在北部沿海地区、沿海平原和山丘、红海山脉的山坡和西奈半岛南部、东部沙漠的干旱河谷等地，由高强度暴风雨造成的水蚀也是土地退化的主要原因。据估计，全国年均水蚀强度介于 $80\sim530t/km^2$。

**3.2.1.3** 泥沙概况

尼罗河是一条多沙河流，泥沙主要来自埃塞俄比亚高原青尼罗河，年均携沙8500万t，其中入海5800万t，其余部分都淤积两岸。埃及阿斯旺水坝年均输沙量1.34亿t，平均含沙 $1.6kg/m^3$，最大达 $5\sim6kg/m^3$。

由于存在两个不同的降水期，尼罗河水势分为3个月的短暂汛期和为期9个月的长枯水期。全流域内，从白尼罗河及其支流流入尼罗河的泥沙相对较少，约占干流年均含沙量的5%。汛期95%的泥沙来自埃塞俄比亚高原，年均约1.24亿t。这些泥沙多淤积在阿斯旺大坝下游34km的El-Gaafra径流观测站以上，通常达5000万～3亿t/a。来自青尼罗河和阿特巴拉河的泥沙主要由沙粒、淤泥和黏土组成，其中黏土占30%（<0.02mm）、淤泥占40%（0.002～0.02mm）、细沙占30%（0.02～2mm）（Makary，2004）。

19世纪以来，埃及在尼罗河上陆续修建了一系列水利工程，其中最大的为1968年建成的阿斯旺高坝，其水库库容1620亿 $m^3$，约为尼罗河年均径流量的2倍。阿斯旺大坝建成后，实施多年调节，泥沙全部淤积在水库中，有效拦阻泥沙率达98%，下游年均输沙量则从 1.24 亿 t/a 降至 250 万 t/a。同时，阿斯旺大坝建成后，尼罗河入海口出现海岸蚀退，至今已累计损失国土 400km$^2$ 左右，占全国良田面积近 2%。

#### 3.2.1.4　土壤侵蚀与泥沙研究管理机构

埃及有关土壤侵蚀与泥沙等领域的组织研究机构主要包括水利部、农业与土地开垦部、沙漠研究中心和国家水研究中心。

埃及水利部成立于 1864 年，主要负责地表、地下水资源的调查与开发，灌溉和排水渠道的维护管理，长期和短期用水政策制定，维护水利设施建管维护，水资源开发管理新技术的推动。水利部下属的国家水研究中心（NWRC）是埃及最大的水研究单位，由水资源研究所、尼罗河研究所等 12 个研究所组成。

埃及农业与土地开垦部下设 7 个分部，其中，农业研究中心主要负责农业科技研究和推广工作。该中心又下设沙漠研究中心、农业工程研究所、园艺研究所、土壤水及环境研究中心、作物栽培研究所等 16 个国家级农业科学研究所和 48 个地方性试验站，现有人员 3.7 万多，各试验站下设推广中心。其中，沙漠研究中心一直从事沙漠化土地治理研究和开发，设立了专门的水土保持研究部，通过长期的观测实验，建立了当地降水量、集雨量及设施成本等数据，用来小水利设施建设和作物种植规划等。同时，还负责定量评估沙化土地，热带沙漠植物种子资源研究和保护等，并开发了特有的软件系统，制作了沙生植物基因谱，建立了基因库和计算机管理系统，在埃及风蚀防治领域做了大量工作。

### 3.2.2　埃及土壤侵蚀与泥沙科技研究

#### 3.2.2.1　土壤侵蚀科技研究

在北部海岸地区，由于受风水两相侵蚀，表层土壤大多流失，不仅降低了土地生产力，也加剧了生态系统恶化。为有效防治侵蚀，埃及在该区开展了土壤侵蚀等级评价研究，并在此基础上制定相应的侵蚀防治措施，以保障农时旱作栽培农业在食品产出上达到最大值。在该地区的研究主要包括监测和评价由土壤侵蚀速率、建立土壤侵蚀灾害预警系统、制定经济有效的土壤侵蚀防治措施、建立旱作栽培区的土壤侵蚀数据库等。

埃及风蚀灾害严重，尤其在尼罗河三角洲两侧和沿尼罗河河谷上风向地区，移动沙丘严重威胁当地农业生产和人居环境。为此，埃及实施了一系列沙丘固定工程，主要包括水坝湖泊风蚀控制工程、西奈绿洲固沙工程和西奈半岛移动沙丘固定工程等。除此以外，埃及还在在风蚀与沙漠化防治方面做了大量工作，如：政府制定优惠政策、提供多种补贴，扶持农牧民定居并开发风蚀沙漠化土地；在半干旱荒漠地区新建城市，为毕业大学生无偿提供住宅和土地，鼓励对新建城市进行土地开发、经营，以减少尼罗河三角洲的人居压力；投资兴建水利工程，筑坝开渠，收集、蓄存和利用雨洪，寻找、开发地下水，并采用先进技术规划和指导用水，防治土地盐碱化；积极进行人工绿化，扩大植被面积；制定合理放牧制度，防止牧场与森林破坏等。

在水力侵蚀方面，埃及建立了土壤侵蚀与水资源评价模型，用于指导水土保持、水资源开发利用和农业生产。有代表性的成果包括埃及水资源管理模型（LWMS）和埃及降雨产流模型等。同时，针对河床水力侵蚀，还研究出一系列有效的防蚀技术，如采用植物材料修筑防波堤、翼状坝等保护堤岸，布设拦水坝、石笼等防止河道下切和沟头侵蚀。

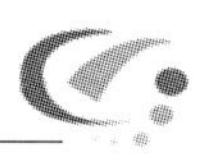

3.2.2.2 泥沙科技研究

由于尼罗河对全国生态环境和社会经济发展具有重要意义，因此埃及十分重视尼罗河流域的泥沙监测，几乎在全国所有重要水利工程的上下游，以及河流交汇处都设立了监测点，从而建立了系统密集的泥沙监测网络，主要包括维多利亚湖支流监测体系、卡盖拉支流监测体系、索巴特河监测体系、青尼罗河监测体系、阿特巴拉河监测体系、白尼罗河及尼罗河主河道监测体系等6个组成部分，数十个监测点。通过各点间的计算，可确定所有河段及水利工程范围的泥沙变化和产沙贡献。

为研究阿斯旺大坝修建后上下游的河床演变和环境影响，以趋利避害，埃及每年进行河道原型观测，并进行室内试验和数学模型分析。监测显示，迄今为止，该水库约淤积泥沙30亿$m^3$，下游河床最大冲深约1m，并提出了防护措施以控制下游局部河段的边岸冲刷。近年来还提出一个针对阿斯旺水库淤积泥沙利用的计划，拟挖取水库淤积物铺填两岸沙地，以减少蒸发、改良农田或用以制砖等，从而为淤积泥沙资源化利用开辟新的途径。同时，大坝建成后，尼罗河形态和弯曲样式都发生较大改变，从而导致局部或河段的流向改变，并引发塌岸数量及分布变化。为此，埃及对塌岸的长度和护岸方法进行了评估调研（表3-7）。

**表3-7　20世纪80年代与90年代埃及尼罗河塌岸及其与防护调研**

| 年代 | 河段（km） | | 0～166.65 | 166.65～359.45 | 359.45～545 | 545～927 |
|---|---|---|---|---|---|---|
| 80 | 河床总长度（km） | | 353 | 428.2 | 419.6 | 841 |
| | 侵蚀 | 长度 | 34 | 80.25 | 107.1 | 130 |
| | | 占河长比例（%） | 9.5 | 18.7 | 25.5 | 15.4 |
| | 护岸工程 | 长度 | 22 | 41.63 | 52 | 75.6 |
| | | 占河长比例（%） | 6.2 | 9.7 | 12.4 | 9 |
| 90 | 河床总长度（km） | | 357 | 428.2 | 419.6 | 846 |
| | 侵蚀 | 长度 | 16.3 | 80.25 | 77.4 | 93.9 |
| | | 占河长比例（%） | 4.6 | 18.7 | 18.9 | 11.2 |
| | 护岸工程 | 长度 | 42.6 | 61.3 | 68 | 92 |
| | | 占河长比例（%） | 11.9 | 14.9 | 16.6 | 10.9 |

注　总河岸长度=河床长度+岛屿长度，阿斯旺大坝为0km起点。

为模拟尼罗河泥沙输移，埃及有关学者对不同输沙公式在尼罗河的适用性进行了研究，其中以Van Rijn建立的包含推移质和悬移质的输沙公式，并在尼罗河获得了较好的应用效果。同时，为进行洪水测报，埃及研发了尼罗河洪水频率模型。该模型在GIS平台下，利用Spot遥感影像解析洪水前后尼罗河的状况，确定洪水过后河流变化，并将有关信息以矢量数据进行存储分析，从而完成不同洪水情景下，淹没区、受灾区、河床变化以及岛屿侵蚀和淤积的预测，为防洪减灾提供依据。

## 3.2.3 小结

埃及地处典型荒漠地带，风力侵蚀是其土壤主要侵蚀类型，因此有关土壤侵蚀的研究多集中在风蚀防治的技术方面，在长期实践中积累了大量经验。对于水力侵蚀与泥沙的研究，集中在尼罗河，尤其是阿斯旺大坝建成后对河岸侵蚀、河流输沙等方面的影响，以及水库淤积问题的解决途径等。

总体上，埃及在土壤侵蚀与泥沙领域的研究相对比较薄弱，但特色鲜明，重点突出。目前，我国建成了三峡水利枢纽，因此对于大型水利工程对上下游土壤侵蚀、泥沙影响及其调控领域应该会与埃及有一定的交流空间，关注埃及阿斯旺大坝的相关研究动态，对我国具有有益参考。

# 第4章 亚洲典型国家土壤侵蚀和泥沙淤积

## 4.1 印度

### 4.1.1 印度概况

印度位于南亚次大陆，北依喜马拉雅山，南濒印度洋，东西两端直线距离近3000km，国土总面积297.47万$km^2$（不包括中印边境印占区和克什米尔印度实际控制区等，为中国公布数据；印度称其国土面积为329万$km^2$），其中，43%为平原，28%为高原，18%为山区；由20个行政邦和7个中央直辖区组成；全国总人口11.66亿人（2009年印度中央统计局），数量多、增长快，造成严重的土地生产压力。印度是印度斯坦、泰卢固、孟加拉、泰米尔等民族组成的民族、宗教众多的国家。其中，印度斯坦族占全国人口的46.3%，泰卢固族占8.6%，孟加拉族占7.7%，泰米尔族占7.4%。约82%的居民信奉印度教，其余依次为伊斯兰教、基督教、锡克教、佛教等。印度语言繁杂，宪法承认的语言有10多种，登记注册的达1600多种，英语和印地语同为官方语言。

印度全境按自然条件可划分为西北部边境高山区、恒河流域平原区和印度半岛区，分属山地气候、季风型亚热带森林气候和季风型热带草原气候；全国多年平均降水量1170mm，时空分布不均，75%的降水集中在6～9月季风期，其余月份中，10～12月、1～2月和3～4月分别占11%、4%和10%左右，东北部降水较丰富，东部、中部和南部较少，西北部最干旱。具体而言，喜马拉雅山的东部和西部海岸山区年降水量最大可达4000mm；东部阿萨姆地区多为1000mm；中部和南部的高山山脉背风坡面通常在600mm以下，最干旱的西北部拉贾斯坦和塔尔沙漠以及孟买北部的固贾拉特尚不足100mm（佟伟力，1996）。由于受热带季风影响显著，各地的洪水、台风等自然灾害频发，土壤侵蚀严重，泥沙淤积问题较突出。

印度是亚洲耕地最多的国家，可耕地面积约160万$km^2$，森林覆盖面积为75万$km^2$。为充分利用降雨，印度大部分地区以种植旱作物为主，但占国土面积近65%的旱作农业区产出粮食仅占印度粮食总产量的约45%，其余为灌溉粮食产量（刘东，2004），水资源的开发利用对印度的农业发展具有重要作用。由于人口众多，水土流失及其引发土地退化等生态问题比较严重，印度人地矛盾突出，在很大程度上制约经济和社会发展。特别是自20世纪80年代以来，为了满足经济发展的需求，森林植被遭到极大破坏，生态环境急剧退化，水土流失问题更加严峻（胡延杰等，2001）。

#### 4.1.1.1　水资源及保护概况

印度全国多年平均径流量 1.87 万亿 $m^3$，其中入海水量 1.2 万亿 $m^3$，灌溉工程调蓄量 0.2 万亿 $m^3$；水资源中可利用量为 1.12 万亿 $m^3$，约占水资源总量的 60%，包括可利用地表水资源 0.69 万亿 $m^3$ 和可更新的地下水资源 0.43 万亿 $m^3$。

印度水资源主要分布在恒河、印度河、布拉马普特拉河（上游为雅鲁藏布江）、讷尔默达河、戈达瓦里河、克里希纳河和默哈纳迪河等河流；河流水源分为雪水补给和季风雨补给，其中，雪水补给河流主要在北部和西部，经常引起洪水，季风雨补给主要在中南部，容易造成短暂洪水，并伴随河道旱季干涸。印度主要河流信息及水资源状况详见表 4-1、表 4-2。

**表 4-1　　印度主要河流信息**

| 主要河流 | 河流总长（km） | 流域面积（万 $km^2$） | 主要河流 | 河流总长（km） | 流域面积（万 $km^2$） |
|---|---|---|---|---|---|
| 恒河 | 2525 | 81.4 | 婆罗门河 | 799 | 3.9 |
| 戈达瓦里河 | 1465 | 31.28 | 布拉马普特拉河 | 725 | 18.6 |
| 克里希纳河 | 1400 | 25.89 | 达布蒂河 | 724 | 6.51 |
| 讷尔默达河 | 1313 | 9.88 | 本内尔河 | 597 | 5.52 |
| 印度河 | 1114 | 32.13 | 萨巴尔马蒂河 | 371 | 2.17 |
| 默哈讷迪河 | 851 | 14.16 | 白塔尔尼河 | 355 | 1.29 |
| 高韦里河 | 800 | 8.79 | | | |

注　数据来源于 Nair，2010；江森等，2005。

**表 4-2　　印度水资源现状与分布**

| 流域 | 地表水资源量（亿 $m^3$） | 地表水可利用量（亿 $m^3$） | 地下水资源量（亿 $m^3$） |
|---|---|---|---|
| 布拉马普特拉河和梅克纳河 | 5856 | 240 | 351 |
| 恒河 | 5250 | 2500 | 1716 |
| 塔德瑞到卡奇奇西流诸河 | 1135 | 243 | — |
| 戈达瓦里河 | 1105 | 763 | 406 |
| 达布蒂河到塔德瑞西流诸河 | 874 | 119 | 177 |
| 克里希纳河 | 781 | 580 | 264 |
| 印度河 | 733 | 460 | 265 |
| 默哈讷迪河 | 669 | 500 | 165 |
| 讷尔默达河 | 456 | 345 | 108 |
| 流入孟加拉国和缅甸诸小河 | 310 | — | — |
| 婆罗门河—白塔尔尼河 | 285 | 183 | 41 |
| 默哈讷迪河—本内尔河之间东流诸河 | 225 | 131 | 188 |
| 高韦里河 | 214 | 190 | 123 |
| 本内尔河—坎亚库马瑞河之间东流诸河 | 165 | 165 | 182 |

续表

| 流域 | 地表水资源量（亿 $m^3$） | 地表水可利用量（亿 $m^3$） | 地下水资源量（亿 $m^3$） |
|---|---|---|---|
| 卡奇奇、索拉什特拉河、卢尼西流诸河 | 151 | 150 | 112 |
| 达布蒂河 | 150 | 150 | 83 |
| 苏巴尔那热哈河 | 124 | 68 | 18 |
| 马希河 | 110 | 31 | 40 |
| 本内尔河 | 63 | 63 | 49 |
| 萨巴尔马蒂河 | 38 | 19 | 32 |
| 合计 | 18694 | 6900 | 4320 |

**注** 数据来源于 Gupta 等，2004；Kumar 等，2005。

印度河流形成历史较长，长期侵蚀导致河床大多平缓，河漫滩宽广，河岸低矮，加之上游工程蓄水能力有限和季风降雨集中等因素影响，使印度成为世界最严重的洪水泛滥区，仅喜马拉雅山系河流洪水的影响范围就达 24.3 万 $km^2$，其中工程防护面积不足 1/3。

印度人均水资源量 1600$m^3$，且主要分布在北部人口稀少的喜马拉雅山区，如果不算该区的布拉马普特拉河水资源，则全国人均水资源量仅 1100$m^3$，加上水资源时空不均、人口剧增和污染加剧，导致印度水资源短缺、供需矛盾突出。印度目前的水资源开发利用程度较高，地表水和地下水的平均开发利用水平为 57%和 53%，其用量分别占用水总量的 63%和 37%；各行业间，灌溉用水占总用水量的 80 %以上，主要来源于恒河水，而大约 80%的农村生活用水和 50%的城市用水则依赖地下水（Grail，2009）。

由于工业生活污、废水的无序排放，以及大面积耕地的化肥、农药过度施用，导致印度河流水质污染严重，几乎所有河流均存在不同程度污染，其中，工业污染是主要污染源。以 BOD 等 5 个指标为例，印度全国河流总长的 14%为严重污染、19%为中度污染，主要污染物包括氟化物、砷、铁、硝酸盐和氯离子等；全国 69 个区氟化物超标，40 个区地下水含重金属，6 个区砷超标。

#### 4.1.1.2 土壤侵蚀概况

由于气候和人为活动的影响，印度各地均存在不同强度和类型的土壤侵蚀。全国年均土壤侵蚀强度约 1650t/$km^2$，相当于每年流失 1mm 深的土壤（Honore，1999），远高于全国土壤侵蚀允许值 450～1120t/$km^2$（Dhruva 等，1985）。全国每年因土壤侵蚀而流失的土壤和水分分别达 53.36 亿 t 和 180 亿 $m^3$，损失土壤养分 600 万～1000 万 t（Sivanappan，1995；刘东，2004）。

由于长期无计划的土地开垦和人为破坏，农地的土壤侵蚀最为严重。全国每年由农业及其耕作活动造成的土壤侵蚀量高达 53.34 亿 t，其中，29%入海，61%淤塞在沟道、湖泊和河道，10%沉积在水库中（Narayan 等，1983；Lekha，2004），给生态环境造成极大的破坏。

水力侵蚀是印度主要的土壤侵蚀类型，且侵蚀较高强度（见表 4-3）。水力侵蚀主要表现为面蚀和沟蚀。全国约有 180 万 $km^2$ 的区域存在面蚀，其中，72 万 $km^2$ 分布在红壤区，年侵蚀模数达 400～1000t/$km^2$；89 万 $km^2$ 分布在黑土区，年侵蚀模数达 1100～

4300t/km²。全国约有 4 万 km² 的区域存在沟蚀，平均侵蚀模数为 3300t/km²，主要分布在亚穆纳、昌巴尔、马希等地区以及西部各河流沿岸地区（Dhruva 等，1985）。另外，全国还有约 13 万 km² 的边坡侵蚀，侵蚀模数为 8000t/km²（达斯等，1984）。

除水蚀外，印度的风蚀也十分严重，主要发生在西部和北部干旱和半干旱地区，总面积约 32 万 km²，其中拉贾斯坦占 61%。由于这些地区受荒漠与季风气候共同的影响，气候恶劣，加之人口密度较高，土地压力过大，植被遭到严重破坏，荒漠化十分严重（慈龙骏，2001）。剧烈的风蚀导致该区 1.9%的土地表层土流失，1.2%的土地地形变化，0.5%的土地被沙丘覆盖。按风速和能见度，可将发生在印度西北地区的沙尘暴划分为 3 个等级，即弱沙尘暴，风速为 6 级，能见度为 500～1000m；中级沙尘暴，风速为 8 级，能见度为 200～500m；强沙尘暴：风速为 9 级，能见度小于 200m（Sivakumar 等，2001）。

**表 4-3　印度水力侵蚀分布及强度**

| 区　域 | 侵蚀面积 (km²) | 侵蚀强度 (t/km²) |
|---|---|---|
| 北喜马拉雅积雪覆盖区 | 116000 | 微量侵蚀 |
| 北喜马拉雅高山草地和草甸区 | 98250 | 15.93 |
| 北喜马拉雅森林区 | 131750 | 287 |
| 旁遮普邦—哈里亚纳邦冲积平原区 | 101250 | 330 |
| 恒河上游冲积平原区 | 200000 | 1410 |
| 恒河下游冲积平原区 | 145500 | 287 |
| 东北喜马拉雅高山草地和草甸区 | 16000 | 50 |
| 东北森林区 | 161000 | 287 |
| 阿萨姆邦河谷区 | 88500 | 2815 |
| 拉贾斯坦邦荒漠区 | 191000 | 很小 |
| 卡奇沼泽区 | 46500 | 无侵蚀 |
| 古吉拉特邦冲积平原区 | 62750 | 480 |
| 黄土、红土及黑土混合分布区 | 115750 | 300 |
| 黑土区 | 67350 | 6448 |
| 东部红土区 | 573500 | 346 |
| 恒河三角洲区 | 25250 | 微量侵蚀 |
| 西部沿海区 | 61000 | 3930 |
| 南部红壤区 | 347750 | 359 |
| 东部沿海区路边侵蚀 | 93500 | 3930 |
| 路旁侵蚀 | 10000 | 1969 |

**注**　数据来源于 Dhruva 等，1985。

由于全国普遍存在不同类型和强度的土壤侵蚀，印度国内的大部分地区都亟待进行水土保持综合治理。据统计，全国约有 175 万 km² 的土地需要采取相应的水土保持措施（见表 4-4）。

表 4-4　　印度不同土地类型的水土流失面积

| 项　　目 | 森林 | 可耕荒地 | 草地 | 耕地 | 休闲耕地 | 农田网络 | 不宜农林土地 | 合计 |
|---|---|---|---|---|---|---|---|---|
| 总面积（万 $km^2$） | 61.170 | 17.362 | 14.809 | 4.218 | 20.5 | 137.9 | 50.188 | 305.947 |
| 水土流失面积（万 $km^2$） | 20 | 15 | 14 | 1 | 15 | 80 | 0 | 145 |
| 百分比（%） | 32.7 | 86.4 | 94.54 | 23.71 | 73.17 | 58.01 | 0 | 47.39 |

注　表中数据来源于 Soil water conservation [EB/OL]. http://www.krishiworld.com/html/soil_water_con1.html.

总体上，印度的土壤侵蚀主要呈现出侵蚀强度高、面积广、类型多、危害严重等特点。这与我国的土壤侵蚀状况十分相近。

#### 4.1.1.3 泥沙概况

由于土壤侵蚀严重，印度国内的内陆河与外流河均存在较高的输沙量（见表 4-5），不同地区的泥沙淤积率差异较大，介于 1.01～186.6$m^3$（$km^2$·a）（见表 4-6）。

表 4-5　　印度各流域的主要水文参数

| 流　　域 | 流域面积（$\times 10^4 km^2$） | | 年降水（mm） | 年最大 30 分钟雨强（mm/h） | 输沙（$\times 10^6 t$） |
|---|---|---|---|---|---|
| | 印度 | 境外 | | | |
| 恒河流域 | 86.15 | 18.18 | 1160 | 489 | 586.00 |
| 布拉马普特拉河流域 | 18.71 | 39.29 | 1220 | 510 | 470.00 |
| 布拉卡尔（及其他河流） | 7.82 | | 2860 | 1089 | 210.00 |
| 达布以下西流河 | 11.21 | | 2790 | 1064 | 252.22 |
| 达布（包括基姆） | 6.69 | | 780 | 354 | 101.98 |
| 纳巴达 | 9.88 | | 1210 | 508 | 61.37 |
| 马埃（包括达德哈尔） | 3.76 | | 830 | 372 | 22.10 |
| 萨巴马提 | 2.17 | | 760 | 347 | 8.39 |
| 卢尼、索拉什特拉和库奇的其他地方 | 32.19 | | 380 | 213 | 22.88 |
| 印度河 | 32.13 | | 560 | 277 | 105.70 |
| 恒河和马哈迪纳河之间东流的河流 | 8.10 | | 1470 | 598 | 65.69 |
| 马哈迪纳河 | 14.16 | | 1460 | 594 | 98.54 |
| 马哈迪纳河和戈达瓦里河之间东流的河流 | 4.97 | | 1110 | 471 | 30.27 |
| 戈达瓦里河 | 31.28 | | 1100 | 467 | 79.15 |
| 克里希纳河 | 25.00 | | 810 | 365 | 96.82 |
| 彭纳、克里希纳和高韦里之间其他东流河 | 14.49 | | 820 | 368 | 41.78 |
| 高韦里 | 8.79 | | 990 | 429 | 32.31 |
| 高韦里以下东流河 | 3.51 | | 910 | 400 | 18.44 |
| 平均 | — | — | 1180 | 496 | — |

注　数据来源于 Dhruva，1985。

表 4-6　　印度不同地区的泥沙淤积率

| 地　　区 | 泥沙淤积率 [$m^3/(km^2 \cdot a)$] |
|---|---|
| 喜马拉雅地区 | 37.91～186.6 |
| 印度花岗岩平原区 | 2.01～107.4 |
| 东向河流区（不包括坎戈河到戈达瓦里河） | 40.74 |
| 德干半岛东向河流区（包括戈达瓦里河） | 1.01～81.47 |
| 西向河流区（到讷尔默达河） | — |
| 讷尔默达河—达布蒂河流域 | 24.39～47.97 |
| 西向河流区 | 6.43～170.18 |

印度已建或在建坝高 15m 以上的坝近 1600 座。其中坝高 30m 以上的坝 300 余座，总蓄水库容 2700 多亿 $m^3$；库容 1 亿 $m^3$ 以上的水库共 200 余座，总库容 2300 多亿 $m^3$。印度水库的泥沙淤积率较中国相对较小，年淤积率为 0.46%。据调查，建库 50 年以上的水库的泥沙淤积率为 2.01～32.76$m^3/(km^2 \cdot a)$；建库 50 年以下的水库的泥沙淤积率为 2.28～186.6$m^3/(km^2 \cdot a)$。小水库的泥沙淤积为 6.7～17.62$m^3/(km^2 \cdot a)$；中型水库的泥沙淤积为 1.01～71.56$m^3/(km^2 \cdot a)$。

#### 4.1.1.4　土壤侵蚀与泥沙研究管理机构

印度防治土壤侵蚀（水土保持）的工作始于 20 世纪 50 年代初，相关管理机构也于同期建立。全国水土保持的行政管理机构主要职责是传达、协调和执行国家水土保持政策，帮助各邦政府制定水土保持整体规划，优化和利用国家土地管理工作，加速农业的发展。各邦政府都有水土保持局，负责水土保持工作的实施（殷心，2002）。

中央水土保持局于 1954 年在原林业研究所下属的土壤保持中心和沙漠绿化研究站的基础上成立。在第 1、第 2 个五年计期期间，该局建立了一系列水土保持研究、示范和培训中心。这些中心以后在 1967 年转归印度农业研究委员会管辖。1974 年农业研究委员会将这些研究中心联合，建立中央水土保持研究和培训院（Central Soil and Water Conservation Research and Training Institute，CSWCR-TI），协调全国的水土保持发展、研究和培训工作。该研究院总部设在台柱登（Dehra Dun），下设 7 个研究室，即土地和水资源研究室、植物研究室、水文和工程研究室、旱地农业和水资源管理研究室、经济和统计室、推广和流域项目办公室、培训部等，并在全国不同类型（地貌、土壤、植被、气象等）区，分设 8 个研究中心，即昌迪加尔（Chandigarh）中心（位于中央直辖区）、科塔（Kota）中心（位于拉贾斯坦邦）、瓦萨特（Vasad）中心（位于古吉拉特邦）、亚格拉（Agra）中心（位于北方邦）、达梯奥（Daria）中心（位于中央邦）、贝拉里（Bellary）中心（位于卡纳塔卡邦）、卡拉普特（Koraput）中心（位于奥里萨邦）和奥塔坎蒙特（Ootacamund）中心（位于泰米尔纳杜邦），有针对性地开展防治水土流失为中心的科学研究，主要为地区的水土保持工作服务（吴钦孝等，1992）。

为使科研与水土保持实践结合，印度在全国选定了 5 万个农场作为水土保持试验区，每个试验区面积 2$hm^2$ 左右，制定 3 年期的计划，由政府部门提供种子、机械设备和肥料，开展产究结合（佟伟力，1996）。

印度水土保持研究与管理工作同时发展。据不完全统计，相关机构主要包括印度科技大学工程研究中心（Department of Civil Engineering，Indian Institute of Technology）、罗克大学地球科学系（Department of Earth Sciences，University of Roorkee）、拉贾斯坦邦大学环境科学学院（Department of Environmental Science，University of Rajasthan）、安娜大学水资源研究中心（Centre for Water Resources，Anna University）、农业大学（University of Agricultural Sciences）、国家动物营养与生理研究学会（National Institute of Animal Nutrition and Physiology）、国家土壤调查与土地利用规划局（National Bureau of Soil Survey and Land Use Planning）、国家水文所（National Institute of Hydrology）、半干旱与热带农作物国际研究所（International Crops Research Institute for the Semi-Arid Tropics）、中部干旱区研究所（Central Arid Zone Research Institute）和中央旱地农业研究所（Central Research Institute for Dryland Agriculture）等高校科研机构和政法职能部门。

印度政府对水土保持工作的管理采用由发起部门牵头，有关联邦、州和区政府机构、非政府组织、国际资助机构和当地社区共同参与，以流域为单元，按项目管理的体制。涉及的主要部门有国家层，包括农业部、联邦农村开发部、环境和林业部、联邦计划和实施部、各个大流域综合开发项目；邦层，包括邦政府、林业部门、州农业大学、水土保持部门、区域资源管理协会、区域农村发展署等（刘东，2004）。

印度政府自1951年以来对西北部荒漠化过程非常关注，并于1952年在拉贾斯坦邦创建了改良土壤和土壤保持试验站，这是研究印度荒漠化防治、干旱区开发和土地利用的重要基地。1959年在此基础上，建立了中央干旱区研究所，并进行了长期的研究工作。如从控制森林径流方面着手，逐步解决利用地表水进行灌溉的问题；以限制绵羊饮水次数及强调家畜对荒漠环境的适应性锻炼，从而解决了干旱缺水、牲畜饮水不足等生产问题；通过营造防护林及加强绿化稳定移动沙地、降低地表风速、减少土壤蒸发和提高土壤含水，并总结了沙障、防风屏障、沙丘乔、灌、草配置等三种有效的固沙措施。另外，在制定荒漠化防治措施、环境保护、合理地利用自然资源与开发、流沙固定等方面也提供了许多经验和方法。中央干旱研究所还协助农业研究委员会进行工作，包括全印度的非灌溉农业、作物品种改良、水资源管理及土壤盐渍化的综合治理、人工降雨和滴灌、干旱土地的利用及太阳能利用等（慈龙骏，2001）。

印度泥沙研究主要在国家水委员会（Central Water Commission，CWC）、印度国家科学院、印度工业大学等院校机构和一些水电公司内开展。

### 4.1.2 印度土壤侵蚀与泥沙科技研究

#### 4.1.2.1 土壤侵蚀科技研究

1. 土壤侵蚀基础研究

印度十分重视土壤侵蚀基础方面的研究，在侵蚀速率、成因等方面取得了很多有益的成果。主要包括，每5～7年对全国水土流失状况进行大比例尺遥感绘图，并根据降水、土壤植被和土地利用等资料，完成了印度土地资源分区和分带图；将全国统一划分为20个土地资源区，各区又进一步划分成基于特殊土地利用的若干资源带；在分析各地日、周、月、年降水资料和计算80%、50%、10%的概率值基础上，完成了印度降雨分带图；

为分布在印度北部、中部、东部、西部和南部的 42 个测站，完成了雨强、降雨历时、重现期方程、侵蚀力分析和诺模图；计算了在全国不同地区设置的 44 个站的月、季、年侵蚀指标，绘制了全国等侵蚀线图；用合理化方法、库克法和水文土壤覆盖综合法绘制了测算小流域最大流量诺模图，通过不同自然条件下对土壤侵蚀预报进行研究，确定了土壤流失方程式中的各种参数，并具有较高的精度（张侠 等，2004）。红壤和黑壤是印度的主要土壤类型，Bronger 等（2000）通过实地观测得出印度红壤和黑壤的允许侵蚀速率，并以此确定了红壤和黑壤的允许侵蚀速时间分别为 1 万～3 万年和 1 万年。Babu 等（2007）通过分析印度喀拉拉邦的 Peppara 和奈亚两个森林流域的水分平衡及产沙量，并评估了当地森林的水土涵养功能。

Wasson（2003）根据泥沙观测数据，估算了坎戈（Ganga）河与雅鲁藏布江（Brahmaputra）河流域的侵蚀产沙量，并利用 Nd/Sr 元素示踪将印度喜马拉雅丘陵区确定为这两个流域的主要产沙源。查克拉帕等分别用水质分析法和泥沙观测资料估算了印度马哈纳迪河流域化学侵蚀率和自然冲刷速率（刘忠清，1994）。Goswami 等（1999）利用地形图和遥感影像，研究了印度苏班西里河（Subansiri）河的河床变化，并估算了河床在不同变化时期的总侵蚀量。Srinivasalu 等（2007）通过实测数据，分析了卡尔帕尔姆（Kalpakkam）地区的海啸对海岸侵蚀的作用特征。这些基础研究的成果为衡量印度不同地区的土壤侵蚀强度和危害等级提供了重要的理论依据。

印度国土面积广大，不同地区内影响土壤侵蚀的主要因素不同。因此，区域侵蚀成因研究得到了印度学界的广泛关注。已有的研究广泛采用地理信息系统、遥感等技术，通过野外观测和社会调查等多种方式确定了不同地区的侵蚀主要成因。Maji 等（2001）采用地理信息系统分析阿鲁纳查尔邦（Arunachal）地区的土壤侵蚀，发现侵蚀强度区和极强度区都分布在气候湿热地带，并将强降雨确定为造成该区严重侵蚀的主要原因。Reddy 等（2004）利用印度卫星遥感数据和地形图，在地理信息系统平台上，分析了印度中部维拉河（Vena）盆地岩性、地貌和地形等条件的特征及其对土壤深度、持水能力及侵蚀特性的影响。结果表明，地貌形态是决定当地侵蚀特征的重要因素。

Barbiero 等（2007）在印度南部选取 4.5$km^2$ 的野外森林集水区，通过观察土壤剖面和地形系列，调查土壤电磁电导率、岩性和植被状况，研究了不同土壤类型的分布、动态变化及其与侵蚀过程间的关系，将该区域划分为转动滑移、渗水侵蚀以及泥流与滑动结合侵蚀等 3 种侵蚀地貌类型，并探讨了不同侵蚀类型的形成与土壤类型间的关系，最终将地形和岩性确定为影响当地侵蚀分布的两个主要因素。Bhutiyani 等（2000）利用实测的流量和沉积物数据，分析了努布拉河的泥沙输送和侵蚀速率，确定了当地不同范围的水沙关系方程，结果显示，海拔地貌和地质结构是造成当地高侵蚀强度的主要原因。Sen 等（1997）测量了印度喜马拉雅丘陵区普兰马蒂（Pranmati）流域内农田在雨季的土壤流失率，并通过调查将农业耕作和陡峭的地形确定为影响当地土壤侵蚀率的主要因素。Ram 等（1999）根据来自家庭单元的调查访问数据，分析了印度塔尔沙漠地区土地退化的原因，认为印度的继承法使土地在被继承的过程中不断被分割，农业耕作土地的破碎程度不断加剧，耕作缺乏统一性和规模性，导致了当地的粮食缺乏，在这种情况下，土地被连续耕种，而且始终种植单一作物，因此造成土地的生产力严重下降，成为土地退化的主要原

因。Sah 等（1998）对印度库鲁河谷（Kulu）的侵蚀因素和过程进行了大规模调查，得出陡峭的边坡和雨季不断渗出的毛管水及松散物质是造成河谷山崩的直接原因，同时，从20 世纪早期到中期，河谷内所发生的大规模侵蚀与游客数量及当地人口数量的增长有显著的相关性，这说明人为活动因素是加速该区泥石流和剥蚀等灾害的重要原因。印度有关侵蚀成因的研究，不仅包含了土壤侵蚀的自然发生过程，也关注了人类活动与土壤侵蚀的相互关系，这为不同地区的土壤侵蚀防治提供了良好的决策基础。

2. 土壤侵蚀预报研究

土壤侵蚀强度反映土壤侵蚀的危害程度，不仅是采取土壤侵蚀防治措施的依据，也是评价水土保持治理效果的标准。印度在引进和建立侵蚀预报模型方面做了大量的研究。一方面广泛引进国外侵蚀预报模型，改进参数，判断模型的适应性和应用条件；另一方面，通过积累基础数据，积极建立符合本国侵蚀特点的预报模型。

通用土壤流失方程（Universal Soil Loss Equation，USLE）作为国际上最重要的土壤侵蚀预报模型，在印度的水土流失评估领域得到了广泛应用。早在 20 世纪 70 年代末，关于模型参数计算和改进方面的研究便陆续出现。Babu 等（1978）利用分布在不同降雨带的 43 个测站的降雨数据，建立了一种降雨侵蚀力因子与年均或季节降雨量间的线性关系，并绘制了侵蚀因子图，用于确定在连续降雨数据无法获取的地区及全国范围内的降雨侵蚀力因子。Raghunath 等（1982）通过分析 400 个测站不同季节和不同年份的侵蚀量观测数据，绘制了印度降雨强度和降雨侵蚀力因子等值线。

此后，相继出现了大量有关通用土壤流失方程应用和评价的报道。Ismail 等（2007）通过土壤样品分析确定了土壤可蚀性因子，并运用遥感和地理信息系统技术获取地形、地表覆盖等因子，最终应用通用土壤流失方程计算了 Veppanapalli 流域的年均土壤侵蚀率。Jain 等（2000）基于遥感和地理信息系统技术，应用通用土壤流失方程评估了印度纳吉瓦（Nagwa）和卡尔索（Karso）两个流域的土壤侵蚀量，并根据输沙率确定了每个集水区次降雨后的泥沙沉积量。通用土壤流失方程最初是以美国的试验数据为基础建立的，因此在其他地区应用的精度和适用性就成了研究的重点。Nisar 等（2000）应用通用土壤流失方程预报了印度卡纳塔克（Karnataka）州 Kalyanakere 流域的土壤侵蚀强度。

同时，采用灰色关联法，通过对降雨、坡长、坡度、土壤可蚀性、作物管护、保护措施等土壤侵蚀影响因子进行聚类，划分了流域土壤侵蚀强度等级。最终，将两种方法的结果进行了对比分析，认为通用土壤流失方程在该区具有一定适应性。Jain 等（2001）分别运用摩根模型（Morgan Model）和通用土壤流失方程评估了印度喜马拉雅地区 Sitlarao 流域的年均土壤侵蚀强度。通过对比认为，通用土壤流失方程的评估结果比实际值偏高，而摩根模型在当地具有更好的适应性。Pandey 等（2007）采用遥感和地理信息系统技术，在卡尔索（Karso）流域检验了通用土壤流失方程用于评估多年平均土壤侵蚀量和泥沙沉积量的准确性，模型计算结果和实测值的分析结果表明，通用土壤流失方程计算的流域泥沙沉积量与实测值间的相关系数为 0.99，各年土壤侵蚀计算结果与实测值的误差范围为 1.37％～13.85％，模型评估结果比较可靠。Ali 等（2005）采用通用土壤流失方程对分别位于半干旱和半湿润区的两个流域进行了侵蚀预报，并用实测值验证精度，结果表明，模型在湿润区的精度高于干旱区，并且基于单独年份数据评估的精度较差，而基于多年平均数据评估的结果比较准确。

由于通用土壤流失方程作为经验模型的一些限制和不足，其他土壤侵蚀预报模型的引进和应用也得到广泛关注。有关 SWAT（Soil and Water Assessment Tool）、MPM（Morgan Parametric Model）、HEM（Hillslope Erosion Model）和 ANSWERS（Areal Non-point Source Watershed Environment Response Simulation）等模型也在印度不同地区用于预报土壤侵蚀。

除了引进和应用国外模型，印度还致力于开发和建立本国模型。通过全国土壤调查项目的不断积累，Bali 等（1977）根据印度水土流失的基本特征建立了半定量化的含沙量指数模型（Sediment Yield Index），并逐渐成为印度国内使用范围最广的模型，目前在印度土壤侵蚀研究中的应用已超过 60%。另外，Bhattacharyya 等（2007）选取入渗率、容重、水稳性团聚体、有机碳、肥力等反映土壤抗蚀性的指标，建立了一个定量评价土壤容许流失量的模型（Soil Loss Tolerance Limits），并利用该模型确定出印度土壤容许流失量为每年 2.5～12.5t/$hm^2$。Rai 等（2007）利用有关流体力学的运动波浪理论，建立了流体动态侵蚀数学模型，该模型综合了许多影响侵蚀过程的因素，能够用简单的方式表达包括河内侵蚀、河外侵蚀在内的侵蚀过程以及传输过程，虽然在实际应用中还存在一定缺陷，但对预报流域次降雨水沙量已具有一定的精度。

3. 土壤侵蚀防治研究

印度在土壤侵蚀防治过程中，重视科研与实践相结合，注重科研成果的推广性与实用性，经过多年的研究和实践，积累了很多经验成果。目前，全国被统一划分为 10 个水土保持区，各水土保持区内按照自然和社会特点分别确定了治理方向和重点治理措施（佟伟力，1996）。根据实施对象，防治措施大致可分为耕地措施和非耕地措施两类。非耕地措施又包括保护性和生产性两种。具体做法与我国大致相同，即工程措施、生物措施和保土耕作措施相结合，通常包括植树造林、控制放牧、作物轮种、合理灌溉、布设防风林带、改进培育方法、建造防护堤坝等。

在北部丘陵地区，针对农业耕作土地的措施主要包括等高耕种、带状种植、带状收割、秸秆覆盖、合理配置、植物屏障、作物间种、修建梯田、夏季休耕、植物绿篱等。在土壤极端退化的地区还经常通过改变土地利用的途径来修复土地生产力，具体措施包括农林复合、套种间作、作物残杆循环利用等。总体上，印度的土壤侵蚀防治措施主要遵循两条原则：一是保持充分的土壤渗透；二是控制地表径流以减少侵蚀（Sivanappan，1995）。水土保持措施的效果和特点是针对不同土壤侵蚀区域进行对位配置的重要依据，因此水土保持效益和实施标准等问题成为研究重点之一。

许多被普遍采用的工程、生物和耕作措施在提高土壤水分、抑制地表径流、减少土壤侵蚀、改善土壤性质等方面都进行了比较全面的研究。为有效防止土壤侵蚀，有关水土保持措施对位配置和土壤侵蚀治理决策的研究也较多。Jain 等（2002）通过将印度 Ukai 水库上游的小流域划分为不同的集水区，并分别评估不同积水区的泥沙沉积量及主要影响因素，以此确定流域土壤侵蚀防治过程中的具体措施布设位置和不同区域的治理顺序。Shrimalil 等（2001）利用遥感和地理信息系统技术，通过划分苏赫纳（Sukhna）湖地区的土壤侵蚀危险等级，确定土壤侵蚀防治的重点区域。Khan 等（2001）将古海亚（Gu-

hiya）流域按汇水路径划分为68个子流域，分别评估了各子流域的土壤侵蚀量和泥沙沉积量，并据此确定了不同子区域的水土保持治理优先等级。Sekhar等（2002）通过遥感和地理信息系统技术，评估了Phulang Vagu流域的土壤侵蚀量，并根据流域特征确定了12个拦水坝的坝址，以减少土壤侵蚀造成的下游水库淤积。

印度土壤侵蚀防治的主要途径是小流域综合治理。经过多年实践，印度在小流域治理方面开展了大量工作、投入了大量资金，在防治土壤侵蚀、渍涝和盐碱化方面取得了明显的成效。印度的小流域治理始于20世纪50年代，1956年在台拉登（Dehradun）组建了国家水土保持研究和培训中心，由此开始了最早的小流域开发治理工作。1994年农业开发部颁布了《小流域开发导则》，2001年出台了新的流域发展计划指导原则（金永丽，2005）。自开展流域治理以来，印度政府相继启动了国家流域发展计划（National Watershed Development Programme in Rainfed Areas）、综合流域发展项目（Integrated Wasteland Development Programme）、轮种区流域开发项目（Watershed Development Project for Shifting Cultivation Areas）等流域治理项目，并陆续在4400个小流域内得到实施（刘东，2004）。印度的流域治理项目包括国家、邦州、县市及非政府组织等多个层次。在一系列流域发展计划实施的过程中，通过确定合理的土壤侵蚀防治措施进行对位配置，有效地防治了土壤侵蚀。

此外，印度还开展了河谷整治工程（River Valley Project）、易洪江河治理方案（Flood Prone River Programme）、沙漠开发计划（Drought Prone Area Programme）和综合荒地发展计划（Integrated Wasteland Development Programme）等一系列水土保持专项计划，显著减少了土壤侵蚀和河道泥沙淤积。另外，印度政府十分重视建立水土流失治理示范区和培训中心，并直接向农民推广治理技术。中央政府在拉贾斯坦邦（Rajasthan）建立了世界银行水土保持贷款项目区和国家级项目区，在世界银行专家和农业专家指导下开展工作，项目管理由邦政府负责。这些示范项目和示范区对提高民众水土保持技能和意识发挥了重要作用。

除了水蚀防治，印度对风蚀灾害的控制和研究也十分重视。自1951年以来，印度一直致力于西北部荒漠化防治，并于1952年在拉贾斯坦邦（Rajasthan）创建了改良土壤和土壤保持试验站，这是研究印度荒漠化防治、干旱区开发和土地利用的重要基地。自1959年在此基础上建立了中央干旱区研究所几十年来，该中心进行了多方面的具有理论和实用价值的研究工作。例如通过调控森林径流，控制地表水灌溉，控制牲畜饮水量及提高家畜的荒漠环境适应性，从而解决水资源紧缺和干旱问题；通过营造防护林，建立沙障，以提高移动沙地稳定性、降低地表风速、控制荒漠化扩张等。同时，该所还协助农业研究委员会致力于全印度的非灌溉农业、作物品种改良、水资源管理、土壤盐渍化防治、干旱土地治理及太阳能利用等方面的研究和实践。

**4.1.2.2** 泥沙科技研究

印度境内存在很多河流、水库和大坝，因此河流泥沙及水库淤积等方面的问题也得到广泛研究。

Rai等（2007）利用有关流体力学的运动波浪理论，建立了流体动态侵蚀数学模型。该模型综合了许多影响侵蚀过程的因素，并用简单的方式对包括河内侵蚀、河外侵蚀在内的侵蚀过程以及传输过程进行表达。通过该模型能够计算次降雨事件下，流域的输沙量和淤积量。同时，通过运用该模型对印度的纳吉瓦（Nagwa）、卡尔索（Karso）、Mansara 和 Kharkari 4 个流域的共计 14 次降雨事件的计算结果表明，该模型虽然在同时对侵蚀和水文两个过程进行数学表达方面还存在一定缺陷，但对于计算流域次降雨事件的水沙量方面具有一定的精度。Bhutiyani 等（2000）利用实测的流量和淤积物数据，分析了努布拉河 1986～1991 年间的泥沙输送和侵蚀速率，并确定了该地区内不同范围的水沙关系方程。结果表明，锡亚琴冰川从消融初期到消融旺季的冰前流流量季节变化范围为 $0.26\times10^6$～$23\times10^6 m^3/d$；努布拉河从消融季初到消融旺季的悬浮泥沙淤积物变化范围为 0.01～2.3kg/($m^3$ · s)；一年里冰河盆地区域的总含沙量变化范围为 296～1287t/$km^2$，侵蚀速率的变化范围为 0.11～0.46mm/a。不同范围间侵蚀速率的差异说明，由于高海拔地貌和地质结构的原因使喜马拉雅山喀喇昆仑范围内的侵蚀速率高于其他地区。

Wasson（2003）利用印度官方公布的泥沙观测数据，估算了坎戈（Ganga）河与雅鲁藏布江（Brahmaputra）流域的侵蚀产沙量。同时，利用 Nd/Sr 元素示踪分析认为喜马拉雅（Himalaya）丘陵区是这两个流域的主要产沙源。Jain 等（2003）用两种方法评估了印度喜马拉雅山西部象泉河（Satluj）流域的泥沙淤积量。该研究首先根据 1991～1993 年的日水文观测数据分别建立了针对研究区内三个子流域的产沙量与流量的关系方程，并应用关系方程估算各子流域在 1994 和 1996 年的产沙量。然后，用地理信息软件（Survey of India，SOI）生成了土地利用、地形等不同的地理参数，估算了中间子流域的年产沙量，并与观测数据进行比较。最后，引入了一个体现坡度和降雨空间分布在多山流域内对产沙量的综合影响的参数，建立修正的淤积量与悬移质泥沙挟沙量及河道流量间的经验关系方程，并用修正的经验关系方程，评估了象泉河（Satluj）流两个单独年份的产沙量。结果表明，计算结果与实测数据间具有很好相关性。同时，多山流域本身的自然属性是影响估算精度的主要原因。

Sharma 等（1996）详细介绍了瞬时单位泥沙曲线概念模型（Instantaneous Unit Sediment Graph，IUSG）的理论基础和应用情况。结果表明，通过将印度 34 个观测站在 1979～1987 年的河流泥沙观测数据与利用瞬时单位泥沙曲线计算的输沙量进行对比，认为该模型对于估算印度的河道泥沙输移量具有较好的准确性。

Islam 等（2002）在图像处理软件（TNT mips V6.2）平台上，通过解译不同时期的 TM 遥感数据，评价了印度 Ganges-Brahmaputra 河河口段的悬移质泥沙含量及其传输、分布和淤积特征。结果表明，低水位期的最大混浊区域在河口附近，此时悬移质泥沙的最大含量为 1050mg/L；高水位期的最大混浊区域移动至水深 5m 处，此时悬移质泥沙的最大含量为 1700mg/L。另外，河口附近的海岸线区域的悬移质泥沙含量随季节变化不明显，丰水和枯水两季均保持在 1000mg/L 左右。而沿海 5～10m 水深范围内的悬移质泥沙含量随季节变化明显。

### 4.1.3　小结

印度同中国一样，拥有广阔的国土和众多的人口，不同区域内的自然条件差异明显，土地资源的压力巨大。因此两国土壤侵蚀均表现出强度高、分布广、类型多、危害大的特点。同时，作为两个世界上主要的农业大国，土壤侵蚀与泥沙对印度和中国的经济与社会

发展具有重要意义。

结合印度多年来在土壤侵蚀与泥沙领域的研究和实践，对我国的有关研究和工作主要有以下几点启示：

（1）继续加强全国土壤侵蚀和泥沙研究与实践领域的统一协调和管理。印度水土保持的研究和实践是在中央水土保持研究和培训所的组织领导下，由总部及其下设的8个区域研究中心协调管理的。由于建立了比较健全和有力的管理体系，全国的水土保持研究和实践工作得到统一部署、统筹安排，目的性和系统性更强，通过有序组织和重点投入，先后取得了一系列全国性的基础理论和应用研究成果。我国由于水土流失防治在实际中涉及水利、林业、农业等多个行业，国家层面却没有专门负责统一协调的机构，因此还存在一些缺乏统筹或重复治理的问题。为更有效地防止土壤侵蚀，保持水土资源，我国应加强土壤侵蚀和泥沙研究与实践的机构与制度建设。

（2）继续加强水土流失与泥沙研究的基础数据监测和搜集。印度十分重视基础数据的监测，为有关研究提供了良好的基础。我国的水土流失监测及河流泥沙监测网络也已经初步建立，但水土流失监测基础网络建设工作的起步较晚，很多数据的监测数据不全，泥沙监测网络的数据共享还存在诸多障碍，同时，监测仪器和方法的差异也很大程度上影响了数据的准确性和有效性。因此，今后应该继续完善水土流失和泥沙监测网络，一方面确保监测站点覆盖和控制区域更加完整，另一方面确保各站点监测的数据和指标更加全面。

（3）继续加强社会公众的水土保持环境意识。印度十分重视提高水土流失区域民众的水土保持意识，通过建立水土流失治理示范区和培训中心，不仅直接向农民传授治理技术，还促进了社会公众对水土保持社会意义的认识。我国在提高社会公众环境保护意识方面做了大量的工作，今后应该继续加强有关宣传和教育，进一步提高水土保持的社会认知度，为有关研究和实践提供更好的社会基础。

（4）更加重视科学研究和生产实践的有效结合。印度十分重视将土壤侵蚀与泥沙领域的研究与应用和生产相结合，通过将科研、示范、培训、推广四者有机地联系，构成了一条龙的科研生产体制，研究成果能够快速、有效地为生产实践服务。我国应该继续推进科研监管和审查，加强科研成果转化机制的建设，不断提高科研成果的针对性和实用性。

## 4.2 伊朗

### 4.2.1 伊朗概况

伊朗位于亚洲西南部，卡拉库姆沙漠与波斯湾之间，地跨E44°02′～63°20′，N25°03′～39°46″，国土总面积164.8万$km^2$，主要位于伊朗高原上，大部地区的海拔介于900～1500m之间。伊朗全国人口7470万人（2011年），主要包括波斯、阿塞拜疆、库尔德、阿拉伯及土库曼等民族。其中波斯人占66%，阿塞拜疆人占25%，库尔德人占5%，还包括阿拉伯人、巴克台里人、洛雷人、俾路支人及土库曼人等少数民族。官方语言为波斯语。

伊朗全国主要分为西南部的扎格罗斯山脉、北部的厄尔布尔士山脉、中央高原、里海沿岸平原、胡齐斯坦和南部的沿海平原等 5 个自然地理单元，山地面积占全国总面积的 57%。伊朗东部和内地属大陆性的亚热带草原和沙漠气候，干燥少雨，寒暑变化大；西部山区多属地中海式气候；里海沿岸温和湿润。全国多年平均降水量仅为 243mm，远低于全球平均年降水量 835mm，且时空分布不均。除西北部山区与里海沿岸降水量超过 1000mm 外，其他地区均在 50～500mm 之间，3/4 的地区低于 200mm，中央高原甚至在 100mm 以下，全国 85%的土地分布在干旱、半干旱和极度干旱区。由于气候干燥，植物匮乏，伊朗全国受自然灾害影响的区域面积较大，且灾害类型复杂，洪水、泥沙和泥沙淤积等灾害极易发生。其中，北部里海沿岸的暴雨频繁，泥石流灾害十分严重；中部地区的气候干燥，土壤质地疏松破碎，泥石流和洪涝灾害多发。中央高原年平均降水量在 100mm 以下。

总体来看，伊朗气候干旱，植被稀少，地形陡峭，土壤侵蚀和泥石流等自然灾害多发，水土流失已成为制约该国经济社会发展的主要障碍之一。近年来，伊朗逐步加强了水土保持及河流泥沙的研究和治理，并取得了一定的成绩。了解伊朗土壤侵蚀和河流泥沙领域的研究概况，对掌握世界土壤侵蚀与泥沙领域的研究进展、促进我国生态环境建设具有重要的参考意义。

**4.2.1.1**　水资源及保护概况

伊朗水资源总量约为 1344 亿 $m^3$（格瑞维，2005），人均水资源量 1757$m^3$，主要分布在中央高原水系、西部水系、阿曼湾水系、厄尔布尔士山脉水系、波斯湾、阿曼湾和里海。中央高原水系由伊朗周边发育而成并流向中部高原的高山河流组成，有的河水汇合后形成湖泊，如西北的乌尔米耶湖、东南部的纳马克扎尔湖等。西部山区雨量大，再加上融化的雪水顺山坡流下，形成许多西部水系，包括卡伦河、卡尔黑河、迪兹河、贾拉希河、佐赫雷河、曼德河、库尔河、舒尔河、班布尔河等。其中，卡伦河（Karun）是伊朗最大的河流，发育于扎格罗斯山脉，由北向南在巴士拉附近汇入由底格里斯河与幼发拉底河汇合的阿拉伯河，注入波斯湾，全长 850km。厄尔布尔士山脉的雨水和雪水顺北坡流入里海，形成塞菲德河、阿拉斯河、阿特腊克河、戈尔甘河等较大的河流，构成厄尔布尔士山脉水系。里海是一个内陆深海，南部最深处为 980m，其南岸是伊朗海岸。伊朗南部以霍尔木兹海峡为界，分成西边的波斯湾和东边的阿曼湾。伊朗的大部分河流都发源于高原周围的山地，由于汇水区域有限，且气候干燥，这些河流通常流程短、流量小，且多呈季节性断流。

伊朗虽然水资源总量不大，但水资源利用率在世界上名列前茅，水资源主要用于农业生产。截至 21 世纪初期，伊朗农业、工业及其他用水的比例为 94∶1∶5；而世界的农业、工业及其他用水的比分别为 7∶2∶1。这主要由干旱的气候和短缺的水资源所决定。由于农业用水在总用水中占绝对比例，因此伊朗的水污染并不十分严重，主要由农业施肥和生活废弃物排放造成。

**4.2.1.2**　土壤侵蚀与泥沙概况

伊朗地处干旱、半干旱气候带，受气候条件影响，国内很多地区存在不同程度的荒漠化、沙漠化和土壤侵蚀等土地退化现象。据资料（Karaj，2007），全国每年约有 60 万 $hm^2$ 的农田被破坏，165 万 $hm^2$ 的土地变成沙漠，共计 719 万 $hm^2$ 的森林处于严重的土

壤侵蚀状态下，土壤侵蚀量以2000万～3000万t/a的速率增加。特别是占总国土总面积3/4、年降雨量不足200mm的地区，土壤侵蚀更加严重，是伊朗国内主要的产沙区。据估算，1970年伊朗全国土壤侵蚀量为10亿t，1980年为15亿t，截至1999年已达到25亿～30亿t/a，且每年因洪水造成的经济损失超过100万美元。

伊朗的风力侵蚀十分严重，全国约有12万$km^2$的地区存在风蚀，60%的干旱区耕作和牧场用地遭受风蚀侵害，年均风蚀强度达10～19$t/hm^2$。尤其是中部地区，由于处在沙漠边缘，植被遭到严重破坏，风力侵蚀最为严重，已造成大约20万$km^2$的沙质荒漠、盐漠和石质荒漠，成为伊朗国内主要的荒漠化地区（慈龙骏，2001）。

据联合国粮农组织的报道，伊朗大部分的耕地和永久牧场受到土壤侵蚀的危害，其中45%的耕地遭受不同程度的水力侵蚀，60%的耕地受到不同程度的风力侵蚀。总体上，伊朗的土壤侵蚀呈现出侵蚀强度高、侵蚀面积广、侵蚀类型多样、侵蚀危害严重的特点。这与我国当前的土壤侵蚀状况十分一致。

伊朗境内主要有卡伦河（Karun）与塞菲德（Sefid）两大河流及世界最大的咸水湖——里海（The Caspian Sea）的南岸部分。全国主要可分为西南部的扎格罗斯山脉、北部的厄尔布尔士山脉、中央高原、里海沿岸平原、胡齐斯坦和南部沿海平原等5个主要的自然地理单元。其中，扎格罗斯山脉和厄尔布尔士山脉所在的两山地区降雨较为充沛，石灰岩与淤积矿床提供了足够的地下水。北部里海沿岸多雨，泥石流频发；中部干燥地区土地呈砂壤土，易发生泥石流和洪水。整个伊朗从上游到下游受自然灾害影响的区域较大，且灾害发生情况复杂。由于植物匮乏，土地干燥，降雨集流快，水土保持措施不力，洪水、泥沙和泥沙淤积等灾害极易发生（Fouladfar，2007）。

调查表明，塞菲德大坝（Sefid Rood Dam）水库1800$m^3$的防洪库容已经有50%被泥沙淤积。再加上缺乏足够的对策以及配套工程不到位，使洪灾极易发生。截至21世纪初，伊朗在50年中共发生3700次洪水，且有加剧的趋势（Sharifi，1999）。其中，北部山区是洪水和泥石流多发区，特别是马达尔索河（Madarsoo）平原地区的受灾程度最为严重，2001～2002年，在该地区发生的两次洪水与泥石致约260人死亡、60人失踪，许多牲畜和建筑被冲毁。另外，内卡河（Nekka）平原、马索勒赫河（Masouleh）平原、塔苏吉（Tasuj）和格拉布代尔（Golabdare）平原也都是洪水与泥石流多发区。

伊朗全国大体可划分为中部的印度河—恒河平原（IndoGangeticPlain）、西北部的乌尔米耶湖（Urmia Lake）盆地、西部和南部的波斯湾（Persian Gulf）和阿曼湾（Oman Gulf）、东部的海孟湖（Hamoun lake）盆地、东北部的喀拉海—库姆（kaka sea-Qom）盆地和北部的里海（the Caspian Sea）盆地6个主要的流域。北部里海沿岸冬季多降雨、夏季多暴雨，泥石流灾害严重。同时，因房屋多采用木质材料，一旦遇到暴雨和泥石流，泥沙俱下，将岸边流木卷入河中冲向下游，损失巨大。整个里海上游至下游的受灾地区广泛，且规模大，呈多种复杂现象。伊朗中部地区气候相对干燥，土壤多呈沙粒状，加上植被匮乏、降雨集流速度快，在几乎没有水土保持措施的情况下，洪水灾害时有发生。2001年发生在格泽勒乌赞河流域的洪水及泥石流灾害是近年来伊朗规模最大的河流自然灾害之一。格泽勒乌赞河是注入里海的戈尔甘河的左支流，位于伊朗东北部的格乌赞州，流域面积2188$km^2$，上游植被贫乏。2001年的洪灾冲毁了15m高的围堰，100～400m范围的森林全部被毁坏，整个上游地区几乎全部被淹没。洪水到达中游和下游时，携带了大量树枝、石块和流木，以极快的流速向下蔓延，使下游棉田大面积受灾，整个流域的损失巨大（姚欣翘，2004）。

#### 4.2.1.3　土壤侵蚀与泥沙研究管理机构

伊朗有关土壤侵蚀与泥沙的研究管理机构最早可以追溯到 20 世界 50 年代成立的水土资源调查组织。自 1969 年起，伊朗开始土壤侵蚀防治工作，开展了以土壤保持为重点的一系列流域管理工作，并与联合国粮农组织（FAO）进行了多项合作。当时的流域管理机构设在农业部，1972 年该机构重新命名为土壤保持和流域管理局以及高级顾问组，1991 年后流域管理机构改设在建设部。为更好地进行水土保持和流域治理，当时的工程办公署改为流域管理部，部内设置 3 个部门，分别负责流域管理中的计划、实施、评估工作，并一直沿袭至今。

伊朗的流域管理部门主要负责流域内的土地利用规划和调整、水资源管理、防洪、土壤保持、泥沙控制、沟道治理、土地资源复垦、植被恢复建设和保护河流域内游憩等活动。工作内容主要包括 3 个方面：一是对需治理的小流域进行全面综合调查，做好土地利用和综合治理措施等方面的全面规划与设计，包括应用 GIS 等技术手段管理流域资源环境；二是为改良和合理利用流域内水土资源，防治水土流失，设计并组织实施各项流域治理项目，包括沟道治理工程（如谷坊、拦沙坝等）、小型蓄水工程（如小水坝、小水库等）、山洪及泥石流排导工程（如修建护坡挡土墙等），同时采取生物措施，在流域上游开展植被保护和封闭轮牧管理等；三是通过农业耕作技术以达到蓄水、保土和控制洪水，制定优惠政策鼓励居民参与流域治理工作（郝燕湘，1995）。

由于伊朗的水土流失、泥石流和洪涝灾害比较频繁，因此政府机构设置中除了上述的流域管理部门外，还设有专门负责自然灾害防治的防治灾害对策厅。防治灾害对策厅下设能源省、内务省、农业开发推进省 3 个职能机构。能源省中的水利计划局主要负责河道管理，制定河道防洪措施，管理引水许可等项目。内务省负责全国防灾事务，但不直接负责具体项目的实施。农业开发推进省中的流域管理局负责改善山村地区的生活状况，指导农民选择农作物的栽培，使游牧民定居，并对山村地区的防止泥沙灾害和修筑防洪等水土保持工程以及河道、电气、道路改造等其他众多项目进行具体监管（姚欣翘，2004）。

除了政府机构负责实施和开展水土保持和管理的相关工作，伊朗国内还有一些高校和科研院所致力于土壤侵蚀和泥沙领域的研究，主要包括土壤保持与流域管理中心（Soil Conservation & Watershed Management Research Center），森林、牧场和流域管理组织（Forest，Rangeland and Watershed Management Organization），农业和自然资源研究中心（Fars Research Center for Agriculture and Natural Resources），森林与牧场研究学会（Research Institute of Forests and Rangelands），Tarbiat Modares 大学土壤科学系（Department of Soil Science，Tarbiat Modares University），Gilan 大学农学系（Faculty of Agriculture，Gilan University），民众工程部（Civil Engineering Department）等。

### 4.2.2　伊朗土壤侵蚀与泥沙科技研究

#### 4.2.2.1　土壤侵蚀科技研究

伊朗的土壤侵蚀研究始于 20 世纪 70 年代。当时的研究主要表现为引进和运用国外模

型评估本国的水力侵蚀和泥沙淤积（Ahmadi，1995）。1996 年，H. Karimzadeh 等（1996）最早对通用土壤流失方程在伊朗的适用性进行了评估。P. Z. Firouzabadi 等（2007）利用 MPSIAC（Modified Pacific Southwest Inter-agency Committee）模型对伊朗西部阿拉希塔尔（Alashtar）流域的土壤侵蚀和淤积率进行了预报。H. T. Majid（2006）分别运用 EPM 模型（Erosion Potential Method）和 PSIAC 模型（Pacific Southwest Interagency Committee）评估了伊朗西南部阿夫扎尔（Afzar）流域的潜在土壤侵蚀和泥沙淤积。结果认为，PSIAC 模型在评价强度侵蚀危险方面具有更高的可靠性。H. Khoshravan（2007）运用 URSM 模型（Universal Ranking System Model），并通过模糊理论将概念模型转化为数学模型，评估了伊朗里海沿岸的海岸侵蚀危险度。另有一些研究则对 WEPS 模型（Wind Erosion Prediction System）在伊朗的适用性进行了探讨。

除了引进国外模型，一些学者还结合伊朗自身特点，开发建立了适用于该国不同侵蚀类型的定量或定性评价模型。1982 年，Morgan 等在伊朗西北部地区建立了水蚀预报模型。该研究利用遥感影像获得的植被指数分析植被盖度，在地理信息系统平台上由数字高程模型提取坡度，并建立了降雨、土壤和地表径流等专题信息图层，通过图层叠加，分析了土壤的淤积和传输，计算了流域的年均侵蚀强度。可以说该模型是伊朗国内土壤侵蚀模型研究的先驱。除此以外，1985 年，出现了基于有限差异法模拟冲蚀峡谷区泥沙淤积土壤侵蚀预报模型；Ekhtesasi（2000）与伊朗林牧研究机构合作，开发出了 IFIRFR1 模型（Iran Research Institute of Forest and Rangeland），该模型能评价不同风力侵蚀治理措施的效果，至今仍被广泛用于伊朗风蚀治理的相关研究和项目中；Ekhtesasi 等（1995）针对伊朗的沙漠建立了 ICD（Iranian Classification Deserts）荒漠化评价模型，该模型的最大优点是能够辨别形成沙漠的自然原因和人为原因；Sepehr 等（2007）建立了针对伊朗南部菲德耶—加尔莫希特（Fidoye-Garmosht）平原的荒漠化评价模型；Masoud 等（2006）在伊朗蒙德（Mond）河上游建立了水蚀危险度评估模型。

在基础研究领域，伊朗主要致力于对土壤侵蚀与土地利用和土壤管理（Bahrami 等，2005；Nikkami，2007）、土壤结构和有机质成分（Ghasemi 等，2003）以及土壤微粒大小（Ghorbani 等，2005）等因素的关系进行研究，这其中以 Vaezi 等（2007）建立的土壤可蚀性因子线性方程最具代表性。该方程以伊朗西北小麦旱地的土壤侵蚀量和降雨侵蚀力观测数据为基础，量化了该区石灰质土壤的可蚀性因子值与沙土、黏土、石灰质含量等因素间的负相关线性关系，对通用土壤流失方程在伊朗的准确应用具有重要意义。另有一些研究则通过人工模拟降雨法，分析了侵蚀与降雨、径流、坡度、土壤类型等因素的综合关系，成为伊朗国内为数不多的具有代表性的基础性研究，为之后侵蚀模型的建立和应用提供了基础。

总体看来，由于政府投入不足、数据监测网络不完善等原因，伊朗在土壤侵蚀领域的研究内容和成果都比较有限，研究水平在国际上相对滞后，尤其在基础理论的研究方面最为薄弱。尽管如此，在水土保持的实用技术方面，伊朗则具有悠久的历史。伊朗很早就开始在农业生产中采用水土保持措施，有些措施的应用历史甚至可以追溯到 3000 年前。目前的常用措施主要包括 Band-Saar、Khooshab、Degar、Darband 和 Hootack 等，通常被称为传统措施，具有以保持水土为直接目的特点，一般依据地质、地形、气候和土地利用等条件进行布设。Band-Saar 为四周有堤坝的小水塘，通常建在河床和季节性河流边或丘陵峡谷地区，这项措施能过滤上游洪水、拦截泥沙，被拦蓄的洪水渗透蒸发后还能形成可耕作的肥沃土壤。由于结构简单、修建成本低，Band-Saar 在伊朗东部地区被广泛实用。Khooshab 为四周有石质围墙的集水池，主要用于在降雨较少的地区收集径流，通常修建在坡面产流区的上部，包括入水口、溢洪道、出水口以及下部 $1hm^2$ 大小的农业耕作区。Darband 类似于小型的简易拦沙坝，可拦蓄洪水和泥沙，提供耕作土壤和灌溉用水，在伊朗东部的山区十分常见。Hootack 实际上是一个小型拦水坝，一般在洪水季节蓄水，在干旱季节为农牧养殖和居民生活提供水源，在伊朗平原地区普遍使用。

除了针对水力侵蚀的传统水保措施，伊朗还形成了许多防治风蚀、控制荒漠化的固沙治沙措施。伊朗的治沙工作始于 1965 年，到目前为止，已形成了生物和非生物措施相结合的完整治沙体系。其中：生物措施主要用于保护村庄和道路等人居活动区域，一般采用营养袋或温床育苗后的苗木进行植被恢复，多选用梭梭（Haloxylon amm odendron）、柽柳（Tamarix spp.）、沙拐枣（Calligonum spp.）等耐沙抗旱的树种；非生物措施则主要利用石油废弃物及沥青等材料进行工程固沙，这类措施往往与生物固沙和飞播造林结合使用。总的来讲，伊朗的治沙策略主要是在沙地栽植大量乔、灌、草植被，修建防风栅栏，并利用沙障、草方格、乳化沥青等材料固定流沙。多种措施相结合的治理效果明显，且部分治理后的沙地已产生一定的经济效益（慈龙骏，2001）。

伊朗在土壤侵蚀和河流泥沙防治方面，注重从源头入手，普遍以小流域为单元进行综合治理。据统计，1979 年，伊朗全国开展流域治理 0.7 万 $km^2$，1990 年又增加了 1.4 万 $km^2$，到 1991 年流域管理部成立后，又迅速增加了 7.8 万 $km^2$。截至目前，在流域管理部的统一部署下，伊朗共计在 3000 个乡村、1115 个村落和 263 个城镇，开展了以防治土壤侵蚀和洪涝灾害为主要目的的流域综合治理，全国累计治理面积达 33.9 万 $km^2$，并形成了一个科学管理利用洪水和流域的国家级资料库，约有 1700 名专家和技术人员，为 45 万 $km^2$ 的监管流域和 90 座建成及在建的大坝提供技术服务。通过采用梯田和水平沟整地、在流域内兴修大坝进行集雨灌溉、建立流域内的协作关系等措施，有效控制了山区的水土流失，减少了河流泥沙，并为流域内的农业生产提供了很多有利条件。

**4.2.2.2**　泥沙科技研究

土壤侵蚀使河道含沙量增加，河道水库逐渐淤积，危害巨大，同时，在流域泥沙管理中，泥沙淤积总量常常被作为简单而有效的指标（Haghiabi 等，2004）。因此，泥沙淤积被许多学者所关注。伊朗在泥沙淤积领域的研究主要包括泥沙淤积模型在不同流域的适用性和精度、泥沙淤积量的影响因素及水力学计算方法准确度等方面。Mahmoodabadil 等（2004）利用 MPSIAC（Modified Pacific Southwest Inter-agency Committee）模型评估了格拉巴布（Golabab）流域的泥沙淤积，通过将模型计算结果与实测结果进行对比，认为该模型在伊朗干旱和半干旱地区的流域内具有较好的适用性。R. Bayat 等（2004）在塔里干（Taleghan）流域研究了 MPSIAC 和 EPM（Erosion Potential Method）模型模拟沉沙量所需的有效水文参数。Haghiabi 等（2004）在实验室利用水槽研究了坡降对异重流的影响，确定了水流携带泥沙量的衰减方程。Sadat 等（2004）利用流域产水的平均携沙量，估算了革甘柔德（Gorganroud）流域的悬浮泥沙淤积量，并运用多元统计分析法得

出：悬移泥沙淤积量与森林覆盖率和年均出水量呈正相关，而与泥沙拦阻面积和地质构造的阻力呈负相关，4个因素对悬移泥沙淤积量的贡献达到96%以上。Rostami等（2004）选取18个小流域，根据小流域的地貌、水文、气候、植被和岩性5方面的20个属性，采用主成分分析法将小流域划分为4个水文条件相似的类型组，并根据区别分析法评价了聚类精度，然后，在各类型组内将流域悬移质泥沙数据和流域属性进行了多元回归，建立了小流域悬移质泥沙回归模型。Vafakhah（2005）在里海海岸区域，利用23个泥沙测站的数据，采用S型曲线和回归法，计算了年均和瞬时泥沙淤积量。

除了对于泥沙淤积方面的研究，很多学者对水利设施有效性、河床河道变化等问题进行了探索。Forood等（2003）在塞非德如德（Sefid-Rood）流域，运用土地退化模型（Degradation model）就人类活动造成的土地利用变化及其对水库河流泥沙淤积的影响进行了研究。Javad等（2004）在评述有关抛石护岸研究的基础上，对抛石尺寸与其保护效果的关系进行了讨论，结果表明，为确保进入消力池的流体速度，抛石的尺寸应随进入水坝的临界流量增加而变大。Borghei等（2004）通过室内试验，发现桥墩保护圈的安放位置是影响其防冲效果的首要因素，当保护圈被安置在河床下0.2倍水深处时，对减少桥墩冲刷的保护效果最好，金属圈的直径大小则是影响其防冲效果的第2重要因素。Sadeghi等（2004）利用25个断面的水文观测数据，运用HEC-RAS（Hydrologic Engineering Center- River Analysis System）模型，模拟了位于德黑兰的达拉巴德河（Darabad）在有桥和无桥条件下，不同洪水强度下的洪水淹没面积和深度。Shourian等（2004）模拟了在质地均一的通直河床上矩形陷坑的移动过程，并通过解算瞬时对流扩散方程，估算了携带淤积物的流量。

另外，由于水力发电在伊朗能源中的重要地位，泥沙淤积对水力发电设施的影响也受到一定的关注。Partoviran（2004）根据伊朗国内重要的水电资源地卡恩河（Karun）的基本特点，提出了一种模拟社会效益、确定最适宜河流沉沙量的经济评价系统方法。塞非德大坝是伊朗北部一个非常重要的水力设施，但严重的泥沙淤积已使水库库容严重损失。自1980年起，该水库开始实施冲沙措施，以减少泥沙淤积造成的库容损失。Vali（2004）对该水库的冲沙措施进行了综合评述，结果表明：在实施冲洗措施前，该水库每年库容减少2.5%，实施后库容减少率下降为每年1.8%，水库冲沙使库容损失减少，库容寿命增加；但是，冲洗过程中高集中的排放会在线性闸口产生气穴，威胁闸口稳定；同时，通过冲洗被排放的淤积物，不仅可能在下游某处再淤积，而且包含的污染物将对下游水质和生态环境带来一定影响。

总体看来，伊朗在河流泥沙领域的研究，主要集中在泥沙淤积对水利设施的影响及其治理对策方面，比较重视研究的实用性，但对水流泥沙运动的基础理论和方法重视不够。

### 4.2.3 小结

伊朗地处干旱、半干旱气候带，受气候条件影响，国内很多地区存在不同程度的荒漠化、沙漠化和土壤侵蚀等土地退化现象，另外，植被稀少，地形陡峭，土壤侵蚀和泥石流等自然灾害多发，水土流失已成为制约该国经济社会发展的主要障碍之一。伊朗的土壤侵蚀和河流泥沙治理研究始于20世纪70年代，具有一定的历史。土壤侵蚀研究主要表现为引进和运用国外模型评估本国的水力侵蚀和泥沙淤积。同时，也结合伊朗的特点，开发建立了适用于本国不同侵蚀类型的定量或定性评价模型。泥沙研究主要集中在泥沙淤积对水利设施的影响及其治理对策方面，比较重视研究的实用性，但对水流泥沙运动的基础理论和方法重视不足。结合该国在有关领域的研究和实践，主要有以下几点有待引起重视。

（1）缺乏水土资源基础数据的监测和收集。由于政府投入不足等原因，伊朗的水土流失和水沙监测站点和仪器数量较少，监测技术比较落后，致使基础数据严重缺失，对有关研究，特别是基础研究的深入造成了很大障碍。

（2）先进技术和研究方法的引进与开发不够。伊朗在土壤侵蚀与河流泥沙研究方面虽然取得了一定的成果和经验，但对于当前国际上先进方法和技术的使用还比较缺乏，对提高有关研究水平和治理效果造成了影响。

（3）研究和治理方面的国家交流与合作有待加强。伊朗官方语言为波斯语，由于语言障碍，很多国内的研究难以及时被国外关注，加上投入不足等原因，国外的最新成果得到不到及时的引进和吸收。

（4）社会公众对水土保持的认知度和参与性有待提高。伊朗的水土保持具有较长历史，但很多措施不能直接为当地农户产生直接的经济效益，同时因缺乏有关的宣传和教育，社会公众大多缺乏对水土保持的认识，参与治理的动力和积极性不足，很大程度上影响了水土保持在全国的有效开展。

## 4.3 日本

### 4.3.1 日本概况

日本位于北半球亚洲东北部，东经128°～145°，北纬26°～46°，四面环海，中央山脉纵贯其中，是一个弧状岛国。日本全年平均气温15～20℃，适宜农、林、牧各业生产；降雨比较丰沛，年平均降水量约为1714mm，远高于世界平均的973mm，而人均占有降水量只有世界平均的1/5，而且降水量的时空分布很不均匀，北海道中部地区的年降水量不到1000mm，西南部太平洋沿岸和中部日本海沿岸一些地区却高达3000多mm。

日本全国丰水年的年径流量约为5791亿$m^3$，平水年的年径流量约为4494亿$m^3$，枯水年的年径流量约为3338亿$m^3$，全国平均年水资源量约4400多亿$m^3$，人均水资源量3371$m^3$。日本河流具有山区河流的特征：河流短，坡度大；洪峰流量大，洪峰历时短、变幅大。

日本地貌以山地丘陵为主，山丘区面积占全国总面积的70%以上，其中，坡度大于15°的土地占到国土面积的55%。山区地势陡峻，平原少，大部分山脉海拔为2000～3000m，其中以富士山最高，海拔3776m。火山岩类、第三纪层约占全国总面积的40%。日本国土面积37.78万$km^2$，人口1.3亿人，人口密度大，平均人口密度大约340人/$km^2$，耕地面积十分有限，仅占国土面积14%；森林植被好，覆盖率已达69%。

1960年以来的30年间，日本工业发展导致农业用地损失加剧，原有耕地600万$hm^2$，到1991年耕地面积减少为520万$hm^2$。现在人增地减的趋势仍在发展，现有水田面积280万$hm^2$，占耕地的53.8%。农作物以稻米为主，一般一年一熟。80%的农户为兼业农户。日本的概况可简述为“四多一小”，即“山多，水多，灾害多，人口多，国土面积小”。

**4.3.1.1**　水资源及保护概况

日本是一个降雨充沛的国家，又是一个人均水资源稀缺的国家。多年平均降雨量为1730mm，是世界平均值（970mm）的1.8倍，是我国多年平均值（660mm）的2.6倍。因人口密度大，人均年降雨量仅为5300$m^3$，比我国的人均年降雨量5907$m^3$少，仅为世界平均值的1/5，但日本的水资源利用效率比我国高得多。日本年均淡水利用量为900多亿$m^3$，不到中国的1/6，而日本GDP总量是中国的8倍。日本的万元GDP用水量仅为我国的1/30～1/48。

日本在20世纪50～70年代，为满足工业高速发展对水的需要，修建了许多大型水利工程，将水加以储存和调用。同时，大力开发其他水源，如开采地下水，但重开源、轻节流、轻治污，故难以为继，主要表现为：大量修建水库、水坝，周期长、占地多，适宜的库址、坝址越来越少；过多地抽取地下水造成全国性的地面下沉，土地盐碱化；“先污染、后治理”付出的代价，比事前防治污染的投资高出10倍以上。走过一段弯路后，日本政府从20世纪80年代起改变了思路，将开源为主的策略转向节流为主的策略，将先污染后治理转向事前防治、源头减污。他们从规划和法律着手，实施整套的水资源综合整治利用的对策。

日本早期的规划着重于河川水量的分配、调度，后来的规划着重于确保水质，明确整治的方向，实施可持续的开发。全国水资源总体规划由国土厅负责，与建设省、环境厅等部门和相关都、道、府、县的行政长官共同协商，拿出规划方案，经内阁讨论通过，最后由内阁总理大臣决定是否批准。规划具有长期性和稳定性，但由于水量、水质的不确定性较大，规划不可能一步准确到位，须依据新情况修订完善。20多年来日本水资源综合规划的重大修订就有3次，最近一次是2000年，以2010～2015年为目标，制定了《新的全国综合水资源计划》，简称“21世纪水计划”，重点是构筑可持续的用水体系，适应循环型社会的需要。

琵琶湖是日本最大的湖泊，横卧于京都之东，名古屋之西，大阪、奈良之北，处于滋贺县境内，是湖滨1800万人生活、生产的宝贵淡水资源、水产资源和旅游资源，也是润泽人们心灵的精神之泉。在20世纪六七十年代，随着工业排污和生活垃圾的剧增，排入琵琶湖的COD（化学需氧量）和氮污染，大大超过水体的自净能力，水质逐年恶化。加之流域森林、农地不断减少，市镇街道增多，水源涵养功能减退，自1970年开始，琵琶湖经常发生赤潮、绿潮。日本政府在1972年制定了《琵琶湖综合开发特别措施法》，提出整治规划，1979年颁布《琵琶湖防治水体富营养化法令》，20世纪80年代继续开展《琵琶湖综合开发计划》。人工大堤、混凝土河床、入湖的下水道等都按规划建成，但水质并未根本改善。90年代后期，政府制定实施《琵琶湖综合保护整备计划》，从全流域着手，在水质、水源涵养、自然环境及景观保护上都严加要求。琵琶湖流域有甲贺草津、八日市、彦根、长滨、高岛、信乐大津、志贺大津共7个河川流域单位，在保护整备计划制定前，先组织河川流域的上、中、下游各区域互相考察，充分熟悉，达成深入的理解和共识。他们将流入琵琶湖的河川水路、水域外缘的山地、森林与琵琶湖通盘规划，形成生态回廊，谋求生态系统的修补和循环。经过全流域的综合保护整备，终于使琵琶湖重现 30 年前的容颜，恢复了防洪、供水、旅游等多种功能。滋贺县于 2000 年再度出台新的综合保护计划——“母亲湖 21”，期限为 50 年，要在 2050 年实现琵琶湖的理想状态。

日本水资源的法律调控起步较早，早在明治维新后的 19 世纪后期就制定了《河川法》，规定河川为公共物，国家有权调度用水。之后，20 世纪 50 年代制定了《工业用水法》、《上水道法》、《下水道法》、《特定多功能水库法》；60 年代制定了《水资源开发促进法》；1967 年通过《公害对策基本法》，制定了水质环境标准；1970 年制定《水污染防治法》，规定都、道、府、县知事必须对公用水域的水质状况进行经常性监测，环境厅在公共水域的重要地点也设置水质自动监测仪器，每年公布“全国公共水域水质监测结果”，当排水达不到水质标准时，政府知事有权命令工厂或事业场改进装置，或停止排放，对违反命令不符合排放标准者，可进行处罚。由于执行严格的排污标准和法律管制，现在全国城市工业污水和生活污水的处理率在 98%以上。法律还规定禁采和保护地下水，确保其充足和清洁。

日本的水资源管理体制属于“多龙治水，协同管理”模式，分别由国土厅、建设省、农林水产省、通商产业省、厚生省、环境厅（2000 年升格为环境省）、科学技术省等部门，按照中央政府赋予的职能各负其责，衔接配合。各部门依据法律办事，既分工又合作又制衡。全国的水资源综合规划由国土厅负责；防洪、抗旱设施的建设，河流水资源开发的审批，由建设省负责；水力发电、工业用水由通商产业省负责；灌溉和农业用水由农林水产省负责；生活用水由厚生省负责；国家水资源开发预算、地方水资源开发经费管理，由大藏省负责；水资源开发利用的科学技术及情报，由科学技术省负责。1962 年，由内阁总理大臣指定了全国 7 大水系由国土厅直接监督、管理，其他未指定的水系由都、道、府、县知事指定管理者。

在官方机构之外，还有许多半官方、半民间和民间组织。如水资源开发公团，是一个对日本 7 大水系进行统一筹划和开发治理的半民间组织，受内阁大臣的监督。

日本把水资源分为农业用水、工业用水、生活用水、水力发电用水、养殖用水、公益事业用水及环境用水等 7 类，分别制定不同的质量标准，由不同的部门进行建设，协同管理。

农业用水占全国用水总量的 2/3，多年来一直较为稳定，85%取自河流，辅之以水库及原有的 6 万多个池塘蓄洪防涝，积水抗旱。政府大规模兴修水利和农田基本建设，干、支、斗、龙渠全部用水泥衬砌硬化，桥涵闸配套齐全。近十几年来大量铺设管道代替明渠，减少渗水、漏水。水田灌排分开，使灌溉水反复利用。旱地由以往的畦灌发展到现在的喷灌、微灌，其设施的配套率在 30%以上。

工业用水多年来也保持稳定水平，每年平均 550 亿 $m^3$，其中取用新水仅为 120 亿 $m^3$，其余 430 亿 $m^3$ 的水都是循环产生的。2005 年，工业用水的重复利用率达 78.2%，比 20 世纪 60 年代提高 1 倍以上，居世界前列。各工业企业设有专用的废水处理设备，从废水中过滤、提取出金属元素，既实现资源的回收，又减轻对水环境的污染。

生活用水多年来逐年上升，现占全部用水量的 18.2%。日本全国人口基本上都使用自来水，自来水管普及率达 96.1%。各地对自来水管防漏水抓得很细，东京水道局专门

成立了700多人的“水道作业特别队”，对输水管道随时进行检查维修。水厂看到哪家用水激增，就寄去通知“我们发现您这个月用水激增，也许水管漏水了。只要您通知，我们马上前来检查。”。若无回音，水厂每天照样寄来，直到查清修好为止。政府采取减免税赋、进行补贴或提供政策性贷款等措施，开发、推广节水设备，商店规定像马桶这样的设备，必须是节水的才能卖。东京市民使用淡水十分节省，据世界水理事会提供的资料，东京每家每天的用水量仅为184升，只有北京市民的1/4。

日本把自来水称为上水，把下水道的水称为下水，将下水加以处理分离，得到中水，用于冲洗火车、汽车，道路浇洒，清扫工厂，冲厕，森林消防，城市消防，灌溉绿地等。日本从20世纪80年代起，就开始从下水中提取中水，20多年建立城市下水道废水处理场1300处，每年处理废水124亿$m^3$，其中1.3亿$m^3$经过处理的中水作为工业用水或其他水回用。在农村，随着生活水平的提高，废水增多，有半数以上的农村兴建了废水处理设施，用经过净化处理的水灌溉农田，但有严格的水质控制标准，防止对农作物和人体产生不利影响。中水设施按建设规模分3种类型，最多的是单体建筑物自建，即一栋建筑物设置一套废水处理装置，将厨房、盥洗室排出的废水加以净化处理，用来冲洗厕所，再排入下水道，也有几个建筑物合建一套中水设施，或整个区域如工业园区、住宅区等集中建设中水设施，在更大范围内进行废水处理和再利用。2006年，全国有2200座饭店、政府机关、学校、企业、会馆、公园、运动场等公共设施以及大型住宅区的建筑物建立了中水系统，每天的杂用水供应量相当于全国生活用水量的1%。在缺水地区，建设中水设施成为强制性的规定。东京规定面积在3万$m^2$，或计划用水量每天100t以上的新建项目，都必须建设中水设施。中水设施的投资，政府通过减免税金、提供低息融资和补助金等手段加以支持。

日本过去对雨水的利用多在沿海岛屿，20世纪90年代以来，许多城市也着手利用，一般用导管把屋顶的雨水引入设在地下的沉淀池，技术处理简单。东京都在公园、校园、体育场、停车场等处的地下，修建了大量的雨水贮留池。凡是新建筑物，包括住宅楼，都要求设置雨水贮留设施。1989年开业的东京港区的野鸟公园，园内用水皆来自雨水，形成了湿地、芦苇荡、草地、树林等景点，成为东京地区的著名观光点之一。名古屋、大阪、福冈等地的大型建筑物下都设置了雨水利用装置，其中名古屋体育馆每年可积蓄雨水3.6万$m^3$。这些在建筑物之下地基之上的水池，在地震频发的日本还有一个特殊的作用：水的浮力可以支撑建筑物，降低其晃动的加速度，延长其震荡周期，减轻震动的程度。水池里水质较好，在发生地震灾害时可作为应急水源。北海道还大规模运集、贮藏积雪，既得冷源，又积水。

日本《河川法》规定河川和水流是公共财产，不能占为私有，同时也确认了水权的存在。水权是水的使用权和收益权，是一种财产权，但它又是一种特殊的财产权，受许多约束条件的局限。水权根据其创立起源、使用目的进行划分。根据起源，水权分为惯例水权（法律创立前就承认的水权）和依照《河川法》取得的水权；根据不同的用水目的，分为灌溉水权、工业水权、市政水权、水电水权、渔业水权等。水权的取得遵循“占有优先”的原则，法律允许水权有偿转让给其他人或团体，但必须向河川管理机构提出申请，得到批准，且不能改变水的用途，如灌溉用水不能改变为工业用水等。在行使水权的“占有优先”权时，又根据实际情况在引水量上进行控制和协调。为了保证河水在自然循环中的净化能力，规定只有在河水超过河流正常流量时才可取用，正常流量从航运、景观、保洁、渔业、水生动植物的保护等方面来确定。在干旱来临时，优先引水权要经过当地用水协调委员会的协商，先满足抗旱灌溉的需要，再兼顾其他方面。经过约一个世纪的教化，日本国民的水环境意识已很强，一般能自觉维护良好的水事秩序，违反取水许可及水法规的事件比较少。一旦发现水事违法、侵权行为，先是劝诫、警告；若不听，便新闻曝光，让其遭受社会各界的谴责，民众会不买这些单位的产品；对严重违法、侵权者依法惩处。

日本不同用途的水有不同的价格，一般都高于其他发达国家的水平。每月 20m$^3$ 市政生活用水的价格，是伦敦的 1.36 倍，巴黎的 1.17 倍，纽约的 3.25 倍。几乎所有的供水公司都归市政当局所有，公司独立核算，但无权像一般企业那样按照供给、需求的市场法则来定价，水价的涨落一律由当地的市政议会负责决定。决定水价的基本原则是：减轻使用量较少的消费者的负担，对超过平均使用量的消费者采用累进制收费。收费标准按水表口径的大小来制定，水表的口径分为小、中、大、特大 4 种，每一种口径再细分为几个等级，口径越大者收费标准越高。不同的口径即使用水量相同，大口径也比小口径的水费多。这样就有效地节制了大户的用水，同时以较低费用保障了最基本的生活用水。

公共用水设施，如修建水资源工程，旧管道维修、更新等，均由市政机构从财政中支出。政府对供水公司的考核并不以经济指标作为首要，而是注重对水资源的保护、环境效益和社会效益。中水道系统处理出来的水，成本比自来水高，价格比自来水低，但政府仍然斥资推广。

**4.3.1.2**　土壤侵蚀

1. 土壤侵蚀状况

日本的土壤侵蚀问题除了一般的水蚀外，主要是由于降雨引发的山体滑坡、崩塌，陡坡地坍塌等重力侵蚀形式。日本是一个多山的岛国，山地面积占国土面积的 70%以上，其中坡度大于 15°的土地占到国土面积的 55%。加上降雨丰沛，全国多年平均降雨量都在 1000mm 以上，丰沛的降水为泥石流及水土流失的发生提供了动力条件。同时，由于人口密集，农业压力很大。在这样一种自然和人文环境下，日本的水土流失也曾相当严重。

根据拦沙坝的淤积状况估算，全日本每年的河流输沙量平均约达 2 亿 t，灾害发生时的输沙模数约有 1335t/km$^2$，输沙量最大的天龙川河年输沙量高达 3800 万 t。若换算成侵蚀速率，日本的年均侵蚀速率接近亚洲地区的平均值，约为 0.06mm。据统计，日本的水土流失面积累计已达 4 万 km$^2$，占其国土总面积的 11%，涉及近 4000 万人。据日本国土交通省资料，1999～2004 年日本累计发生泥沙灾害 6591 件，其中，崩塌灾害 4114 件，滑坡灾害 1208 件，泥石流灾害 1269 件。

2004 年是日本自 1982 年开始统计以来泥沙灾害事件最多的一年，全国共发生泥沙灾害 2537 件，其中崩塌灾害 1511 件，滑坡灾害 461 件，泥石流灾害 565 件，致 61 人死亡，1 人失踪，57 人受伤 。

据日本国土交通省资料，现在日本有泥石流危险溪流 183863 条，滑坡危险区域 11288 处，陡坡崩塌危险区域 330156 处。目前日本有砂防指定区域 5 万多处，面积 86 万 hm$^2$，占国土面积的 2.32%。其中：滑坡 3032 处，面积 10.54 万 m$^2$；崩塌 2.4 万处，面

积 3.48 万 $hm^2$；泥石流沟 2.3 万条，面积 72 万 $hm^2$。此外，全国尚有 12 处大滑坡，33 个水系的砂防由国土省管理并负责防治。

因此，日本十分重视水土流失控制与预防，在土壤侵蚀研究、水土流失治理、砂防方面做了大量的工作，取得了一定的成果。通过近百年的防治，日本的坡耕地已治理完毕，原有的水土流失面积已经得到根本治理。日本的水土保持工作已经走上了一个以防治山洪、地震、火山爆发造成的自然灾害和开发建设造成人为水土流失的新阶段。

2. 土壤侵蚀影响因素

(1) 自然因素。

1) 地形、地貌与地质。日本位于环太平洋地震带，地震和火山活跃，呈狭长的岛国，境内崎岖多山，山地约占国土总面积的 70%，山地中 80%是由脆弱的第三纪和新火山岩组成，其余 20%是易风化的深层岩浆岩，且山势险峻，地形复杂，土石侵蚀能力低。

2) 气候。日本处于大陆性气流与海洋气流相交地带，也是低气压必经之路，降雨多是同纬度降雨最多的地带，年降雨量约 1800mm，约为世界平均值的 2 倍，特别是梅雨季节和台风登陆时，局部地区多降暴雨。

3) 河流水文。日本河流具有山区河流河短流急、坡降大的特征；洪水猛涨陡落，洪峰流量大、洪峰历时短、变幅大。因此受独特的自然条件和地理环境的影响，日本各地崩塌、滑坡和泥石流时有发生，泥沙灾害、水土流失十分严重。

(2) 人为因素。日本国土面积 37.7 万 $km^2$，人口 1.3 亿人，人口密度大，平均人口密度大约 340 人/$km^2$，耕地面积十分有限，仅占国土面积 14%。1960～1990 年的 30 年间，工业发展导致非农业占地损失加剧，原有耕地 600 万 $hm^2$，到 1991 年耕地面积减少为 520 万 $hm^2$。现在人增地减的趋势仍在发展，约 80%的农户为兼业农户。

近十几年来，由于在农地整治施工中，大型机械的投入使用，整地过程不仅使大片的下层土外露，同时也造成了很多陡坡斜面，这些地块又成了新的水土流失源地。同时城市向山麓和丘陵地周围开发住宅地，使泥沙灾害危险处所不断增加，也造成了新的水土流失。

3. 土壤侵蚀特点

日本将山洪灾害（崩塌、滑坡、泥石流）与水土流失统称“土砂灾害”，其防治技术称为“砂防”。现阶段日本的坡耕地已治理完毕，原有的水土流失面积已经得到根本治理，水土保持工作已经走上了一个以防治山洪、地震、火山爆发造成的自然灾害和开发建设造成人为水土流失的新阶段。

因此，日本的水土保持工作的重点也发生了根本上的转变。从法律上看，日本的砂防法律基本形成体系，而且在法律中明确了中央和地方政府以及居民的责任和义务，并明确了各自的砂防投资比例；从行业分类和工作范围来讲，已从农地及农村范围延伸到城镇、工矿、铁路、公路、采石、开矿、海河岸防护及其他工程设施等方面，涉及水土资源开发与利用的相关领域和部门。

防治技术上，现代日本砂防已经形成了主要以高标准的工程措施，多采用开放坝和先进的监测、遥感技术来治理，预防泥石流、崩塌、地震塌方和火山灰等土砂灾害的现代日本砂防技术；从治理侵蚀类型看，已从农用坡耕地面蚀治理转到山地水土流失灾害防治；

从治理程度上讲，已从初步治理转到点、线、面结合的全面综合治理阶段。

**4.3.1.3　主要河流水沙量及泥沙**

根据日本《河川法》的规定，按水系在国民经济中的地位，把全国河流水系划分为一级水系、二级水系、准法定河流和普通河流。全国一级水系 109 个，由建设省负责；二级水系 2636 个，由都、道、府、县负责；准法定河流 11189 万条，普通河流 11129 万条，由市、町、村负责。日本全国水资源丰富，全国丰水年的年径流量约为 5791 亿 $m^3$，平水年的年径流量约为 4494 亿 $m^3$，枯水年的年径流量约为 3338 亿 $m^3$，全国平均年水资源量约 4400 多亿 $m^3$。日本境内主要河流及其流域面积见表 4－7。

表 4－7　日本国内主要河流数据

| 河流名称 | 河长 (km) | 流域面积 ($km^2$) | 径流量 (亿 $m^3$) | 河口流量 ($m^3/s$) |
|---|---|---|---|---|
| 信浓川 | 367 | 12340 | 156 | — |
| 石狩川 | 268 | 14330 | — | 498 |
| 利根川 | 322 | 16840 | 124 | 400 |

1. 信浓川（Sinano-gawa）

信浓川发源于关东山地的甲武信岳，注入日本海，干流全长 367km，是日本最长的河流；流域面积约 12340$km^2$，居全日本第三。从源头到长野县与新潟县边界的一段为其上游，又称千曲川，长 214km，流域面积 7163$km^2$；从新潟县与长野县边界起至大河津分洪道止为中游段，流域面积 3320$km^2$，大河津洗堰以下到河口为下游段，流域面积 1420$km^2$，中下游段称为信浓川，共长 153km。信浓川小千谷流量站年径流量 156 亿 $m^3$。

信浓川属于洪水多发型河流，上游段的洪水成因主要是所谓的"风水害"，风害系指台风期的洪水灾害，水害则是指融雪期和梅雨期集中暴雨产生的洪水灾害。信浓川中下游河段的主要洪水一般产生于 3～4 月的融雪期和 7～10 月的大雨期，大雨期的洪水主要发生在梅雨前期、秋雨前期以及台风和雷雨等集中降雨的时节。据观测资料，信浓川历史最大洪水出现在 1959 年 8 月 14 日，最大洪水流量 7260$m^3/s$。

信浓川上游段和中下游段的洪水有所不同。上游段的洪水俗称"铁炮水"，是在遭遇大的降雨时，由众多的山溪小涧的洪水汇集而成。这些小支流大多流程短，坡降大，故洪峰的形成速度很快，洪量很大，易于泛滥成灾。而在信浓川中下游段，融雪期时若气温为 10℃、风速为 5m/s，融雪量相当于 45mm/d 的降雨量。融雪径流虽然速度慢，时间长，但由于是连续不断地产生，因而会使河流水位上涨，此时若遇与之相当程度的降雨，就会形成洪水。

2. 石狩川（Ishikari-gawa）

石狩川是日本大河流之一，也是北海道地区第一大河，故被誉为北海道的"母亲河"。石狩川的源头位于被称为"北海道之父"的大雪山连峰，水流深切山腹，沿西南方向急流而下，穿越上川盆地后，在空知、石狩大平原上几经迂回曲折，而后注入日本海的石狩湾。

干流河道全长 268km，流域面积 1.433 万 $km^2$，居日本第二，年平均流量 498$m^3/s$，

可开发的水能资源为85.7万kW。流域内的降水主要集中在11月至次年3月的降雪期和7～9月的台风期，年平均降水量约为1200mm，其中降雪期的降水量约占全年总降水量的40%。石狩川多年平均流量为498m³/s，实测最大洪峰流量为11330m³/s，最小流量54.4m³/s。石狩川也是日本洪灾多发的河流之一。其洪水灾害多发生在4～5月的融雪期和7～9月的台风期。

石狩川虽然流程短，流域面积小，但支流众多。从上游千沟万壑中流出的山溪小河，构成了石狩川庞杂的支流体系，据统计达1830条之多。其中，流域面积最大的支流为空知川（流域面积2662km²），河道最长的支流为雨毫川（河长50km）。此外，还有上川、牛朱别川、忠别川、姜川、空知川、几春别川、夕张川、千岩川、丰平川以及当别川等支流汇入。

3. 利根川（Tone-gawa）

利根川是日本最大的河流，发源于群马县利根郡的大水上山，干流以南东方向穿山越岭，横贯关西平原，汇纳280余条支流，在铫子注入太平洋；河道全长322km，流域面积16840km²，居日本第一；年径流量124亿m³，多年平均流量400m³/s。

利根川干流从源头到八斗岛为上游段，八斗岛到取手为中游段，取手至河口为下游段；全流域年降水量在1200～2000mm之间，平均约为1500mm，时空分布很不均匀，一般来说降雨量是夏多冬少，但在东南部的太平洋沿岸地区在6月的梅雨季节和9～10月台风期降水量最大，而西北方的日本海沿岸的降水多为降雪，所以冬季也会出现大的降水。

利根川水系的组成，极具特色。由于日本国土面积小，南北狭长、脊梁山脉纵贯之势，山地与海岸间距离极短，致使河流从其源头山地流出后，仅经极短距离即注入海中，形成了河流短小的特点，因此利根川水系的大小支流虽说有280余条之多，但绝大多数仅为山溪小河，长度多不足20km，流域面积多不超过200km²。主要的支流有片品川、吾妻川、乌川、渡奈良川、江户川、鬼怒川、小贝川和常陆利根川等8条。

利根川现在的河川体系是经过江户时代幕府所进行的大规模河道整治工程才形成的。江户幕府以前，利根川河道多变，每逢发生洪水都会使川流改道，故当时利根川的流路和流域均与今日大相径庭。例如，其上游段的干流本来为广濑川，但大约在16世纪中叶（1532～1554年）发生了洪水，出现干流夺道，才改道至现今的位置。

另外，从川俣以下到河口的河道形势也变化很大。未经大规模整治以前，是沿古利根川和古墨田川的河槽南流，沿途吸纳荒川、人间川，到隅田以下河段称为隅田川，然后注入东京湾，而不是像现在这样在铣子注入太平洋。

在洪水及洪水灾害方面，利根川洪水主要是由台风暴雨引起的，一般发生在每年的6～9月间。由于流域面积小，故一次暴雨即可造成波及全流域的洪水，且流量大，水位高，来势迅猛，导致堤防溃决，泛滥成灾。据历史资料统计，1596～1950年间，洪水成灾年份达90年，平均每3～4年发生一次。利根川1947年八斗岛站实测最大洪水流量为17000m³/s，1986年的洪灾损失达1000亿日元。

#### 4.3.1.4 主要研究机构和研究队伍

1. 土壤侵蚀主要研究机构和研究队伍

日本农耕地的水土流失问题相对比较轻，政府对这方面关注十分有限。因此国家级的攻关项目很少，面上的协同研究也不多，对侵蚀分区以及面上的治理规划等的研究不够。土壤侵蚀研究多是小题目，研究队伍也以大学教授为主，人员相对较少，但日本用于水土保持研究和治理的经费较多，仪器设备容易保证。

日本从事土壤侵蚀研究机构主要包括北海道大学、香川大学、山口大学、岐阜大学、宫崎大学以及琉球大学等，还有许多大学的农学部和农林水产省所属研究机构以及地区县厅的有关部门也从事该方面的研究，主要研究代表者有三原义秋、种田行男、细山田健三、藤原辉男、日下达郎、翁长谦良、今尾绍夫、福樱盛一和松本康夫，以及长泽澈明、高木东和深田三夫等一批中年青学者。

日本河流泥沙研究机构大体分3类：一类是大学中的研究所，以基础理论研究为主，如京都大学的防灾研究所，山口大学农学部；二类是政府部门的下属研究单位，以应用技术基础为主，以及一些重要工程的试验研究项目，如建设省的土木研究所；三类是私人创办的研究单位，以新技术开发利用为主，承接一般工程试验研究项目，如财团法人砂防研究中心和财团法人河川情报研究中心（与建设省关系密切，具有半官方性质），太平洋工程技术设计有限公司的筑渡水利实验场等。

2. *日本砂防的行政管理机构*

日本砂防工作由日本国土交通省主管，并实行中央和地方分级管理（见图4-1）。国土交通省下设河川局和地方整备局，并设有国土技术政策综合研究所，独立行政法人土木研究所。河川局下设砂防部，主要负责砂防计划、对策、标准、法律和砂防用地指定、工程建设管理。日本有8个地方整备局及北海道开发局，下设河流部和工程事务所，具体负责砂防预算、工程建设管理及直辖砂防工程。47个都道府县设有土木部等，土木部下设砂防科和土木事务所等，负责砂防管理和建设。

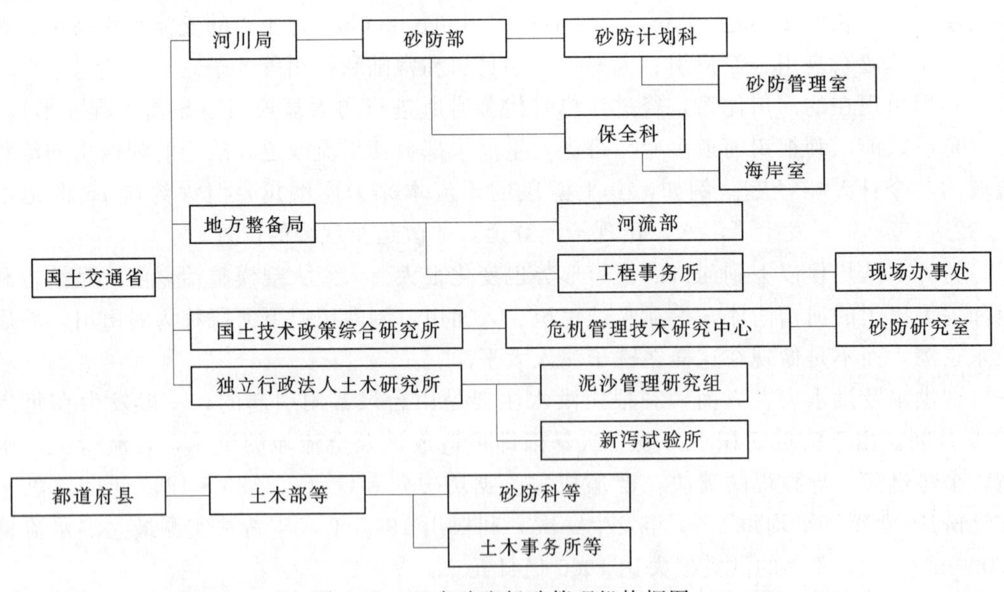


图4-1　日本砂防行政管理机构框图

3. *崩塌、滑坡、泥石流研究机构*

日本重视室内外观测试验，滑坡、泥石流试验研究发展迅速。主要研究机构包括：建设省土木研究所、国立防灾科学技术中心、京都大学防灾研究所等。这些研究单位均有规模大、研究项目齐全、自动化程度高的实验室（厅）、试验场及野外观测站。在野外现场观测中，有很先进的自动监测装置。其中日本国立防灾科学技术研究中心拥有世界上最大的活动人工降雨试验厅，可在不同降雨强度条件下，进行泥石流、滑坡、崩塌模拟试验。

同时，日本拥有世界上较先进的泥石流观测站，如烧岳山泥石流观测站。其观测主要依靠检测线和录像摄影等影像记录设备，共装备有 10 台，全部观测都由设在离观测断面 1km 以外的控制小屋来遥控，观测项目有雨量、泥位、流速、冲击力、堆积及试验工程。

### 4.3.2 日本土壤侵蚀与泥沙主要科研成果

#### 4.3.2.1 土壤侵蚀研究

日本十分重视水土保持工作，近 50 年来在日本发表的有关土壤侵蚀及水土保持方面的论文大约有 250～300 篇，几乎涉及了除土壤侵蚀分区分类之外的各个领域。主要研究成就包括：雨滴溅蚀机理，坡面径流冲刷及侵蚀发生过程，土壤侵蚀预报及水土保持对策，水土流失规律，滑坡、崩塌和泥石流研究等。

在土壤侵蚀方面，日本通过近半个世纪的努力，结合防灾工作的开展，在雨滴溅蚀机理、坡面径流冲刷及侵蚀发生过程、土壤侵蚀预报及水土保持对策方面取得了很多成果，但基本上都是基于 USLE 基础上进行的。

1. 雨滴溅蚀机理方面

有关雨滴溅蚀研究是从三原的工作开始的。三原义秋（1951）通过分析采集到的近 7 万个雨滴资料，研究了雨滴的大小与下落速度的关系，得出了有名的三原公式：

$$V=9.1459\sqrt{r}-2.6549+2.534\exp(-3.727\sqrt{r})-3.890r^{2.18} \tag{4-1}$$

随后，他又归纳出由雨强计算降雨动能的关系式，并给出了不同时间段的降雨强度所对应的各参数大小。

三原的工作不仅开创了日本在雨滴溅蚀方面研究的先导，其成果在世界土壤侵蚀界也很有影响。随后，藤原辉男（1984）通过采集大量的雨滴资料，对各种降雨动能的计算公式进行验证后，提出了动能的计算公式：

$$E=1.14I^{0.20} \tag{4-2}$$

福樱（1982～1983）说明了雨滴侵蚀的发生机理，从空气动力学原理对雨滴打击土壤表面后雨滴破碎时的能量释放及影响因素，以及雨滴对地面打击程度的测定方法和雨滴打击后的土粒飞溅轨迹等作了一系列的研究。根据他的研究，雨滴打击动量与置于降雨下的弹簧的最大压缩变形量之间存在着很好的线性关系，可以通过弹簧的最大压缩变形量来测定降雨动量。同时福樱还指出，水滴的表面张力、直径、黏性、打击时的状态以及落下时振动等对打击程度都有影响，但以雨滴的表面张力和直径的影响为最大。在此基础上，福樱提出了雨滴作用于土壤表面的能量计算公式：

$$K=eIAt/v \tag{4-3}$$

式中：$e$ 为单个雨滴的动能；$I$ 为 1min 降雨强度；$A$ 为受打击的土表面积；$t$ 为降雨时间；$v$ 为雨滴体积。

藤川（1983）用爱利森溅蚀盘研究了几种土的溅蚀现象后，归纳出影响溅蚀强度的主要土壤物理性质，并用主成分分析法提出了雨滴打击溅蚀分散量的计算式：

$$e=159.419+57.586x_1-0.247x_2-0.063x_3-6.577x_4-0.127x_5 \tag{4-4}$$

式中：$x_1$，$x_2$，$x_3$，$x_4$，$x_5$ 分别为黏土比、黏土以外的土粒百分比、团粒系数、入渗速度和液限系数。

藤川还指出黏土比大小是影响土粒飞溅的最重要的土壤物理性质。

内田（1978）也通过对 3 种土壤的研究后指出，土壤溅蚀量与降雨强度之间呈一次关系，且飞散的土粒粒径具有一定的范围。岩田（1957）从雨滴对土壤团粒结构破坏程度考虑，认为土壤飞溅过程中团粒的亲水性特征以及所封入的空气的爆发力对溅蚀也有影响。张科利（1996）利用室内小区，研究了坡面坡度对溅蚀的影响，分别分析了雨滴打击后土粒向水平方向和垂直等高线方向的溅蚀量与坡度的关系。

藤原还利用自制设备，观测雨滴击溅中土粒的飞散距离和角度，给出了土粒飞散距离和飞散角的密度分布函数。同时，藤原还和深田（1989，1990）一起用高速摄影仪研究了雨滴打击薄层水流时的形态变化过程，从机理上分析了雨滴打击薄层水流时所发生的扰动过程，以及由此所引起的土粒移动和飞溅过程。

除此而外，还有许多学者（种田，1972；小高，1984；细山田，1984）对溅蚀的发生机理及过程作了研究。总之，日本在雨滴溅蚀方面作了大量的工作，在溅蚀机理研究方面有一定的深度，有些结果在世界土壤侵蚀研究领域也很有影响。

*2. 坡面侵蚀过程及机理方面*

关于侵蚀过程，特别是坡面细沟侵蚀的研究，系统的研究是从 20 世纪 70 年代末开始的。当时，由于大面积平山造地，造成了大面积的裸露斜面。进入雨季后，这些地块上便会发生强烈的水土流失，形成了从面蚀、细沟到切沟的沟谷发育系统，为野外调查研究提供了场所，也促进了有关径流冲刷和沟谷发育系统等方面的研究工作。

坡面径流冲刷方面的研究，以卢田行男（京都大学防灾研究所）和日下达郎（山口大学农学部）为代表的学者作了大量的径流冲刷试验。在径流冲刷过程中的侵蚀力计算及坡面侵蚀量的推算方面作出了有益的贡献。卢田（1963～1980）通过研究径流冲刷机理，从泥沙运动学原理出发提出了坡面侵蚀量的计算模型。同时对径流冲刷土粒过程中，水流作用及土粒受力等临界特征值等也进行了研究。

日下（1980～1994）通过大量的非等流放水试验，研究了表面径流量与流速分布之间的关系，给出了无量纲流量和流速分布的关系式。同时，他还对径流作用下土粒被剥离移动的水动力学临界值进行研究，提出了水流阻力和侵蚀量的计算公式。同时，日下指出土块对水流的抵抗力是由土粒间的相互黏着力，土粒在水中的摩擦力和土粒的自重力决定的。通过率定，提出了计算径流侵蚀量的公式：

$$q_e=\alpha d_k\sqrt{k_b}q_w^{P/2}\exp\left(\frac{\alpha k_b q_w^P}{\frac{\gamma_d}{\rho}g d_k}\right) \tag{4-5}$$

其中

$$k_b=\frac{gNP}{\sin\left(\exp\frac{p}{2}\right)}$$

式中：$q_e$ 为径流侵蚀量；$d_k$ 为粒径；$q_w$ 为单宽流量；$P$ 为常数；$g$ 为重力加速度；$\gamma_d$ 为

干燥密度；$\rho$ 为水的密度；$N$ 为等价糙率；$\alpha$ 为参数。

日下还通过野外径流小区观测，提出了侵蚀量的计算公式：

$$q_e = ck_e L^a S^b Q^r \tag{4-6}$$

式中：$q_e$ 为土壤流失量；$k_e$ 为耕作系数；$L$ 为坡长；$S$ 为坡度；$Q$ 为降雨量的函数。

田熊（1982）通过大量的试验，在把室内实验得的经验公式向田间应用方面作了修正尝试。

张科利（1996）研究了面蚀发生过程中坡度的影响作用，给出了影响坡面产流及土壤流失量的特征坡度值。关于细沟侵蚀研究方面，松本结合其博士论文，在野外实际调查了细沟和切沟的分布特点及其形态特征，论述了沟系发育中各种形状特征值之间的数量关系。

高木（1986～1996）也通过持续调查细沟的分布特点和断面形状的变化特征，以及对典型细沟产流产沙量的实际观测，研究了坡面沟谷的发生规律及形态特征的变化规律，进而提出了坡面侵蚀量的预报方程。

最近，高木又在对过去的资料进行充实后，通过对卢田的土壤流失量计算公式的补充与修正，推导出了坡面细沟侵蚀的预报模型。除了通过野外实际调查研究坡面沟谷侵蚀外，还有许多学者在室内通过人工降雨实验研究了细沟的发生机制。高文焕（1988）研究了径流量，坡度及土壤对细沟侵蚀的影响，指出发生细沟侵蚀时侵蚀力与流量的关系：

$$\begin{cases} q = c(\sin\theta)^{-7/6} \\ c = \dfrac{1}{n}\left(\dfrac{\tau_c}{g}\right)^{5/3} \\ \tau_c = gh\sin\theta \end{cases} \tag{4-7}$$

式中：$h$ 为表面径流深；$\theta$ 为坡度；$n$ 为曼宁糙度系数；$q$ 为细沟形成时的临界地表径流量。

深田（1989～1990）通过大量的人工降雨和放水冲刷实验，在探讨了细沟各形态特征之间的关系及其在侵蚀过程中的变化后，在用数学方法模拟细沟侵蚀发育方面作了尝试，肯定了波谱分析（spectrum）和分形理论（Fractal）在细沟发育规律方面研究的可行性。

*3. 在土壤侵蚀预报方面*

日本在土壤侵蚀预报方面的研究相对比较薄弱。虽然在早期的研究中也有一些土壤流失量与单因子之间的经验公式，但无理想的预报方程式。美国通用流失方程式介绍到日本以后，特别是农林水产省把通用流失方程定为日本水土流失预报方程后，围绕该方程在日本应用方面的研究十分活跃。

首先是种田（1980）用全国 57 个主要城市的降雨资料，计算了通用流失方程中的降雨侵蚀因子 $R$，得出用时间雨量代替原方程所要求的 10min 间隔所记录雨量也能得到理想的 $R$ 值。

此后，细山田（1991）也作了这方面的工作，提出了用时间雨量计算 $R$ 的统计公式，并对九州地区降雨侵蚀力 $R$ 进行计算，作出了 $R$ 的季节变化和概率分布图。翁长（1980）通过观测冲绳地区降雨强度与动能的关系，对威斯迈尔的动能计算公式作了修正。

长泽（1993）通过设在北海道大学的小区观测资料分析，探讨了土壤流失量与降雨特征的关系，对USLE中的侵蚀性降雨标准提出疑问。张科利（1996）就南九州地区分布的火山灰土壤的侵蚀特征进行研究后，指出就该土壤而言，侵蚀性降雨标准远大于USLE中所规定的13.7mm。

期间，还有许多学者（岩切，1994；南，1982）对不同地区的$R$值进行了计算，同时，也对USLE中的土壤流失量与降雨系数的关系作了验证。降雨因子之外研究最多的是土壤可蚀性指标$K$值。种田（1982）、细山田（1984～1996）、翁长（1974）以及日下（1981）等通过各自所设的试验小区，对有代表性的土壤的可蚀性指数$K$作了计算，对USLE中其他因子的探讨相对较少。

种田（1975）用相对侵蚀比来反映作物的影响，指出夏季作物中以大豆和甘薯地的侵蚀量最高。日下（1993）曾在野外小区上研究了作物种类及其覆盖度与侵蚀量的关系，提出一套作物覆盖度的测定方法，对他提出的土壤流失量预报方程中的作物因子系数作了律定。

除此而外，也有林学研究者（川口）对森林的蓄水保土作用进行了实验研究。

*4. 水土流失规律研究方面*

20世纪六七十年代起，日本学者就开始进行小流域水土流失规律的研究，几十年来作了大量的调查研究。主要集中在坡面径流和森林覆盖下的径流泥沙运动。其中坡面径流方面，1999年内田等人对荒废山地研究发现，地面浅层土壤的饱和透水系数和山腰施工工地或林地土壤的饱和透水系数几乎相等。

同时在平缓地面进行大规模人工模拟降雨试验，比较荒废农地的径流泥沙运动机制试验研究，得出：几乎没有发生冲积型地表径流，雨水大部分渗入地下；只有当荒废坡面土层薄、整个土层达到饱和时，才会发生冲积型径流。试验证明，雨滴在击溅地面时，就对土壤颗粒产生剥离，地表径流随之发生搬运作用，使整个土层产生小型溃散，向下游流出时发生集中搬运径流泥沙的现象非常突出。另外，使用流量计在0.18hm$^2$的流域内，观测土壤孔隙水压与流出水量时，认为参与冲积型地面径流的洪水流量很小。

在森林覆盖下的径流泥沙运动方面主要包括：

（1）土壤结皮的形成影响。土壤渗透能力在森林覆盖下的土壤渗透能力，其饱和透水系数大于100mm/h，所以，森林土壤表面很少发生冲积型径流。在研究森林覆盖下的坡面径流过程中，研究了饱和时的地面径流，而饱和地面径流只发生在溪流周围的缓坡上，对林地没有侵蚀作用；在林地发生侵蚀是在雨滴击溅下被剥离，然后发生搬运的结果；在比较平缓的林地几乎不发生地表径流，也没有侵蚀作用。通过人工模拟降雨试验的相关研究也证明了这一点。当雨滴对地面产生冲击力，表层土壤被压紧而形成土壤结皮，使土壤渗透能力明显降低。同时不同的理化作用，可以形成各种类型的土壤结皮，使渗透能力降低，也能使侵蚀程度降低。

土壤结皮的存在，究竟是雨水渗透量减少，还是侵蚀量减少（或增加），哪个起主要作用还不明确，到目前为止，只能说明受地形条件和降雨强度的影响。因为在森林覆盖下，有关土壤结皮对地面的径流及侵蚀量的测定方面的研究很少，能产生多大的影响都很不明确。

（2）对铅直渗透机制的研究。从土层被雨水湿润到入渗至湿润底线之前，以前认为无

论在缓坡还是在陡坡，都是以相同速度，沿铅直方向一次性下渗。然而，在许多模拟试验中，铅直方向运动的水渗透到土壤不饱和层时，雨水并不是从大孔隙内向下渗透，它对雨水渗透作用很小。当对森林土壤做水压测试，其结果土层的孔隙水压接近 0cm 时，土层不饱和时与降雨过程无关，土层深处（1～3m）的土壤孔隙的水压，对降雨类型有明显的反应。在山地坡面上实施人工降雨时，对土壤孔隙的水压测定，雨水在土层中下渗到湿润底线前的速度比设定的下渗透速度约快 15 倍。

近年来，研究森林土壤入渗机制时，在不打乱土层的前提下，实施人工降雨时，加入一些染料，观察渗透的不均匀性。当土壤不饱和时，在大孔隙中形成管状渗流作用。这种渗流作用明显表现在以岩石为基底的土壤之中。在不饱和的土层之中不发生铅直渗流，特别在土壤吸收性能较差并遇到大强度降雨时，只有少量雨水由大孔隙向下渗透。

但在土壤中发生不饱和渗透时，形成的包气层会对土壤的稳定作用产生影响。测试结果表明：在降雨量多和降雨强度大时，易发生泥沙灾害。但在试验中，因缺少仪器观测流入大孔隙的水量，它对土壤孔隙的水压上升作用目前还不明确。

（3）对侧向渗流机制的研究。长期以来，模拟水文研究中在饱和坡面上测定的饱和透水系数是以坡面在一定坡度下沿斜坡坡面的侧向渗流量来计算的。然而，实际观测结果土层中的饱和侧向渗透量比较小，在土壤样本（102～104$cm^3$）中测得饱和透水系数和坡面动力水渗流值相比大 100 倍；但在饱和坡面上侧向渗过的潜水流与坡面动力水渗流量的变化，呈非线性关系；饱和坡面上的侧向流的特征，具有类似污水管排泄作用，故称为管流，这种管流流路几乎与坡面平行，当土层中有连续的大孔隙存在时，从管内流出的水量约占坡面上饱和侧向渗流量的 90%，其管流流速与地面的流速相等，管流的流量占坡面动力流的 1/2，同时发现许多管流有泥沙流出，说明管流对地下有侵蚀作用。

（4）有关地下水径流讨论。据 1999 年平松等人研究报道，以前有关岩层地下潜水的研究，假设径流向岩石内的渗透量很小，或认为岩石是不透水的，而且一旦岩石产生渗水，就不会返回到溪流或土层中。

近年来，通过对坡面水文详细观测得知，有相当一部分雨水渗透到岩石之中。在年降雨量很少的情况下，也有 18%的渗透量。同时还验证了渗透到岩石中的雨水，还可以返回到土层之中。通常土壤和岩石界面上是不存在潜水带的，但在降雨时，也会形成暂时的潜水带，它可以产生从岩石向土层渗透过程。

在日本天龙川上等流域进行的水文观测研究中，中古生层等的地层由于雨水向岩体中渗透多的原因，在降雨最大时过后的约 0.5～2d 才发生渗流现象。而在花岗岩石的地层中，雨水向岩体渗透得非常少，其径流流出的高峰期与降雨波形几乎一致。

所以，这种地质和径流的对应关系，证实在花岗岩石山地易于在降雨最大时刻发生地面溃散。在中古生层的堆积岩地区，径流比降雨最大时刻要晚，由于地质的原因两者溃散发生时刻不同，并不相矛盾。对诸多坡面发生溃散的事例分析表明，溃散发生比降雨最大时刻晚约 7h，径流发生比降雨晚约 3h，以岩石为基体的径流从土层中流出时刻几乎同时发生。

5. 日本的山洪灾害方面

日本将崩塌、滑坡、泥石流统称为山洪灾害。日本在滑坡研究中侧重于两个方面：滑坡成因，滑坡预测及预报。对于滑坡预测、预报研究，更侧重于滑坡灾害图及滑坡发生时间预测两个方面。滑坡灾害图的研究可使人们有效地避开滑坡灾害的区域。目前日本已在一些较大的范围的区域里编制了滑坡灾害图。

滑坡预测和预报目前测试方法有：使用测量地表破坏声响发射的方法测量地表、地下水运动；用应变计观测地表位移进行滑坡预测；用三重蠕变曲线的图形分析方法、半对数曲线法、变形速度倒数法进行滑坡发生时间预测等。

目前，在日本滑坡研究方面以佐佐恭二博士和中村措之博士两人的工作最为突出。佐佐恭二博士于 1984 年 1 月研制出了高速环剪仪，该仪器的主要特点是可在一个很大的范围内改变剪切速率（0.001～100cm/s），用以测定土的动内摩擦角及孔压。它克服了常规三轴剪切仪不能测出内摩擦角这一缺点。

佐佐恭二博士及其助手自滑坡现场取样，用高速环剪仪测出了土的动内摩擦角，成功地阐明了世界著名的日本地附山滑坡（The JizuI～iyama landslide）的成因。

同时，经过日本京都大学防灾研究所的开发，成功研制出大型高速环剪实验机。该实验机是一种为研究滑坡、泥石流而研制的科研产品，具有较高自动化处理能力，能够模拟现场应力条件，再现或者模拟滑坡滑动过程，研究滑动机理，测定相应的强度参数，研究不同条件的剪切特性，具有实际应用价值。佐佐恭二博士的另一重要贡献是改进与发展了斯凯普顿（Skempton）1954 年创立的三轴不排水试验的孔压公式，将其修改成为：

$$\Delta U = B_d(\Delta\sigma + A_d\Delta\tau) \tag{4-8}$$

式中：$A_d$、$B_d$ 为饱和不排水直剪下土的动孔隙水压力参数。

佐佐恭二博士第三方面的贡献是建立了滑坡体（泥石流土石水混合体）的运动微分方程，对滑坡体（或混石流混合体）的运动进行了仿真模拟，建立了基本微分方程，用差分法求解，求得了滑坡灾害图。他曾用这一方法对日本 Ontaka 泥石流所波及的灾害区域成功地进行了分析。佐佐恭二博士的这一工作使得人们对可能发生的滑坡、泥石流灾害最后将危及的区域的预测成为可能。

中村浩之博士的研究工作也是多方面的，在许多方面恰好与佐佐恭二博士的工作互相呼应、互为补充。他的研究工作重点是滑坡灾害防治工程结构。1987 年中村浩之博士成功地对抗滑桩结构进行了受力分析，将抗滑柱的内力的产生归因于滑柱与滑坡体的位移差，应用有限元法得到了它的解答。中村浩之博士的这一工作成果成为近年日本许多滑坡整治工程中普遍采用的抗滑桩结构设计工作的理论依据。同年，中村博士又研究了水库水位下降与滑坡的关系。最近中村浩之博士又将佐佐恭二博士关于滑坡体危及的灾害区域的工作向前推进了一步，将滑动土体视为“不可压缩的牛顿黏滞流体”，利用 Navler-Stokes 公式对滑坡土体的运动做了三维动态仿真模拟分析，建立的微分方程用差分法求解，对中国洒勒山滑坡发生后的动态全过程进行了分析，得出了自滑坡发生后各个时刻滑坡体运动的形态以及所涉及的区域。

最近航空摄影测量也在日本有了发展，对剧烈移动的滑坡区，每隔一定时间拍摄一次照片，利用航空照片来测定滑坡或泥石流沟的动态变化。这种方法目前正在发展中。

*6. 在泥石流研究方面*

主要集中在：泥石流的分类研究，包括按物质来源分类、按成因分类、按流体理论分

类、按流体现象分等类；泥石流灾害预报预警体系研究，包括泥石流灾害的空间预报技术、时间预报技术、预警系统的研制。泥石流灾害的空间预报技术就是通过划分泥石流沟及危险度评价和危险区制图（划分）来确定山洪泥石流危害地区和危害部位。

日本是国际上较早涉及泥石流危险范围预测的国家。池谷浩、高桥保、水山高久等人通过研究泥石流冲出量、冲出长度和堆积范围，建立了不同类型的泥石流危险范围预测模型。

足立胜治等开展了泥石流发生危险度的判定研究，主要从地貌条件、泥石流形态和降雨三方面判定泥石流发生率。其中各个方面又分若干要素，每个要素又分若干等级，每个等级给出相应的判别得分，然后统计计算泥石流发生的可能性，从而确定泥石流沟的危险等级。

泥石流时间预报就是预报泥石流的发生时间，它分为中长期预报和实时预报（临报）两种类型。中长期预报主要是用来确定该沟道发生山洪泥石流的周期和活动程度；实时预报技术主要是通过研究暴雨泥石流发生规律进行实时预警预报，避免或减少泥石流灾害的损失。

暴雨泥石流实时预报技术目前受到全世界各国的重视。目前，日本已建立了当日降雨量和泥石流发生前的1h降雨强度预报模型，以确定临界雨量线和避难报警线，制定预报图。其中，最具代表性的有直线回归形式的$Y=ax+b$和指数形式的$Y=ax$两种形式。

在泥石流预警方面日本处于国际领先地位，而且采用的仪器设备也比较先进。日本采用的传感器有龙头高度泥位检知线、接触式泥位检知器和振动传感器等，传输通道均为专用有线电缆，而且目前发展到建立具体到每一条沟或相邻几条沟的小规模地区的泥石流预报预警系统。通过历次发生或未发生泥石流时的上游形成区的降雨资料进行统计分析，确定临界雨量值和临界雨量报警线，制定预报图，通过微机雨量警报器（传感器）和雨量遥测装置的研制，借以对上游雨量进行实时数据收集、演算和比较判别，自动发出报警信号。

日本在泥石流防治方面的措施主要包括工程措施、“软措施”即警报和预报、森林—生物措施。总之，日本在泥石流预测预报和防治研究方面处于世界领先地位。

7. 最新土壤侵蚀研究进展

（1）应用USLE方程测定山地森林水土流失的研究。USLE方程比较适宜在农地上进行土壤侵蚀计算与预测，在陡坡完全不同的地被物山地上的适应性至今还未系统研究。日本信州大学北原曜利用以往的野外土壤侵蚀试验成果及进行的补充试验，将USLE中的系数进行修订，其中降雨系数$R$为当地气象观测资料；系数$K$是根据母质而划分的，与农用地系数相同；坡度系数$S$适宜在5°坡以上；植被系数$C$是指草本及木本植物；防护系数$P$包含山坡基础防护工程和植物工程。根据USLE公式和土壤侵蚀资料推算出的不同立地类型和基础防护工程类型的系数$C$和系数$P$来看，有森林植被覆盖的山地土壤侵蚀量仅为裸地的1%，植物（木本）工程与山坡防护工程合理地结合，其防止地表土壤侵蚀的效果更佳、更长久。

（2）估算土壤流失量的应用模型研究。研究一个山区流域的产沙量和泥沙输移量，主要依据野外观测，结合野外小区模拟试验而求得。通用土壤流失方程（USLE）是目前世界上广泛应用的土壤流失计算方程式。在实践中，此方程常受到不同地域土壤、气候、覆盖和管理条件的限制。

为此，2006 年日本水土保持学者 Ambika DHAKAL 等人在地理信息系统（GIS）的辅助下，应用通用土壤流失方程（USLE）和输沙率模型（SDR）估算日本山区小流域地表侵蚀和泥沙输移量，其结论是只存在细微的差异。

来自 Vanoni 模型的结果更接近于实际泥沙淤积量。估算的输沙量表现出合理的精确性，但它是否适用于更大规模的流域和所有年份还不确定。因此，有必要对应用模型开展更广泛的研究。

（3）运用 USLE 方程分析风化花岗岩带滑坡地区面蚀。为了定量分析日本中部风化花岗岩带滑坡地区面蚀，在长野流域安装了一个测定土壤流失的装置，测定时间为两年，实验测得该滑坡区两年的平均表面侵蚀速率为 1200t/($hm^2$ · a)，这个值比原来预测的要大一点。观测表明：降雨量和冻融是面蚀的两个显著性影响因子，其中降雨量占到 54.9%。

同时通过两年的观测发现，冻融变化对土壤侵蚀变化影响比较大。在与降雨因子与已知的降雨指数进行比较时，USLE 方程中的降雨因子和一些降雨指标在高的置信度区间里评价。在 USLE 方程计算中土壤可蚀性因子作为生土形成的一半的价值，通过运用土壤侵蚀力值，USLE 方程提供了在雨季滑坡区对面蚀进行评价。

（4）在林下植被和地形的基础上根据土壤侵蚀危险性对日本人工桧林进行划分。为了对日本人工桧林可持续林业管理作出贡献，借助数量化理论Ⅱ运用土壤侵蚀危险性对立地和林分进行划分。土壤侵蚀危险性指标是一种外界标准，其预测变量包括林下植被、坡度、坡位类型。以下分类的每一个项目都有很高的判别效率：林下植被类型分为草本，蕨类植物，灌木，无林；坡度分为小于 20°，大于 20°小于 30°，小于 40°，大于 40°；坡位分为岭边坡，平原山坡坡度，凸或凹山坡坡度。

根据产生的 48 个样品的分数，按土壤侵蚀敏感性从大到小排列，并将尺寸大约相同的三组分别定为最低、中和高敏感级，调查这个分组和林下植被与地形组合之间的关系，得到以下的结果：①小于 20°不管其他因子如何都属于最低易敏感级；②在 20°～40°之间其易敏感度由地下植被类型确定；③小于 40°作为一个整体过渡到较高敏感级，代表了林下植被药草和蕨类；④所有这些判断都在一定程度上要在坡位上进行修正。

（5）运用开口雷达（SAR）进行水土流失监测。火山爆发常形成火成碎屑流，其堆积地常常是泥石流易发区。对此类型区实施监测，常受种种条件限制而影响测试精度。

日本采用合成开口雷达对此类型区实施监测，监测结果与日本国土地理院发行的 1：25000 地形图中所记录的标高进行了比较，误差仅为 3～5m。合成开口雷达采用的是能动的微波传感器，通过接受其反射波来观测地表的起伏和特性。与应用比微波更短的波长的被动光学传感器相比，在特性方面有显著的不同。采用飞机代替卫星作为平台，可以全天候观测，并可迅速地进行三维立体观测，能迅速地得到数值地形模型数据。

（6）对泥石流泛滥模拟的研究。研究、掌握泥石流流动、淤积、泛滥的危险区域，利于制定警戒避难体制、防灾对策、土地利用的方案。泥石流二维泛滥模拟方法虽有许多，但大多数未做过充分细致的模拟研究。

日本九州大学平野宗夫等人采用日本云仙、水无川的水位、流速及流出泥沙量的实测资料，由雨量图计算出泥石流水位，将其作为上游的边界条件，采用前述挟沙量关系式进行模拟云仙、水无川的泥石流泛滥，并与实际淤积度比较后加以检验，研究了以往挟沙量关系式的现场适用性。模拟结果与实际状况比较后确认，再现性良好，在阿苏古惠川也获得了同样的结果。

（7）应用数字化地图对滑坡判定的研究。以位于日本九州中央地带、崩塌后经过20年以上演变继续扩大的市房山崩塌地群为研究对象，用现代卫星遥感技术进行长期监测，再利用GIS技术对崩塌地进行分析。判别结果为：①Landsat-TM和SPOT-HRV-XS卫星对崩塌地的判别精确度为71%以上，其判别面积可以在实际应用中使用；②卫星观测日和传感器的不同会对判别值（$I_{vn}$）产生影响，所以求$I_{vn}$值时考虑在观测日很近的航片的立体性是非常必要的；③既要由国土地理院发行的50m的数字化地图来判别崩塌地实际影像，又要用GIS的标高资料计算河道网，然后扣除这些面积；④如果不用与崩塌地大小相称的地上分辨率高的卫星资料，其判别精度就不高。

#### 4.3.2.2 河流泥沙研究

日本也十分重视泥沙研究，主要研究成就包括：日本山地森林小流域悬移质泥沙研究；日本河流泥沙的监控研究；依据库区泥沙淤积资料预测土壤侵蚀模数；风化花岗岩带森林集水区产沙量和输沙能力；不同植被恢复程度下产沙特征研究；考虑河床质孔隙度变化的河床变化模型；应用水听器在手取川上流域进行输沙量的观察和分析；日本应用航测技术调查流域产沙量的方法；日本水土保持应用遥感技术研究；日本采用冲刷传感器监测洪水过程中的河床演变研究；日本预测泥沙灾害及效果研究；日本土砂灾害监测预警信息系统；河道泥沙输移特点及输沙理论。下面分别进行详述。

1. 日本山地森林小流域悬移质泥沙研究

以日本山地源头森林小流域为研究对象，利用泥沙自动取样器和自计水位计，研究了悬移质泥沙的输出过程及其与洪水过程间的关系。研究结果表明，森林流域的泥沙来源主要是林道、沟道、沟道两边裸露地；河川径流中悬移质泥沙浓度与总泥沙浓度间有很好的相关性；降雨时悬移质泥沙浓度随流量过程的变化呈现出顺时针变化；悬移质泥沙的输出过程属于波浪式变化；悬移质泥沙浓度最大值与洪峰流量几乎同时出现，属同步型；悬移质输沙量主要取决于10min最大雨量；场降雨量对悬移质输沙量的贡献较大；单场大暴雨造成的悬移质输沙量占全年输沙量的5%左右；悬移质年输沙量30%是由为数不多的几场降雨造成的。

2. 日本河流泥沙的监控研究

河流泥沙的运移造就了河川生态景观环境，同时也存在下游泥沙灾害。到目前为止，人们还没有全面系统地掌握流沙系统的移动规律。日本学者本乡国男先生对河道流沙系统进行了研究。以日本姬河为研究对象，利用摄像机、航片、超声波、雷达、振动计等设备对河床实施动态监控；对泥沙粒径分析进行监测。通过对监测结果的资料整编分析，可实现河流系统监控。

3. 依据库区泥沙淤积资料预测土壤侵蚀模数

2004年日本学者水谷武司利用收集到的1967～1971年间日本全国约200个库区泥沙

淤积资料，采用多重回归分析方法，以坡度、年降水量与植被覆盖率、地质等因子作为变量进行分析，求得土壤侵蚀预测方程。并对其预测方程进行了检验，证明预测精度较高。

4. 风化花岗岩带森林集水区产沙量和输沙能力

为进行风化花岗岩带森林集水区产沙量和输沙能力研究，从 2001 年 9 月开始至 2004 年 10 月在一个由泥沙输移形成的森林集水区（面积 88.6hm$^2$）进行观测，该森林集水区位于风化花岗岩之下。在水库出口观测冲刷物浓度，人工采样超过一周，其中包括 2004 年 10 月的一次洪水。推移质和悬移质组成了流水冲刷物的全部（其中推移质不包括冲积物），在渠道研究水力参数的基础上运用爱因斯坦方程，利用水文和泥沙率定曲线计算这些流水冲积物量，同时检验 Ashida 和 Michiue 方程及 Brown 方程的适用性。爱因斯坦方程是检验的最令人满意的方法，因为总体上看其估算总冲积物的结果最接近观测值[3.67t/(hm$^2$ · a)]。

但即使是最合适的模型显示在其早期估算值较低，后期估算值过高。早期估计不足是由于一次大的洪水提供了充分泥沙来源。后期估计值过高是由于不定泥沙源的大量淤积。该模型显示，推移质占预测总量的 79％和悬移质占 21％，冲积物占观测总量的 11％。这些结果表明，与引用日本国内其他报告的数据相比其悬移质所占比例处于相同水平，但冲积物没有那么少；粒度分布（中粒直径 2.2mm）比较粗且均一；总量相对较小，可部分归功于花岗岩风化物粒径分布比较均一，相对而言，总量过大可能是由于模型假定的粒度分布过宽，也可能部分是因为该流域管理良好或森林覆盖度高。

5. 不同植被恢复程度下产沙特征研究

在花岗岩高山丘陵区不同植被自然恢复程度下的产沙特征研究中，布设了 4 个实验小流域，观察流域内的降雨、径流和产沙量。这 4 个流域分别是森林小流域（A 流域），植被完全恢复流域（B 流域），85％恢复的森林小流域（C 流域），50％恢复的森林小流域（D 流域）。A 流域土壤深度大于其他 3 个流域。4 个流域中，C 流域分水岭最浅。A 流域实行长期观测，其他 3 个流域实行定期观测。D 流域负责观测高的洪峰流量和输沙量，A 流域负责观察低的洪峰流量和输沙量。在各个流域内，降雨量的高峰期的增加随着洪峰流量的高峰期增加而增加。

随洪峰流量高峰期增加的降雨量高峰期的增长速率 B 流域和 D 流域是相似的，因为降雨高峰期和洪峰高峰期是正相关的。在 B、C 和 D 流域，产沙量随着洪峰流量的增加而增加。B 流域和 D 流域的径流特性相似，但产沙特征 B 流域居于 A、D 流域中间。总输沙量随植被恢复程度而减少。产沙特征的变化证明与植被恢复程度的变化相关，但需要更多的时间径流反映恢复程度，而不是地表植被变化。

6. 考虑河床质孔隙度变化的河床变化模型

从生态角度来看，泥沙管理是定量和定性评价河床变化所必不可少的，特别是对于最近提出的空隙结构河床变化的评价。一些河床演变模型可用数值离散来描述河流的地形特点，但它们对河床变化评估却没多少用处。这项研究的目的是提出一个考虑孔隙度变化的河床演变模型来评价河床变化。

为了建立孔隙度和淤积混合物的粒度分布关系和形成标准河床演变模式，已经制定了一个高级河床演变模型框架来评估孔隙度的变化。于是在这个框架内形成了一个为分析两个颗粒组成的简单分析模型。

进行水槽试验以实现孔隙结构的转化过程主要有以下两种情况：一是只有细颗粒泥沙从泥沙混合物清除；二是细颗粒泥沙淤积在粗河床质里。在利用实验中提供的数据对现行模型有效性进行验证后，使用该模型计算水库泥沙淤积，并对上述两种情况下的计算结果进行检验。模拟结果显示，该模型能在这两种情况下产生一个纵向和垂向合理的河床质孔隙度分布。

7. 应用水听器在手取川上流域进行输沙量的观察和分析

本实验在一个 200km$^2$ 规模的流域上安装了水听器输沙量监测系统（以下简称“水听器系统”）以便制订一个切实可行的方法来观测推移质。该水听器系统用来记录推移质淤积物接触该系统声学传感器的次数。

在相同的声音信号下通过声学传感器 5 个放大水平（以下简称“管道”）同时调谐以便挑选一个合适的放大水平。在水听器的声学传感器的右侧安装了一个泥沙采样仪来校准测量。在洪水诱发输沙的观察中表明，每个季节输沙量与洪水流量并不是一致的。

举个例子，尽管水位稳步上升但输沙量却下降了，当后期水位降到最低时输沙量却大幅飙升。在积雪融化时河道似乎已无泥沙补给，这就造成输沙量伴随水位上升；当洪水汛期开始泥沙再次得到补给，输沙量和水位或者说输水量之间的关系又将变化显著。有人建议利用水听器系统建立一种定量估算输沙量的方法并与基于水力学参数的理论估算进行比较。研究结果表明，在手取川上流域取放大水平 16 和 1024 对输沙量和悬移质估算是合适的。

8. 日本应用航测技术调查流域产沙量的方法

日本滑坡技术中心研究员木敏仁应用航测技术对流域产沙量进行调查。其基本思路是从崩塌前后的航片资料中判明崩塌地点的变化，从而推算出新崩塌或旧崩塌扩大产生的泥沙量。同时，日本学者提出只预测和掌握单次洪水的泥沙量是远远不够的，有必要通过预测泥沙动态来掌握其活动规律。从预测、掌握单次洪水的泥沙总量转变为预测泥沙产生在时间和空间上的动态变化，即有关泥沙产生调查研究，建立流域内泥沙产生（崩塌）场所模型及坡面崩塌过程机制和模型，将成为今后一段时期的研究课题。

9. 日本水土保持应用遥感技术研究

日本近几十年来，遥感技术发展很快，但由于其精度有限，在水土保持领域中尚未广泛应用。利用遥感技术能在短时间内对大范围的地表资源进行调查，并可即时掌握调查地资源变化情况，但也存在受天气情况和卫星轨道影响等问题。

鉴于遥感技术发展现状，其在水保领域可应用于下列项目上：确定自然灾害的发生情况；灾害地恢复过程的跟踪调查；灾害预测。随着遥感及相关技术的发展，其在水保领域的应用必将越来越广泛。

10. 日本采用冲刷传感器监测洪水过程中的河床演变研究

河床在行洪过程中，受洪水的淘刷，岸堤很可能出现一系列的河床填积和削减现象。在行洪过程中，如不通过仪器观测不能量化洪水期间河床变化的具体数值。

日本学者中平善伸等人于 1999 年 9 月 15 日采用传感器成功地观测到日本姬河大洪水对河床冲淤过程。测试结果表明，由冲刷传感器捕捉到的河床下降状况与流量变化相一致。通过一维河床演变计算模拟了所测得的河床削减过程，表明通过数值计算求得洪水前期的侵蚀过程与通过冲刷传感器捕捉到的河床下降过程基本一致。证明应用冲刷传感器测量洪水期间的河床削减作用是有效的。

11. 日本预测泥沙灾害及效果研究

泥石流等泥沙灾害发生的主导因素是降雨量，为此日本研究者多从降雨量入手研究泥石流灾害的发生机制，以1h降雨量和累计降雨量2个变量进行泥沙灾害预测的方法比较多见。

1984年日本原建设省（现国土交通省）规范了泥沙灾害警报和避难指示基准降雨量的设定程序：选定降雨量观测站，分别收集、整理泥石流发生时和不发生时的降雨资料，设定泥石流发生危险基准线，设定警戒基准线和避难基准线，研究泥石流发生危险基准线、警戒基准线和避难基准线的合理性，设定警戒基准降雨量和避难基准降雨量。

目前，泥沙灾害预测方法尚不十分成熟，预测结果无准确统计资料。据崇城大学森山聪之的试验结果，预测发生的正确率为54%，预测不发生的正确率为95%。预测发生次数37，实际发生次数20；预测不发生次数130，实际未发生次数为124。

12. 日本土砂灾害监测预警信息系统

日本的泥沙灾害监测预警体系由泥沙灾害危险区域的判别调查、泥沙灾害监测系统、泥沙灾害预警系统和防灾预案等4部分构成。其中，泥沙灾害危险区域的判别调查是基础，泥沙灾害监测系统和预警系统是核心，防灾预案是关键。在地域合作防灾体系中，由国家对地方政府进行技术指导和资金补助，地方政府对基层政府进行技术指导和资金补助，地方政府指导防灾活动，基层政府向居民提供防灾信息，实施防灾训练等。

日本在利用遥感技术，特别是在利用降雨量预报泥沙灾害方面取得了很多研究成果，1984年《泥石流灾害警报与避难指示用降雨量设定指南》，用于指导各地确定泥石流发生的指示降雨量，提高预报的准确性。2001年颁布实施《泥沙灾害防治法》以来，日本在全国泥沙灾害危险地区积极推进泥沙灾害监测预警系统的建立。

作为与砂防工程硬件对策相对应的软件对策，开始逐步在全国范围内设置泥沙灾害监测设施。《泥沙灾害防治法》颁布实施后，加强了泥沙灾害监测预警信息系统建设，逐步在泥沙灾害危险区布设雨量计、摄像机、传感器等，实现信息自动采集与传输，通过中央处理系统分析，再将有关信息发送给有关管理部门、负责人或居民，决定是否采取避难措施。

13. 河道泥沙输移特点及输沙理论

清水收（1999）在关于流域泥沙输移过程的研究评述提到：在以往的泥沙输移研究中，只注重研究坡面崩塌、泥石流、推移质等单一泥沙输移过程，而对整个流域的泥沙动态——流域泥沙输移的时空变异特性等缺乏深入细致的研究。

通过对沙河流域30年间最大雨量而产生的泥沙输移过程采用泥沙动态分析，结果表明，移动的泥沙的70%～80%来源于坡面崩塌，10%～30%来源于支沟以下沟道冲刷；新滞留泥沙70%～80%来源于上一级沟道的堆积，坡面崩塌不足20%。可见泥沙主要来源是坡面，其次是下一级沟道，他们是侵蚀场；而上一级沟道起着滞留场的作用。若应用航片和树木年轮编年法进行泥沙动态分析，结论是泥沙输移过程需要10年的时间。

从火山灰编年法调查分析，在过去8000年、3000年、320年间平均崩塌速度是恒定的。泥沙输移的空间变异特性为短时间测出的流失速度呈时间性变动，如以数百年计，其流失速度与流入速度大致相等。

#### 4.3.2.3 水土流失治理及河道整治成果

1. 水土流失治理

由于高度发达的经济基础，日本十分注意环境保护，在水土流失防治方面很有成效。丰沛的降雨，使生物措施很容易实施，第二次世界大战后滥伐乱垦的坡地现在已彻底恢复，林相整齐的人工林保护着山坡免遭侵蚀。现阶段的主要问题是防治大雨时所发生的滑坡、崩塌以及新造成地的水土流失。主要的水土保持措施有耕作法、增加覆盖法和工程法，但以工程措施为主。

今尾（1978）、细山田（1991）以及八湫（1995）等对垄沟种植法的水保效益作了大量的试验研究，研究了垄沟的宽度、间隔以及与坡向间的角度等对水土流失的影响，提出了防止侵蚀效果最好的垄沟指标。种田（1953）还对带状耕作的保土效果进行了试验，指出谷子与大豆带状间作与裸地比较可减少水土流失70%，细山田还评价了增加覆盖对水土流失的防治效果，比较了覆盖不同大小网眼的网的防蚀效果。近几年，他又对人工保土生草膜的效果作了试验。

所谓人工保土生草膜，是用人工化纤制作的透气保墒的膜，在其中间夹有草种和肥料，用于陡坡效果很好。试验结果表明：覆盖人工保土生草膜后，即使是侵蚀性很高的白沙土，当年水土流失就可以减少90%以上。人工保土生草膜还可以通过增加有机质来改良土壤从而增加土壤本身的抗蚀性。

此外，还对在土壤表面覆盖砾石或在土中混合砾石后的侵蚀量变化进行了试验，结果表明土中的砾石块能有效地保护土层免遭侵蚀，可用于斜坡农道侵蚀的防治。在工程法方面所看到的水土保持试验方面的研究较少，但是实践经验却非常丰富。

现在，全国高15m以上的防沙坝就有约800座，加上大量的沉沙池和排水渠，工程措施发挥着很大的拦沙泄水的作用。由于资金充足，从固坡工程到排水系统也很配套，常常可以看到在整个工程完成的同时，水泥贴砌的排水渠也已修成。在防治道路侵蚀方面，常常把容易发生侵蚀的陡坡路段也修成泄水槽，既防止水土流失，又方便交通。

2. 山洪灾害治理

（1）工程措施。包括滑坡防治工程措施、泥石流防治工程措施和崩塌防治工程措施。

日本防滑坡工程大体可分为抑制工程和支撑工程两大类，抑制工程是减轻或去除造成滑坡的原因，而支撑工程则是通过建造构筑物使其稳定下来，从而防止滑坡。例如大和川汇集奈良盆地一带的降水，它流向大阪平原的出口就是龟濑的峡谷。这块地方自古以来就是滑坡频发的地区，奈良盆地的淹水和积水经常给大阪平原周围的广大地区造成灾害。龟濑的防滑坡工程是日本最大规模的工程，通过100m的深度基础工程和多数钢管组成的排桩工程支撑住了滑坡的压力，同时还实施了排土工程等，完成了渠道工程、集水井工程、涵洞排水工程等各种工程，取得了良好的治理效果。

泥石流防治工程措施主要采用在溪流的上游建造拦沙坝来蓄存泥沙，控制泥沙的产生和流出。另外，在山谷的出口建造拦沙坝，可直接拦住发生的泥石流。如1999年6月在广岛县发生了沿岸集中暴雨时，由于荒谷川中游的拦沙坝拦住了泥石流，避免了浮木灾害。

崩塌防治工程措施。斜面崩塌系指渗透到地下的水分减弱土壤的抵抗力，致使斜面在受到降雨和地震的影响时，急速崩塌的现象。由于崩塌速度很快，附近居民常常因来不及逃走而死亡。其工程措施主要有：

1）挡土围栏工程。在斜面上打入钢桩，在支撑表层坍塌的同时在地表设置横向拦截材料，以防止侵蚀泥沙向下方移动。这种工程还可以保留斜面内现存的植被。

2）框格护坡工程。在斜面上用混凝土做成框格，在格内栽种植被，防止斜面的风化和侵蚀。同时，与地锚联合施工，可起到直接控制坍塌的效果。通过调整框格可保留斜面内现存的植被。

3）挡土墙工程。在斜面的下方，建造挡土墙，直接抑制斜面下方的坍塌，并把来自上方的坍塌泥沙拦挡在挡土墙内。

(2)“软防治”措施。日本的“软防治”包括警报和预报两大类。

警报类：在道路方面的应用，是把警报器直接与信号灯、栏杆联系起来，发生滑坡、泥石流时立即阻止行车。

预报类：日本各地每 20km 设有一自动化的雨量测量点。雨量预报系统可提前 2h 发出警报，更有利于预防灾害损失。

(3) 森林—生物措施。日本山洪灾害的危害已逐年减少，原因之一就是环境保护工作相当出色，重视防护林的经营与管理，基本上看不到人为破坏山坡林木植被的情况。对自然破坏的山坡或人工切坡，及时采用生物工程措施处理。植被护坡工程措施包括喷播草种工程、铺席式植被工程、坡面挖坑种草工程、阶梯栽植护坡工程、台阶铺草皮护坡工程、网格式植被工程等。据统计，日本的森林覆盖面积为 2400 多万 $hm^2$，森林覆盖率位居世界前列，达 69%。

3. 河道整治

长期以来，日本十分重视治水，如江户时代的“久下开凿”工程，将荒川改道分流，经由间川、隅田川入东京湾，改善航道和下游平原灌溉条件；明治末期的“荒川泄水道”工程，建造岩川水闸截断旧荒川主流，重新开凿一条长 22km、宽约 50m 的人工河道，减少洪水期旧荒川下游隅田川的洪水流量，以保护东京免受洪水灾害的影响。

特别是第二次世界大战结束后，日本经济社会高速发展，城市化进程加快，日本政府为了解决防洪减灾和水资源开发利用问题，加大资金投入，加快治河工程建设，逐步建成了以水库、堤防和河口堰等工程组成的治河防灾体系，有效地抵御了洪、风、旱灾害。日本治河水利工程一贯将社会效益放在首位，以满足防洪、灌溉和供水等方面需求为主。但近 10 年来，日本的治河方针已经发生较大的变化。

1990 年，日本推出《近自然工法》，指引治河工程如何保护河流周边环境，恢复自然生境，改良工程措施，包括生物和非生物材料应用等。随后，原建设省提出建设多自然河川的方针，要求治河工程尊重自然的多样性、流域自然的水循环和生态系统的整体性，改变了传统的治河工程理念，开始由单一目标的河川整治向流域全面治理和生态环境建设方面发展。推广应用治河生态工程措施，使河流的生态环境和生态系统得到很大改善。

所谓治河生态工程措施就是要求治河工程尊重自然的多样性、流域自然的水循环和生态系统的整体性。在日本第二次世界大战后第9个治理河流计划中，原建设省将管理水循环、综合生态流失保护、河流、水库和海岸生态环境保护、河流和湖泊水质保护等技术作为保护和治理河流的重点研究技术，以达到“创造与自然相协调的健康的生活和环境”的目的。日本全国也全面展开河川自然生态治理规划。

至1993年底，已有3200处相继提出了多自然型治川规划，几乎涉及日本全国的河川。1996年6月，日本河川审议会通过修改《河川工法》，正式将水环境作为《河川工法》的关键词，要求治河工程多使用“多自然工法”，保障河川的自然与生态系统的可持续发展。

枥木县位于日本关东地区东北部的一个内陆县。县政府所在地宇都宫市距东京约100km；全县总面积6408km$^2$，东南约84km，南北约98km；全县总人口近200万人，其中宇都宫市为全县最大城市，人口为40万人。斧川是流经宇都宫市的市内河道，流域多年平均降雨量约为1400mm。

斧川发源于宇都宫市野泽町平地林，是利根川流域一级支流田川上的一条支流，属枥木县重要的一级河道。从北到南，流经宇都宫市的市区入田川，总长8.94km，市区段河道总长度2.2km（图4-2）。斧川流域1980年、1981年、1982年连续3年发生6次洪灾，其中1982年6月21日遭受特大暴雨，降雨量达57mm/h，造成整个城市进水受淹。

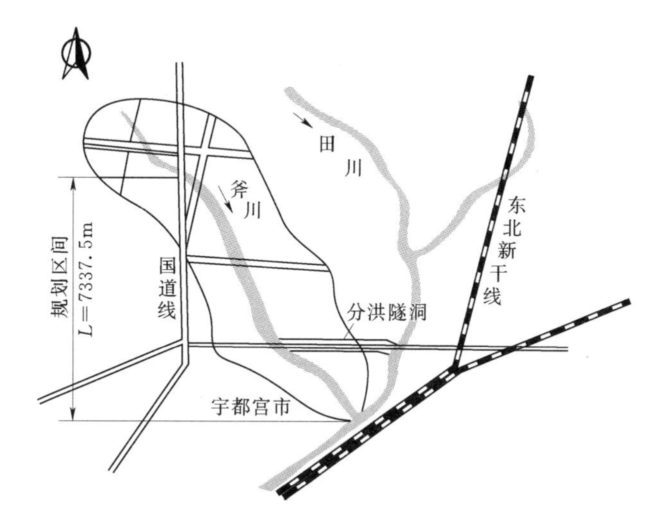


图4-2 斧川流域示意图

整治思路以人与河亲密无间、美好融洽为目的，采取分洪与整治相结合的措施，通过整治，使河道恢复安全、美丽和使人心境悠闲的沿岸新风，向市民提供培育传统文化、集会和对话的场所，从而使宇都宫市成为一座生机盎然的新城市。

宇都宫市上游洪水采取改道分洪入田川，分洪流域面积5.0km$^2$，分洪流量90m$^3$/s，相应降雨量为70.3mm/h。分洪道为无压隧道，分长方形、马蹄形、卵形3种，总长度为1601.25m。流经宇都宫市区河段总长2.2km，其中市中心1900m河段，采取上下两层结构断面、河宽为 3～6m 进行设计建设，主要排泄市区内雨水，设计降雨量为 70.3mm/h。枯水期，利用上层小断面河道过水；丰水期，利用下层大断面河道排泄洪水（图 4－3）。出口段 300m 河道采用矩形断面设计建设，设计行洪流量为 43m$^3$/s。绿化和亲水工程建设：沿河两侧种植花草、树木，铺设游步道、机动车道，安装路灯，布设雕塑；利用河道空间建造戏水池、喷水池、瀑布、藤棚、钟楼、凉亭等；上层河道水深控制 30cm 以下，水中还放养各种具有地方特色的鱼类。

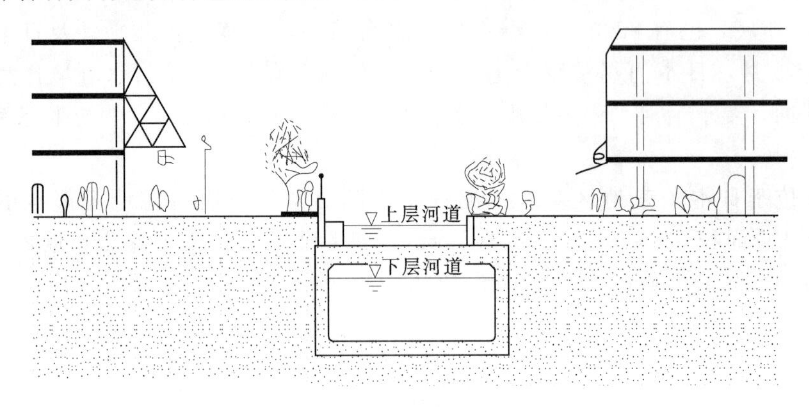


图 4－3　河道双层结构断面图

枥木县斧川河道整治工程采取分洪与整治相结合的措施，充分利用河床空间，突出“以人为本、归回自然”的河道整治特点。首先，提高城市品位，通过河道整治、美化沿河两岸，使宇都宫市从一个多灾的城市变为富有生气的城市；其次，拓宽人们购物、休闲的空间，通过河道整治，把市中心的 3 条主街道与市内广场相连通，使人们拥有更加宽广的活动场所，享受购物、散步等休闲的乐趣；最后，体现人与自然和谐共处的氛围，通过河道整治，充分发挥地区特征，增进市民与水和谐共处的氛围，使市民从中体验到河道的生气和美感，去享受和欣赏，去爱护和珍惜。

### 4.3.3　日本土壤侵蚀与泥沙科研趋势

#### 4.3.3.1　土壤侵蚀研究重点和趋势

近期日本在估算土壤流失量的应用模型研究方面，水土保持学者 Ambika DHAKAL 等人在地理信息系统（GIS）的辅助下，应用通用土壤流失方程（USLE）和输沙率模型（SDR）估算日本山区小流域地表侵蚀和泥沙输移量，其结论是只存在细微的差别。

来自 Vanoni 模型的结果更接近于实际泥沙淤积量。估算的输沙量表现出合理的精确性，但它是否适用于更大规模的流域和所有年份还不确定。因此，有必要对应用模型开展更广泛的研究。同时，由于日本的水土保持工作已经走上了一个以防治山洪、地震、火山爆发造成的自然灾害和开发建设造成人为水土流失的新阶段，日本水土保持工作未来的研究重点必然集中于这些方面，包括利用各种先进仪器设备进行这些自然灾害的监测、预测、预警及其采用各种措施进行防治。

在水土流失规律研究方面，近期主要进行了坡面径流和森林覆盖下的径流泥沙运动，包括土壤结皮的形成影响土壤入渗能力的影响，对铅直渗透机制的研究、对侧向渗透机制的研究以及有关地下水径流的讨论，今后在这方面的研究主要集中在提高降雨量预测精度、提高汇流点的高峰期预测的精度，这对山地流域径流泥沙管理合理化非常重要，同时日本对于坡面径流的运动过程以及山地流域径流流出的水位图等存在许多不清楚的地方，这些都是今后研究的重点。

**4.3.3.2** 泥沙处理利用研究重点和趋势

1. 河道泥沙管理重点及趋势

以往的河道规划都是以安全下泄洪水流量为目标的。除防沙区间、水库等河流泥沙输移较多的特殊情况之外，河道内泥沙的输移，一般在河道规划中未予考虑。随着河道整治的进展，洪水下泄能力也逐渐提高，但由于对泥沙输移带来的种种现象未予充分考虑，故在控制水土流失的过程中，防洪、兴利、环境问题越来越突出。

这表明，如果不是从河流规划阶段起就对流量和输沙量进行整体性研究，从综合性考虑，就不能创造一个健全的河流。主要研究包括：河流输沙量调查与流沙量控制点的设置；输送泥沙河流河床高程模拟技术的应用；泥沙输移与自然环境；微细泥沙的作用；河床下切引起的河流管理问题；自然河岸的侵蚀量与多自然型河岸。

2. 水库淤积问题及其研究重点

虽然日本现在仅有一小部分水库的泥沙问题需要进行紧急处置。但是，可以预测在不久的将来遭受淤积困扰的水库数量将会逐渐增加。水库淤积造成了许多灾害，包括：体滑坡和泥石流引起的灾害；冲积平原河床淤积抬高引起的灾害；水库泥沙淤积严重、水库淤积对周围的景观造成的影响；水库长期向下游排浑水对生态环境和周围景观造成的影响；由水库拦沙造成下游河床冲刷引起的河床粗化对生态系统的影响；由河床变化对河流管理设施的影响；河口泥沙供给的减少引起的对海岸的侵蚀，沿岸漂移方向的变化等。现阶段多种类型控制泥沙的工程已经在日本得到实施。

这些工程实施于每个区域土地的开发和保护基础上，包括：在山区和山前冲积扇区实施淤地坝、建立滞洪区等，减少水库泥沙淤积；下游区域采取山脚保护工程、禁止采砂等措施稳定堤岸防止冲蚀，稳定河床；海滨区域采取吸波工程、防波堤、人造礁、岬角、旁通输沙道、人工补给河口来沙等措施。尽管采取了上述措施，泥沙问题还是不能得到满意的解决。河流理事政策委员会的泥沙综合控制小组、建设部（前 MLIT）与日本政府于1998 年 7 月提出了泥沙管理的政策——泥沙系统综合管理。

《泥沙综合系统管理报告》中介绍了一种新的概念，即“泥沙输移系统”，该系统考虑了所有方面，从包括森林山到海岸线，提出了用新概念对泥沙进行全面的管理，它提出的措施包括：加强对泥沙的监测和识别与泥沙输移有关的问题；建立泥沙系统综合维护和保持系统；以合适的方式控制采砂；以合适的方式保持河流系统结构。该系统有望解决泥沙淤泥问题。

从泥沙系统综合管理的观点看，大坝有望起到测量和控制泥沙设施的作用。控制水库泥沙的运行有各种阶段，必须确定泥沙运输系统在其中的作用，并对泥沙量及泥沙粒径组成进行了说明。

3. 河道整治研究重点及其趋势

在河道整治方面日本明确河流治理的目标是支撑日本社会建成一个具有健康富裕的生活条件与美丽的自然环境相协调的社会；河流治理的策略是建设安全美丽的国土，创造与自然环境相协调的健康完美的生活环境；河流治理的措施是要进一步完善河流治理规划和河流水环境规划，实施生态工程法以保障生物多样性和水生生物的生存与繁衍空间。

在新的河川整治方针指引下，日本河流生态工程建设进入了新的一轮发展，相应的生态工程技术措施也得到进一步的创新。作为河道整治的关键的技术支撑，未来日本河流生态工程的研究重点包括3个方面。

（1）自然共生型流域圈、都市再生技术研究。此项研究工作是日本三大生态环境方面的课题研究之一，由国土交通省负责，环境省、农林水产省、厚生劳动省、文部省等有关省参加。主要研究内容包括：一是流域内生态系统及生存环境质量监测，把握流域生态系统和生存环境质量的变化动态；二是了解流域内生态系统的变化机理，分析流域生态系统的变化趋势，以及生态系统与生存环境之间的依存关系；三是建立流域的动态管理模型；四是自然生态修复技术的研究与开发；五是完善流域内信息系统；六是流域内生态系统与流域内人类社会发展的互动关系分析及评价系统的开发研究。

（2）自然共生研究。此项研究工作在原建设省自然共生研究所进行，该所建有3个天然的比尺模型，包括自然河岸形成机理比尺模型、河岸开发比尺模型、鱼类栖息场所比尺模型等。通过模型，主要研究河川湖泊开发对水生生物的影响，河流不同形态和流态对水生生物繁衍的影响，自然河岸形成和演变规律，河流自净能力，以及鱼类栖息水域的生境等。

（3）河川环境与绿化生态研究。在原建设省土木研究所进行，主要研究内容：一是河流环境保护及恢复建设研究，如河流自然环境、生态系统的保护及恢复技术，富营养化防治技术研究等；二是流域圈的综合管理技术研究；三是河岸水边护岸、护坡的绿化技术研究；四是自然生态系统的保护及生态系统网络规划研究。

### 4.3.4 小结

日本是一个多山的岛国，以山地丘陵为主，降雨丰沛，概述为“山多，水多，灾害多，人口多，国土面积小”；土壤侵蚀除了一般的水蚀外，山体滑坡、崩塌，陡坡地坍塌、泥石流等灾害频繁发生；河流河短流长，坡降大，洪水涨落差大、急，洪峰流量大、历时短、变幅大，泥沙灾害严重。

从分析中可以看出：

（1）日本以防治山洪、地震、火山爆发造成的自然灾害和开发建设造成人为水土流失为主，治理措施以高标准的工程措施为主，多采用开放坝和先进的监测、遥感技术来治理，形成了预防泥石流、崩塌、地震塌方和火山灰等土砂灾害的现代日本砂防技术。

（2）日本水土保持工作起步早，法律法规较齐全，目标一致，国民有很高的法制观念和水土保持意识。严格实行水土保持“三同时”制度并注重前期工作，严格实行审批制度。

（3）日本重视室内外观测试验，滑坡、泥石流试验研究发展迅速，拥有世界上较先进的泥石流观测站。

（4）日本土壤侵蚀研究多是小题目，研究人员相对较少，研究和治理经费较多，仪器设备容易保证。

（5）日本政府对农耕地的水土流失问题关注十分有限。国家级的攻关项目很少，面上的协同研究也不多，对侵蚀分区以及面上的治理规划等的研究不够。

日本未来在河流泥沙研究方面的重点将是从河流规划阶段起就对流量和输沙量进行整体性和综合性研究。水库泥沙研究的重点和趋势将是泥沙系统管理。在河流整治方面的重点将是自然共生型流域圈、都市再生技术的研究。

# 4.4 韩国

### 4.4.1 韩国概况

韩国位于亚洲朝鲜半岛的南半部；国土面积为9.92万$km^2$，占半岛总面积的45%；西临黄海，与中国山东省隔海相望，最短距离约为190km，东濒日本海（亦称东海），东南隔朝鲜海峡与日本相对，北同朝鲜民主主义人民共和国山水相连；地势北高南低，东高西低，山地占国土总面积60%。韩国人口4725.4万人，全国为单一民族，通用韩国语，宗教以佛教、基督教为主。

朝鲜半岛沿半岛山岳分水岭的山脉处于地质壮年期，其特征是山脊陡峭、河谷深峻；而半岛西部处于地质晚成年期—老年期，其地形特征是有大片山丘和宽阔平坦的平原。受半岛地形地貌的影响，韩国河流的河槽较陡，山高谷深的上游地区更是如此。流入西海岸和南海岸的大河如汉江、锦江、洛东江和荣山江等河流的坡度较缓。

韩国属温带季风气候，年均气温13°C，年降水量约1300～1500mm；冬季平均气温为0℃以下，夏季8月最热，气温为25℃，三四月份和夏初时易受台风侵袭。

较之内陆河来说，韩国的河流长度较短，流域面积较小。河口处都形成了广大的冲积平原，由于这些地形要素，朝鲜半岛的西部和南部，包括沿海地区大多存在泥沙问题。

韩国的土地利用分为以下几类：可耕种土地，16.58%；永久农作物，2.01%；其他，81.41%（2005年数据）；灌溉土地8780$km^2$（2003年数据）。

#### 4.4.1.1 水资源及保护概况

韩国属亚洲季风区域，全国年均降水量1283mm，2/3的雨水集中在6～9月，5～6月则干旱少雨。韩国各地降水量较悬殊，济州地区年均降水量约1440mm，南海郡达1682mm，而庆州地区只有1000mm左右；年际雨量也相差较大，丰水年为1680mm，而枯水年只有750mm多。韩国的主要河流有4条：洛东江全长525km，发源于太白山，流入朝鲜海峡；汉江全长514km，也发源于太白山，流入黄海；锦江全长401km，发源于小白山，流入黄海；荣山江全长115km。由于河流短、坡降陡，在暴雨和台风季节容易发生流域性洪水灾害。

韩国年均水资源总量为1276亿$m^3$，人均2675$m^3$，人均水资源量为我国湖南省的1.1倍。由于汛期雨水集中，河短坡大，径流时间短，降水所产生的径流量大多汇入大海而难以利用。近些年韩国全国年均总用水量约250亿$m^3$，其中城市用水42亿$m^3$，占16.8%；工业用水24亿$m^3$，占9.6%；农业用水147亿$m^3$，占58.8%；河湖塘库蓄水37亿$m^3$，占14.8%。

韩国水资源管理组织体系包括水管理政策协调机构、地方政府政策执行机构和水行政主体3个部分。水行政主体也和日本一样，属多龙管水、各自为政、分工合作的水资源管理体制。韩国的水务工作分属5个主管部门：交通建设部为主，负责水资源开发建设和管理；环境部负责水质的全面管理；农林部负责农业用水、专用水库建设和农田水利设施建设等；行政自治部负责地方河流管理和防洪等；产业资源部负责水力发电等。

水资源公社是国家交通建设部领导的水资源管理机构，其主要职责是：供水系统的建设与管理；供水的水质监测；污水处理厂的建管；工业区和新城镇的开发供水等。水资源公社主要管理16座已建和在建的多目标性水库的运行。这16座多目标性水库总蓄水量123亿$m^3$，总供水量106亿$m^3$。其他单一功能的水库由电力公社、农业开发公社等部门管理。在同一流域内，汛期水库防洪调度由水资源公社统一进行，其中因供水、灌溉、发电等引起的权益上的纠纷均由司法部门处理，地区间的水事纠纷一般先由水资源公社进行协调，协调不成再交由仲裁委员会裁决。

流经首尔的汉江全长497.5km，流域面积2.6万$km^2$，占韩国国土面积的27%，全国一半人口享受着汉江的恩泽。过去，由于工业和经济的突飞猛进以及管理滞后，汉江水质严重恶化。20世纪70年代开始对汉江进行整治和开发利用，成立了汉江流域监视厅，负责水质的保护与监察。汉江流域已建成8座水库，蓄水量达66亿$m^3$，可调节本流域27%的总降水量；水库的水力发电量占全国水力发电量的32%。在封堵污染源的同时，在汉江流域兴建了9处净水和4处废水处理设施，日处理废水能力达500多万t，污水处理普及率在80%以上。现在，汉江以优良的水质及水环境被喻为韩国“民族的乳汁”。

清溪川是汉江的一级支流，全长8.1km，汇集洪水和废水流入汉江。过去，清溪川河床被污泥和垃圾所覆盖，河水严重污染，是一条韩国的“龙须沟”。后来虽进行了封盖处理，但仍是首都的嘈杂地区的代名词。首尔市政府从2002年起启动了清溪川复原工程，拆除了盖板及高架桥，挖掘清理了河道，增设了自然和人文景观。将河道按不同区域进行不同规划。上游河段流经政治中心区，为体现现代化大都市的大气和华贵，建有许多跌水和小瀑布，河岸用花岗岩贴面；中部流经商业区，不但建有亲水平台，而且有喷泉和休闲的空间，显得温馨而实用；下游流经居民区，河道布置有平台、石阶和植被，使人们能找到大自然的感觉。重生后的河道保留了许多文化历史遗迹，如介绍历史的壁画、古代帝王的题词等。经过3年努力，清溪川面貌焕然一新，成为了首都的景观河道，古新兼备的水岸景观，为市民提供了一个休闲好去处，还带动了周围的商业和旅游业的发展，游人到此参观，无不赞赏这是“人水相亲”、“人与自然和谐”、“非常人性化”理念的体现。

韩国水资源不容乐观，矿泉水需进口。韩国矿泉水年进口额约达300万美元。根据韩国水资源长期规划报告（2001～2020年），预测到2011年由于人口增长和经济发展全国缺水40亿$m^3$。为了缓解缺水问题，韩国政府计划在10年内投入资金1000亿韩元（约合1亿美元），分3个阶段进行相关对策与技术的研究与实施。面对40亿$m^3$的缺水局面采取3种措施：一是通过完善灌溉系统、提高水价和推行节水器具等管理措施，解决22亿$m^3$的水量；二是通过水库科学调度、洪水资源利用和海水淡化等措施，解决6亿$m^3$水量；三是通过兴建水库来解决12亿$m^3$水量。例如，兴建地下水库，开发地下水源。目前，在江原地区有6处地下水库。今后，再将兴建21处地下水库，包括汉江水系的7处和洛东江水系的10处地下水库。又如，政府将推进“将海洋深层水开发为饮用水”项目，

计划形成1万亿韩元规模的新型饮用水市场。此外，拟在南极大陆兴建基地，开发利用南极资源和饮用水资源。

### 4.4.1.2 土壤侵蚀状况

朝鲜半岛在地质上以花岗岩和片麻岩为主，地表被薄风化层所覆盖；大多数山谷都属于地质老年期，不易被侵蚀。韩国大部分流域都被茂密的森林覆盖，占全国土地面积的65%，其平原多用来种植水稻，大约占全国土地的13%，这些都在洪水时起到了非常有效的水土保持作用。

韩国丘陵面积有740000hm$^2$，占全国国土面积的7%，其中62%的丘陵坡度都在7%以上。由于这些地形分布，韩国大部分丘陵地区的土壤都易遭受严重的土壤侵蚀。

另外，加速城市化使得很多土地被水泥和草地取代，这也减轻了大规模的泥沙问题和土壤侵蚀。1997年的一项研究表明，与美国西部、中国及日本相比，韩国的流域产沙率相对来说较小，对于中等面积的流域（200～2000km$^2$），其产沙率的上限大约为1000t/(km$^2$·a)，通常是100～500t/(km$^2$·a)。

尽管韩国的地质和植被特点使得该国的土壤侵蚀程度较低，但降雨造成的侵蚀却较为严重，特别是在雨量充沛的夏季。通过通用土壤流失方程计算得到韩国土壤侵蚀值在2500～8000之间，大于美国东部和南部地区的侵蚀值（2000～7000）。另外，局部的侵蚀和泥沙淤积也时常发生。包括桥墩的冲刷，洪泛平原上泥沙的淤积，取水口及核电站泥沙问题，施工现场加快土壤侵蚀的问题和建坝、采矿造成的河床变形问题等。

据统计，韩国年平均土壤侵蚀量为3450t/km$^2$，2003年受台风Maemi影响，其值为2920t/km$^2$。

### 4.4.1.3 主要河流水沙量及河道泥沙

韩国的河流大都经过半岛的西部和南部，分别流入黄海和太平洋。水流以太白山为界，注入东海岸的河流短而湍急，而注入南海和西海岸的河流，如汉江、锦江、洛东江和荣山江等河流的坡度较缓。较之内陆河来说，韩国的河流长度较短，流域面积较小，主要河流有37条，其中长100km以上的有：洛东江（525km）、汉江（514km）、锦江（401km）、临津江（254km）、蟾津江（212km）、荣山江（116km）（见表4-8和图4-4）等。

**表4-8　韩国主要河流**

| 流域特性 | 汉江 | 洛东江 | 锦江 | 荣山江 | 蟾津江 | 平均 |
|---|---|---|---|---|---|---|
| 面积（km$^2$） | 26279 | 23860 | 9810 | 2800 | 1319 | |
| 长度（km） | 514 | 525 | 401 | 116 | 212 | |
| 径流量（亿m$^3$/a） | 19.4 | 14 | 6.2 | 2.8 | 3.8 | |
| 降雨量（亿m$^3$/a） | 1286 | 1166 | 1269 | 1319 | 1414 | 1283 |

由于高山流域地区的侵蚀并不是很严重，韩国河流中的悬移质含沙量也较很多国家为低。其悬沙含量通常不会超过10～20mg/L，在洪水时可能达到1000mg/L。例如，近年汉江的一场大洪水，最大洪峰为30000m$^3$/s，使得最大悬移质含沙量达到大约5000mg/L。汉江流域为韩国最大的流域，汉江每年的输沙量有1000万t（见表4-9）。

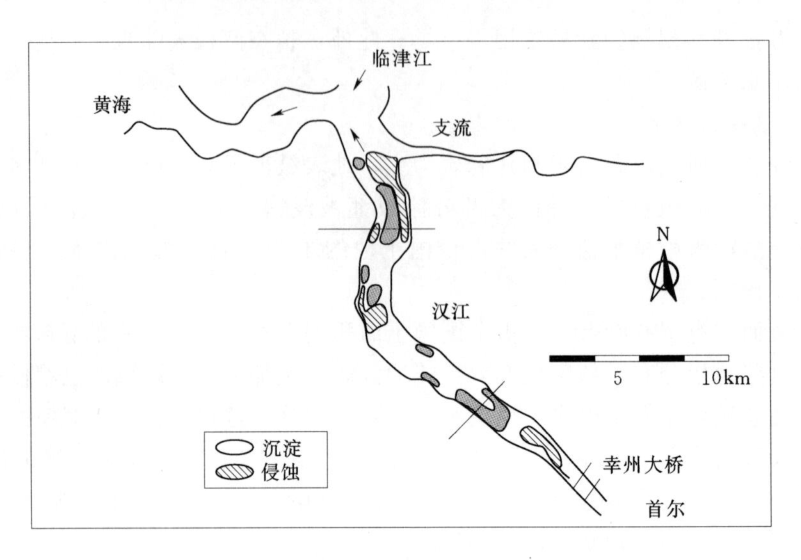


图 4-4 汉江下游主要冲淤河道地形平面图

表 4-9 韩国河流流域产沙量（1970 年）

| 河　　流 | 测　　站 | 流域面积 ($km^2$) | 流域产沙模数 [$t/(km^2 \cdot a)$] |
|---|---|---|---|
| Bankyeon | Imha | 1360 | 378.00 |
| Gelmho | Dongchon | 1537 | 505.00 |
| Hwang | Changri | 925 | 1056.00 |
| Naeswong | Weolfo | 1150 | 701.00 |
| Nakdong | Goryeong Bridge | 13905 | 338.00 |
| Nakdong | Waegwan | 11071 | 295.00 |
| Upper Nakdong | Yean | 1325 | 209.00 |
| Yong | Ian | 192 | 172.00 |

#### 4.4.1.4 主要研究机构和研究队伍

1. 水资源管理机构

目前韩国水资源管理组织体系包括 3 部分：水管理政策协调机构；水行政主体——各主管部门；地方政府——政策执行机构。

隶属于总理办公室的水管理政策协调委员会从宏观上对水管理政策进行调控。其下设水质保护调查团和淡水资源供给调查团，职能相当于秘书处。水行政主体由 5 个部门组成：即环境部、交通建设部、农林部、行政自治部、产业资源部。与水管理体系相关的其他部门包括财政经济部、教育部、科学技术部、企划预算处以及气象厅等。

交通建设部和环境部分别负责水资源数量与水质的全面管理，地方国土管理厅和环境管理厅为与之相对应的地方执行机构，下设水资源管理公司与环境管理公司。水管理政策主要由地方各级政府，例如省（市）、郡、县及其派出机构来执行。市、郡、县设有水管理机构，职能类同于中央各部。

最近，韩国政府制定了四大水系统一的水管理措施，并成立水系管理委员会来全面协调各水系内部的水事管理。韩国政府与水相关的组织机构见图 4-5，各组织机构的职能见表 4-10。

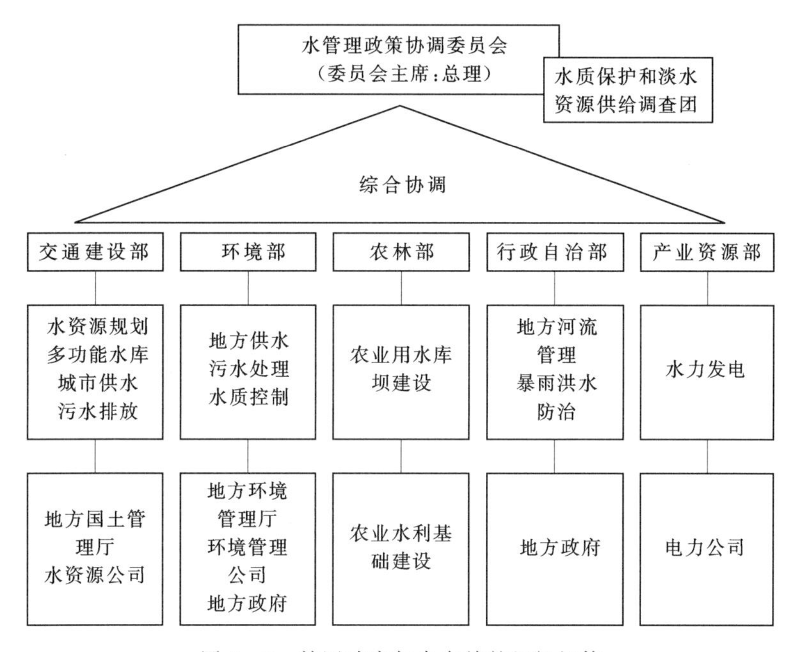


图 4-5　韩国政府与水有关的组织机构

**表 4-10　　韩国水资源管理与开发职能分工**

| 部门 | 交通建设部 | 环境部 | 行政自治部（地方政府） | 农林部（农业） | 产业资源部（韩国电力） |
|---|---|---|---|---|---|
| 水资源管理 | 国家河流管理<br>水库<br>地下水管理<br>洪水管理（洪水预报）<br>城市供水与工业用水管理<br>多功能库、池管理 | 河流水体净化<br>饮用水水质标准管理<br>废污水处理设施管理<br>水质检测<br>水质控制<br>地方给排水系统维护<br>库坝水质调查 | 地方一、二级河流管理<br>自然灾害对策措施<br>区域水资源管理<br>地方给排水设施管理<br>内陆渔业管理 | 灌溉用水管理<br>河口管理（农业用水） | 水力发电管理<br>小水电开发温泉水管理 |
| 水资源开发 | 多功能库坝建设<br>城市供水与工业用水管网建设<br>内陆航运与河道建设 | 环境影响评价<br>城市废污水处理设施建设<br>工业废水处理设施管理 | 地方供水管网建设<br>地方废水处理设施建设<br>灾害影响评价地下水开发 | 农业用水库坝建设<br>淡水湖开发<br>地下水开发（农业用水） | 水力发电设施建设（包括提水动力设施） |

1945 年韩国政府成立之后，水资源管理政策变化情况见图 4-6。由图可见，20 世纪 50～60 年代，水资源开发主要是农业灌溉用水和水力发电。然而，70～80 年代，为了满

足城市化、工业化引起的水资源需求急剧增加和解决由于河流两岸市镇建设引发的防洪问题，开始修建多功能水库。当时城市供水管网系统已经建设完毕。到 90 年代，饮用水水质和水源地保护开始受到重视，因而水质管理、水资源利用和防洪成为水资源管理中的重要组成部分。

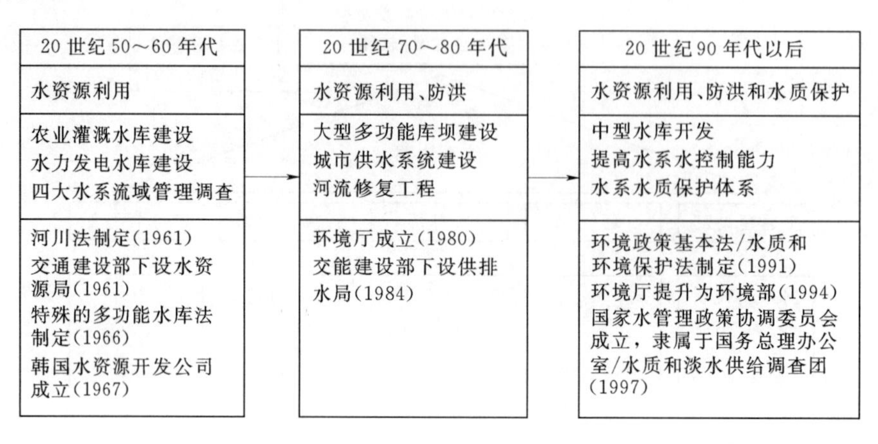

20 世纪 50～60 年代
水资源利用
农业灌溉水库建设
水力发电水库建设
四大水系流域管理调查
河川法制定(1961)
交通建设部下设水资源局(1961)
特殊的多功能水库法制定(1966)
韩国水资源开发公司成立(1967)
20 世纪 70～80 年代
水资源利用、防洪
大型多功能库坝建设
城市供水系统建设
河流修复工程
环境厅成立(1980)
交能建设部下设供排水局(1984)
20 世纪 90 年代以后
水资源利用、防洪和水质保护
中型水库开发
提高水系水控制能力
水系水质保护体系
环境政策基本法/水质和环境保护法制定(1991)
环境厅提升为环境部(1994)
国家水管理政策协调委员会成立，隶属于国务总理办公室/水质和淡水供给调查团(1997)


图 4－6　水资源管理政策变化

2. 水土保持行政管理机构

韩国水土保持行政管理机构主要由林业部负责，下设林业政策局、国有林管理局及私有林支援局。水土保持由林业政策局管理。在全国下设 5 所地方山林管理厅，负责地方水保体系研究。同时地方自治团体全权负责地方水保工程的设计与施工。

3. 相关科研机构

韩国的相关科研机构包括：国家高地农业研究院（National Institute of Highland Agriculture)、韩国水资源与环境研究所、韩国水资源协会、韩国国立群山大学和韩国又松大学。

### 4.4.2　韩国土壤侵蚀与泥沙主要科研成果

#### 4.4.2.1　土壤侵蚀研究

1. 土壤侵蚀的影响因素研究

（1）地貌因素。NIHA 于 2004 年 5～10 月在丘陵地区试验田的研究结果表明，土壤侵蚀与坡度及土壤类型有关。试验测定了不同坡度和不同类型的土壤对土壤流失量的影响。此试验土壤类型有粗砂壤土和壤土两种，坡度分为 5%、20%、35% 3 种，试验时段的降雨量为 1609mm。不同坡度壤土的土壤流失量如下：坡度为 5%的等高线耕作土壤流失量为 10mg/$hm^2$，坡度为 20%的等高线耕作土壤流失量为 113mg/$hm^2$，坡度为 35%的等高线耕作土壤流失量为 142mg/$hm^2$。而粗沙壤土针对这 3 种坡度的等高线耕作土壤流失量分别为 93mg/$hm^2$、238mg/$hm^2$ 和 474mg/$hm^2$。从试验结果可以看出，土壤流失量在 5%、20%和 35%坡陡时有明显的差别，其大小与坡陡密切相关，同时粗沙地区的土壤侵蚀大约为壤土地区的 3 倍。

（2）气候因素。尽管韩国的地质和植被特点使得该国的土壤侵蚀程度较低，但降雨造成的侵蚀却较为严重，特别是在雨量充沛的夏季。通过通用土壤流失方程所计算得到的土

壤侵蚀值在2500～8000之间，大于美国东部和南部地区的侵蚀值（2000～7000）。

（3）人为因素。NIHA于2002～2004年在高山地区试验田的研究结果表明，耕作方式也是影响土壤侵蚀的重要因素。等高线耕作比裸露土耕作更有利于防止土壤侵蚀，黑麦草的带状耕作使土壤流失量降到经合组织限制的11mg/($hm^2$·a）以下。在各种各样的耕作方式中，带状耕作是最有效的减少土壤及养分流失量的措施。

另外，加速城市化使得很多土地被水泥和草地取代，这也减轻了大规模的泥沙问题和土壤侵蚀。但是，同时也应该看到城市化建设中的不利影响。在过去的20年里，由于社会经济的迅猛发展，韩国在山地上修建了很多高尔夫球场及滑雪场。这些改变了当地的地形，使流域植被遭到破坏。在洪水季节，大量的表土被侵蚀和疏运到下游低洼地带的农业区和居民区。

2. 理论模型应用研究

（1）AGNPS模型的应用。AGNPS模型是由美国农业研究机构（ARS）、土壤保持机构（SCS）和明尼苏达州污染控制机构（MPCA）针对单次降雨的非点源污染物分析而联合开发的。AGNPS模型的设计包括3个主要的子模型，水文模型、产沙模型和生物化学模型，并有GIS的图像使用界面，该模型在韩国得到应用。

（2）SWAT模型在东阿门（Doam）流域的应用。东阿门流域位于韩国江原省的高山地区，这里的年均降雨量（包括冬季的雨雪累积）明显高于其他地区。因此，来自高山农业地区富含污染物和泥沙的水流使得整个东阿门流域的水质下降。为了检测这个地区的土壤流失量，采取措施有效控制侵蚀，韩国准备采用通用土壤流失方程（USLE）来计算该地区的土壤侵蚀量。

USLE中的降雨侵蚀因子$R$代表了降雨对土壤侵蚀的影响，如果在东阿门流域将它看作常数，就不能反映出降雨的变化对土壤侵蚀结果的影响。例如，初春时节，冰雪融化，东阿门流域的河流水量增加，使得经过冬季冻融而变得疏松的土壤遭到侵蚀。同样，暴风雨的影响也非常剧烈。比如2002年的台风“RUSA”和2003年的台风“MAEMI”也导致了东阿门流域严重的土壤侵蚀和泥沙问题。然而，USLE不能模拟冻融对土壤侵蚀的影响，也不能计算单次暴雨的产沙量和输入参数时间是上的变化。

韩国最后选择了适应东阿门流域特点的SWAT模型来代替广泛采用的USLE模型计算该地区的土壤侵蚀。经过水量划分后，SWAT模型的水文及侵蚀淤积部分就能够得到确定。因为系数$R_2$和Nash-Sutcliffe的值足够大，使得该模型能够有效计算东阿门流域的水文和产沙状况。SWAT模型中计算融雪对径流和泥沙的影响是利用东阿门流域长期的降雨及温度资料。

结果表明：冬季的融雪累积使得春季的径流和泥沙显著增加；2002年的台风“RUSA”和2003年的台风“MAEMI”的产沙量分别占东阿门流域总产沙量的33%和22%。因此，能够计算融雪、单次暴风雨产沙及长期气候变化的SWAT模型，应该代替现在广泛应用的USLE模型来计算高山农业地区的土壤侵蚀，以达到对土壤侵蚀的有效治理。

#### 4.4.2.2 河道泥沙输移特点及适用的输沙理论

受朝鲜半岛地形地貌的影响，韩国河流的河槽较陡，山高谷深的上游地区更是如此。

流入西海岸和南海岸的大河河口处都形成了广大的冲积平原，由于这些地形要素，朝鲜半岛的西部和南部，包括沿海地区大多存在泥沙问题。

几十年来，韩国兴建了许多多目标坝，用以满足迅速增长的城市和工业的用水需求以及用于防洪和发电。韩国近期建设的最大的坝是汉江上的昭阳坝，其库容约 29 亿 $m^3$，筑坝造成河流下游河床冲刷。特大洪水往往会大范围改变河床高程。当特大洪水和河口潮流同步发生时，河床高程的变化更大，多数情况下会使河床发生淤积，汉江的淤积就是一个典型。汉江下游流经首尔，在汇入朝鲜半岛西部的黄海之前与临津江汇合。

过去 10 年，汉江下游末端河床的最大淤积高达 10m，发生这些变化所用的时间不到 10 年，河床淤积物主要由细沙和粉沙组成，它们很容易因小小的潮流就悬浮起来。造成这种河床剧烈淤积和冲刷的可能原因是：过去 10 年上游来水的含沙量高；日间潮流中有细沙悬浮；含沙量极高的临津江在两河汇合处的泥沙积聚，使大量泥沙输送至汉江并在汉江淤积；上述因素的共同作用。

流入京畿道（Kyunggi）湾的汉江，是灌溉朝鲜半岛的最大河流，其输沙量为 1000 万 t/a。这些泥沙的输入，伴随着海水入侵过程中可能的向岸输移，使得海湾处在全新世地质淤积的基础上有 60m 的向外延伸和物质淤积。这里的潮差达到 10m，最大流速可达 1～2m/s。潮流将这些淤积物切割成一系列大块的滨海沙埂，使得海湾南边地形由原来的广阔平坦变得突兀陡尖，同时也表明汉江的大量泥沙都淤积在海湾的北部。

总的来说，除了洪水季节外，韩国河流中泥沙含量并不很高。

#### 4.4.2.3　土壤侵蚀防治及河道整治成果

1. 土壤侵蚀防治规划及法规

韩国的山地、高原和丘陵占国土面积的 70%，其地形、地质、气候等条件与中国十分相似，局部地区暴雨集中，每年都有山体滑坡、洪水泛滥等灾害发生。韩国在推行水土流失防治对策时不仅考虑到与当地环境相协调，还从山、江、海的宏观着眼，建立综合性防治的管理体系。

（1）土壤侵蚀防治历史沿革。由于是一个多山的国家，加之海岸侵蚀严重，韩国历来十分重视水土保持。高丽时代就有治山治水的记载，韩鲜王朝时代也做了不少治河、治山工作，1907 年到韩国政府成立，当时日本殖民统治者也开展了一些水土保持工作。

韩国政府十分重视水土保持工作，1962 年开始制定《水土保持法》，先后修订 10 多次。1948 年以后先后开展了造林水保十年规划（1948～1957）、稳定东海岸沙丘规划（1953～1957）、灾后恢复三年规划（1952～1954）、水土保持工程五年规划（1953～1957）、第二次水保五年规划（1957～1961）、治山七年规划（1965～1971）、六大水系综合恢复规划（1967～1976）、四大流域开发规划（1971～1981）、迎日地区特殊水保规划（1973～1977）以及 4 次治山绿化规划（1973～1978、1979～1987、1988～1997、1998～2007）。

（2）土壤侵蚀防治法规。1992 年以来，政府制定了有关水土保持工程承包制度，从 1993 年起，该制度在部分水保工程施工中得以实施。小型水库或塘坝必须具备多项功能，即工程建成后施工既要有利于群众的休憩，又要有利于防火和便于取水。对于用作饮水水源的水库要设置污水净化设施。

1995年政府对《水土保持法》作了全面的修改，把封禁地的年限由20年缩短为15年，治沟工程扩展到50m的沟谷。1997年在3个地方推行了样板示范工程。1999年开始对海岸侵蚀进行治理，2001年又进一步修改了《水土保持法》。另外，与水土保持法相关的还颁布了《山地基本法》、《山地管理法》等。

为了防止和降低局部洪水和施工现场的土壤侵蚀加快所造成的灾害，韩国1996年修订的《减少自然灾害法》要求进行"自然灾害影响评价"分析，其目的是预先估计拟开发项目对开发区洪水、土壤侵蚀和泥沙控制能力的影响，以尽可能减少开发可能造成的破坏。

2. 土壤侵蚀防治工程

1990年以后为了加快生态景观与观光建设，土壤侵蚀防治工程的设计中十分注重绿化与景观问题，沿海岸线大量种植合欢、玫瑰等植物，在小溪流上修建谷坊、拦沙坝和小型水库，以减轻水土流失和泥沙灾害。对于饮水水源地的水库设置污水净化设施。

韩国土壤侵蚀防治工程主要有以下几类：

（1）坡面工程。坡面工程主要是造林种草，增加植被，使裸地绿化，防止土层受侵蚀或是滑坡。同时采用降缓坡度、开挖截流沟、分散水流等方法防止坡面冲刷。

（2）沟道工程。在山谷、小河等筑起宽30～70cm、高4～6m的塘坝，减缓水的流速，拦截泥沙、流木，蓄水利用。将蓄起来的水作为农业用水、生活用水及防止山火的水源。对于荒废的溪流，主要采取筑堤、拦坝等形式的系统施工，防止流水对河床的纵向、横向侵蚀，固定山坡、缓和坡度，防止发生洪水时沙土流动、下游受灾。

（3）海岸防护堤。韩国的西南海岸多是沉降式海岸，常受波浪侵袭，现已经修复了防浪堤防工程，对于那些易干枯的海滩地铺设了巨石，以防海浪侵蚀。

（4）预防工程。对于住宅、工厂、道路的侧面或近处可能出现山崩、落石的地域，或易受水侵蚀的地方，相应地建起了挡土墙及排水工程、防止落石的工程，进行事先预防。

（5）滑坡的预测、预报。1987年韩国制定的滑坡预测、预报方法是将各种与滑坡相关的因素用点数表示：斜坡长度在50m以下为0点，51～100m为19点，101～200m为36点，200m以上的为74点；以堆积岩为0点，火成岩为5点，变层岩（黏板岩及其他）为12点，变层岩（片麻岩类）为19点；倾斜的位置占0%～40%为0点，50%～60%为9点，70%～100%为26点；树林是针叶林的为（幼树、细径）52点，针叶林（中、大径）和阔叶林、混交林（幼树）为26点，阔叶林、混交林（小、中、大径）的为0点；向上倾斜的坡面为0点，水平为5点，下倾为12点，复合斜面为23点；土层深度20cm以下的为0点，20～100cm的为7点，101cm以上为21点；倾斜度在25°以下为16点，26°～40°为9点，41°以上的为0点；调查人员或居民认为有滑坡危险的地域为10点，认为没有危险的为－10点，人为毁坏的山林地带，荒废或设施不完善的坡面为20点，果园及草地、成林地等植被差的区域为20点，位于市区，一旦发生滑坡受灾范围扩大的地域为10点。合计点数100～200以内、1h降雨量20～30mm、日降雨量80～150mm为滑坡预报。合计点数200以上、1h降雨量30mm以上、日降雨量150mm以上为滑坡警报。预报、警报要由市长、郡长来发布。

3. 河道治理工程

韩国首都圈广域上水道建设工程共分为6阶段完成。建设过程中主要采取的水土保持措施有临时排水设施，临时覆盖措施，表土剥离堆存措施，绿化措施等。施工很规范，总体布置中充分考虑了水土保持生态恢复问题，措施简便实用。如用推土机开挖排水沟后，用塑料布铺覆形成排水沟，临时堆土采用蛇皮布覆盖等。

韩国清溪川生态整治主要环节介绍如下。

（1）河道形态恢复理念。西部河道形态复原与理念：河道复原时，上游侧河道两岸均采用花岗岩石板铺砌成亲水平台，造型现代，最上游端设有一高约2m的跌水瀑布，全部用黑色花岗岩砌筑成。该段河道底坡较陡，在两座桥之间设有连续跌水（4～5道）。

中部河道形态复原与理念：河道复原，南岸以块石和植草的护坡方式为主，北岸修建有连续亲水平台，间隔设植草平台，并设有一个喷泉。

东部河道形态复原与理念：河道改造以自然河道为主，没有华丽或现代艺术的装饰，给人以自然朴实的感觉。河道坡度较缓，两座桥之间有1～2道跌水，并设有一定的亲水平台和过河石台阶，两岸用不同的草做植被。

（2）河道整治与水保生态理念。人水和谐是清溪川复原工程中的重要理念之一。清溪川复原工程是首尔建设“生态城市”的重要步骤，其景观设计在直观上给人以生态和谐的感受。河道设计为复式断面，一般设2～3个台阶，人行道贴近水面，以达到亲水的目的。高程是河道设计最高水位，中间台阶一般为河岸，最上面一个台阶即为永久车道路面。隧道喷泉从断面直接跃入水中，行走在堤底，如同置身水帘洞中，头上霓虹幻彩，脚下水流淙淙，清澈见底的溪水和嬉戏在水中的鱼儿触手可及。

清溪川上的景观沿着河道形成了空间序列。河道虽长，但处处有景，让人在欣赏的过程中忘记了途中的疲劳。上下游高程差约15m，由多道跌水衔接起来。在较缓的下游河段，每两座桥之间设一道或二道跌水，在靠近上游较陡的河段处，两座桥之间采用多道跌水，形成既有涓涓流水、又有小小激流的自然河道景观。跌水全部用大块石修筑，间隔布置。作跌水的大石块表面平整，用垂直木桩将大石块加固在河道内。踏着横在河中的大石块，可跃过溪水，跳到对岸。

（3）河道复原效果。清溪川复原后水质完全达到环保要求，达到了水源地2级标准。但大肠杆菌、浑浊度等尚未达到饮用水标准，不可饮用。复原后对清溪川环境监测结果表明：首尔一般地区及清溪川地区按月分析的一般性大气污染物质浓度全部显示出减少趋势。清溪川及其周边地区甲苯的浓度比施工前有所降低。公路边噪音明显降低。清溪川地区气温最多能降低10%～13%。

今后，随着清溪川地区种植的水生植物和林荫树等植物的生长，绿地空间逐渐扩大，预计热岛现象还将进一步减弱。与复原前相比，整个清溪4街的风速有所加快。据测算，平均风速至少增加了2.2%、最多增加了7.1%。在清溪8街的风路变化中，平均风速最多增加了7.8%。这些在过去曾是高架道路或地面公路的地方，随着清溪川的开通，现已形成了冷空气移动的水边风路。

（4）建坝。建坝造成了河流下游河段的格局变化。其中一个明显的特征就是下游植被区的扩大和相应的河形变化，这在沙质河流的下游表现得尤为突出。

朝鲜半岛南部的黄江（Hwang）便是这种水文地形变化的一个典型例子。1988年在这条典型的沙质河流上修建了Hwangang坝，使得过去的20年里坝下游的平均出库流量控制在大约20m$^3$/s的一个小流量范围里。这就为水滨植物如柳树、芦苇等在沙洲上的生根及生长提供了有利的条件。

建坝前后河道下游的植被状况发生了变化（图4-7），整个沙洲上的植被覆盖率由1982年的2%～3%增长到1996年的60%～80%，增加了16～30倍。沙洲和小岛上茂盛的植被营造了独特的滨河栖息地。一支由资深专家组成的研究小组也对该河段的水文地形演变过程展开了初步的调查，认为这种演变是泥沙输运过程中水流和植被的相互作用造成的。

图4-7 Hwang江建坝前后沙洲植被状况对比图

### 4.4.3 韩国土壤侵蚀与泥沙科研趋势

#### 4.4.3.1 土壤侵蚀及防治研究重点和趋势

韩国在推行水土流失防治对策时不仅考虑到与当地环境相协调，还从山、江、海的宏观着眼，建立综合性防治的管理体系。

在过去的20年里，由于社会经济的迅猛发展，韩国在山地上修建了很多高尔夫球场及滑雪场，改变了当地的地形，使流域植被遭到破坏。在洪水季节，大量的表土被侵蚀和输运到下游低洼地带的农业区和居民区。例如，1990年发生在首尔南部龙仁（Yongin）地区一个高尔夫建筑工地的泥石流，给下游地区造成了很大的灾难。

另一个加速土壤侵蚀的例子是朝鲜半岛东部海岸一个机场建设工地。1999年8月的一场暴风雨造成了该地区大面积的土壤侵蚀，大约有4.0km长、0.4km宽的土地被侵蚀，大量表土被暴露。侵蚀的土壤被雨水冲到下游淤积，并且随水流输运到滨海的河流湖泊，给当地的渔业造成了重大损失。渔业用水的泥沙污染导致关于该地区以渔业为生的居民几百万美元的赔偿问题争论不休。

为了防止和降低局部洪水和施工现场的土壤侵蚀加快所造成的灾害，韩国1996年修订的《减少自然灾害法》要求进行“自然灾害影响评价”分析，其目的是预先估计拟开发项目对开发区洪水、土壤侵蚀和泥沙控制能力的影响，以尽可能减少开发可能造成的破坏。

在水土保持工程的设计中注重绿化与景观问题，沿海岸线大量种植合欢、玫瑰等植物，在小溪流上修建谷坊、拦沙坝和小型水库，以减轻水土流失和泥沙灾害。

**4.4.3.2**　河道泥沙处理利用研究重点和趋势

1. 河道泥沙研究重点

韩国泥沙的一个最重要的课题是冲积河床的局部或整体的淤积抬高和冲刷下切问题。由于河流两岸都采用混凝土堤防进行了加固，因此水道定线不易被改变，但河床变化仍然会给防洪、航运及水工建筑物的运行造成许多问题。

在韩国，研究河流工程的工程师们将很大的精力放在研究更可靠地预测泥沙输移和局部冲刷的方法上，目前大多数公式都缺乏可靠性和一致性。毫无疑问，他们需要对局部的环境进行大规模的划分校准。

2. 河床演变研究面临的问题及解决措施

(1) 河床冲淤。特大洪水通常造成河床高程大尺度的变化。当它们在河口附近发生时，伴随着潮流作用，河床高程会出现大范围的抬高。

在韩国，汉江在水资源、防洪及环境等方面都相当重要。它的下游流经韩国的首都首尔，在注入半岛西部的黄海前与临津江汇合。在首尔和当地省交界处的幸江 (Haengju) 桥下游，汉江上修建了一个水下堰。

在过去 10 年里，汉江下游末端河床最大淤积高度近 10m。河床淤积物主要由细砂和粉砂组成，它们很容易因小小的潮流就悬浮起来。

这导致了河段防洪水位的抬高和水生栖息地环境的恶化等一系列问题。河床的抬高使得两岸的堤防有效高程下降了 0.5m，沿岸的渔民开始抱怨在低潮位时水深太浅而带来的航行问题。

目前，韩国工程师们正在利用野外实验和二维水流泥沙模型做一项研究，目的是找出河床淤积抬高的原因及寻找解决措施。

(2) 桥墩冲刷。在过去几十年里，韩国有 100 多座小桥坍塌或被冲刷严重损坏，这与韩国小桥都采用扩展式底座和桥墩有关。

韩国有关冲刷的研究起步较晚，多数起步于过去 10 年，研究分为冲刷机理的实验研究、冲刷防护法和实地调查研究。

(3) 取水口的泥沙问题。在韩国，各种各样的办法被用来减轻河道取水口的泥沙淤积问题。主要包括疏浚、修建控制水流及泥沙流向的水工建筑物 (例如堤坝、防波堤等)，改变河道流向，在取水口附近修建沉沙池等。

韩国许多城市从河流中抽取饮用水，其中很多河流存在着不稳定的河道和沙洲，对取水造成了严重影响。根据 1997 年的一项调查，84 个取水口中有 38%都存在严重的泥沙问题。泥沙在冲积河流取水口处淤积与很多因素有关，其中最常见的原因是河道深泓线的改变，而不是整个河道断面的改变。

3. 河道整治主要问题及研究趋势

(1) 主要问题。河道整治带来的主要问题是河床高程的变化。过去的 20 多年里，韩国修建了许多多目标坝，用以满足迅速增长的城市和工业的用水需求以及用于防洪和发电。由于大量的泥沙被拦截在库内，造成了坝下游河床的沿程冲刷。

锦江 (Keum) 上的大青 (Daecheong) 坝就是一个典型的例子。大青坝位于锦江中

游，工程始建于1977年1月，1980年12月完工。建坝后，主坝下游几千米处的一个控制流量的小坝下游15km的河段发生了严重冲刷，某些地方的河床冲刷达3m深。

但是，由于该河道河床已经冲至砾石和卵石层，据预测将不会产生进一步的冲刷。另外，在公州（Gongju）上游的一个河段也冲深了近2m。这些局部河床高程的降低与该河段大规模的采沙活动和建坝都有很大的关系。在1981～1988年，该河段某处采沙达到300万$m^3$，坝下游的锦江的某些支流也遭到河床下降的影响。

另一方面，Kyuam测站上游长20km河段河床抬高了近1m，这是由上游来沙的淤积所造成的。Woo与Yu（1994）运用HEC—6计算模型计算了河床高程的变化，其结果与实测资料符合良好。根据HEC—6的模型预测，河床在未来很长时间里将保持稳定，不会出现进一步的抬高或降低。

（2）研究趋势。在韩国不断升温的一个话题是“亲近自然”的河流恢复工程。韩国在这一方面正花大力气调查水生物栖息地的水力要求，如人们极为关注的低流量护岸采用的就是“生态材料”，如成活的柳树和芦苇。在设计这种系统时，重要的是预测当地泥沙状况的变化如何影响河床和河岸。

### 4.4.4 小结

韩国在地质上以花岗岩和片麻岩为主，不易被侵蚀，植被覆盖率较高，土壤侵蚀程度较低；河流的河长较短，流域面积较小，河口有广大的冲积平原；河流中的悬移质含沙量也较低；但人为工程建设造成的局部侵蚀和泥沙淤积也时有发生。

从分析中可以看出：

（1）韩国在土壤侵蚀和防治方面起步较早，水保体制完善，法律法规健全。在土壤侵蚀预报和规划科研方面多应用美国的研究成果，采取引进、吸收和消化应用的对策。

（2）韩国泥沙问题不很严重，泥沙研究起步较晚，缺乏基础数据，目前的研究方法还缺乏可靠性。

（3）韩国在河道治理和研究方面投入比较大，在河流修复工程上，以人与自然和谐相处为核心理念，水利工程水土保持多考虑生态问题，比较符合现代的治河理念。

未来，韩国将会加强泥沙基础数据的收集和可靠方法和公式等的理论研究。

## 4.5 尼泊尔

### 4.5.1 尼泊尔概况

尼泊尔为内陆山国，面积为14.72万$km^2$；位于喜马拉雅山中段南麓，北临中国，西、南、东三面与印度接壤；国境线全长2400km。尼泊尔境内山峦重叠，多高峰，珠穆朗玛峰（尼称萨加玛塔峰）位于中尼边界上；地势北高南低，相对高度差之大为世界所罕见；大部分属丘陵地带，海拔1000m以上的土地占全国总面积的50%；东、西、北三面群山环绕，因此尼泊尔自古有“山国”之称。

尼泊尔河流多而湍急，大都发源于中国西藏，向南注入印度恒河；南部是土壤肥沃的冲积平原，分布着茂密的森林和广阔的草原，是尼泊尔重要的经济区；中部河谷区，多小山，首都加德满都就坐落在加德满都河谷里，巍巍喜马拉雅山挡住北方干冷的寒风，气候宜人，风景美丽；北部山地地区，山高谷深，云雾缭绕，高山终年积雪，只有夏季可以放牧。由于地形复杂，全国气候各地不一。全国分北部高山、中部温带和南部亚热带3个气候区，北部冷季最低气温为－41℃，南部夏季最高气温为45℃。在全国同一时间里，当南部平原上酷热异常的时候，首都加德满都和帕克拉谷地里，则是百花吐艳，春意盎然，而北部山区却是雪花飞舞的寒冬。

尼泊尔人口2642万人（2006年7月统计），是一个多民族国家。全国有拉伊、林布、苏努瓦尔、达芒、马嘉尔、古隆、谢尔巴、尼瓦尔、塔鲁等30多个民族，86.5%的居民信奉印度教，是世界上唯一以印度教为国教的国家，7.8%信奉佛教，3.8%信奉伊斯兰教，信奉其他宗教人口占2.2%。尼泊尔语为国语，上层社会通用英语。

**4.5.1.1**　水资源及保护概况

尼泊尔水力资源比较丰富，有6000多条大小河流从喜马拉雅山和其他高山流向德赖平原（该平原与印度相邻）。河流湍急，水力蕴藏量巨大，约为8300万kW，全国年径流量约为2000亿$m^3$，其中1700亿$m^3$是从尼泊尔境内汇集的。

**4.5.1.2**　土壤侵蚀状况

1. 土壤侵蚀概况

由于境内多山地，加之频繁的季风造成的强烈降雨，尼泊尔的土壤侵蚀及土地退化主要是地表径流的冲刷造成的。几乎尼泊尔所有地区的土地都受水蚀影响，其作用主要表现为地面表层土壤流失、山体滑坡、泄溜、崩塌及堤岸切蚀。全国堤岸切蚀和沟蚀的面积为16398$km^2$，土地退化及沟蚀的面积为4224$km^2$，山地侵蚀（滑坡、泄溜及崩塌）的面积为116566$km^2$，风蚀面积约为4249$km^2$的。表4－11为尼泊尔各类土地侵蚀模数。

**表4－11　　尼泊尔各类土地侵蚀模数（至1998年）**

| 土地利用类型 | 土壤侵蚀模数 [t/($hm^2$·a)] | 土地利用类型 | 土壤侵蚀模数 [t/($hm^2$·a)] |
|---|---|---|---|
| 管理良好的林地 | 5～10 | 管理不善的坡地梯田 | 20～100 |
| 管理良好的梯田（水稻） | 5～10 | 退化的土地 | 40～200 |
| 管理良好的梯田（玉米） | 5～15 | | |

2. 土壤侵蚀的影响因素

尼泊尔独特地质、地貌及气候等条件决定了该国土壤侵蚀的类型，下面将对这些因素进行分析。

（1）地貌因素。由于尼泊尔国土的3/4都是山地，并且以农业作为主要经济支柱，境内因融雪和重力势能造成的山崩、塌陷等山体破坏以及经营管理不善已经或面临崩塌的梯田成为造成土壤侵蚀的主要因素之一。

（2）气候因素。每年的季风都会给尼泊尔大部分地区带来大量的降雨，这使得分布于全国的诸多大小河流水位上涨，流量增大。快速持续的径流冲刷会冲走在旱季变得干裂松动的表层土壤，造成面蚀和沟蚀。

（3）人为因素。据2006年人口普查统计，尼泊尔有2642万人口，较2001年统计的

2321万人增长了300余万人。如此快速的增长速度给尼泊尔的土地资源带来了极大的压力。20世纪60年代以来，人口的增长极大地改变了土地利用局面。越来越多的贫瘠土地被开垦，使得土壤侵蚀率进一步上升。

随着大片林地变为农场，导致了过度采伐。流域的情况总是迅速变坏，由于过伐、过牧、不合理的开垦土地，以及筑路、修灌渠等开发活动，使得土地质量不断下降。

3. 区域土壤侵蚀特点

总的来说，高山区及山区陡坡表层土壤的流失是尼泊尔土壤侵蚀所存在的最突出的问题。然而，不同的地区存在不同的问题和特点。以下是尼泊尔5个地区的土壤特性。

(1) 特莱（Terai）地区。造成特莱地区土壤侵蚀最主要的因素是那里频繁的洪水。那些近期活跃的冲积平原，尤其是低处的梯田上的土壤经常会遭受洪水的侵扰，该区成土过程比较困难，土壤的质地多呈粗糙状。

(2) 西瓦里克（Siwalik）地区。类似于特莱地区，一些近期活跃的冲积平原趋于遭受严重的洪水侵扰，这些地区的土地多由沙砾和低处的梯田构成，土壤质地比较粗糙。但是，该区问题严重的还要属那些低处陡峭高山区坡地的梯田上干燥且表面渗透率极低的浅层土壤。这些土壤逐渐变得脆弱，不足以固定第三纪的淤积物，而且一旦遭受轻微的扰动就有可能造成严重的土壤侵蚀。

(3) 中部山区。该区的土壤同样存在着一些问题。这些在中部山区斜坡地形区形成的土壤容易受到各种侵蚀类型的侵扰，并且需要进行周详的可持续利用管理。尤其值得注意的是由于人口增长压力所导致的开荒耕作和放牧现象日益严重的问题。这些边缘地带由于陡峭的地形的缘故，土层较浅且质地粗糙。

中部山区的土壤存在的主要问题是红壤土侵蚀问题。虽然尼泊尔的红壤土所分布的地带还没有被确定，但是在许多低洼的冲积扇地带红壤土却很常见。尼泊尔典型的红壤土具有壤质黏土的质地，并且渗透率较低。这些土壤很容易遭受面蚀和沟蚀的破坏，并且在一些地方退化得很严重。红壤土多数出现在一些土地龟裂的地带。

中部山区土壤存在的另外一个问题是酸性较强，尤其是在尼泊尔东部降雨量和降雨强度较高的地区。

(4) 高山区。在高山区，气候造成的限制性要大于土壤，比如在中部山区，陡峭的坡地地形和浅薄的土层是主要的限制因素，而高山区地形则更稳定。

(5) 喜马拉雅高山区。喜马拉雅高山区的耕地很少，土壤温度较低，贫瘠，浅薄且质地粗糙。

**4.5.1.3**　主要河流水沙量及河道泥沙

尼泊尔的河流发源于喜马拉雅山脉、马哈巴拉特（Mahabharat）山脉和西瓦里克（Siwaliks）。根据其年平均流量，发源于尼泊尔喜马拉雅山脉、马哈巴拉特山脉和西瓦里克的河流分别为大、中、小河流。马哈卡里（Mahakali）河、卡那里（Karnali）河、甘达吉（Gandaki）河和括石（Koshi）河为全国4条大河。由于发源于喜马拉雅山区，这4条大河均为冰雪融化之水。巴拜（Babai）河、西拉提（West Rapti）河、巴哥马提（Bagmati）河、卡马拉（Kamala）河和坎凯（Kankai）河属于中型河流，水源系天然降雨和地下水回流，在枯水期水位较低。尚有数条发源于西瓦里克区域的小河流，由于水流较小，在枯水期便干枯了。

尼泊尔土壤冲蚀严重，几条主要河流的年输沙量总计达 2.4 亿 t（表 4-12）。在特莱地区的河流，每年要淤高 15～30mm。因此，洪灾频繁，河道不稳定。而旱季在西部山区干旱严重。

桑科西（Sun Koshi）河是冲蚀最严重的河流，在西部的一些湖泊，每年淤没 $7hm^2$，如不加以防护，估计 57 年就会淤满。

**表 4-12　尼泊尔一些主要河流的年均输沙量（至 2001 年）**

| 河　流 | 地　区 | 年均输沙量 $[t/(km^2 \cdot a)]$ |
|---|---|---|
| 泰莫尔（Tamor） | 东部 | 800 |
| 桑科西 | 中部和东部 | 3970 |
| 巴哥马提 | 中部（加德满都峡谷） | 3030 |
| 特里苏利 | 中部（菪特勒瓦提） | 2750 |
| 卡那里 | 西部偏远山区（吉萨巴尼） | 5100 |

通常来说，影响河道泥沙输移的因素主要有降水、地表径流及河道特性等，以下将对这些因素进行分析论述。

在海拔高于 3000m 的喜马拉雅山区，降雪是其常见降水形式（在尼泊尔，永久性的雪分界线通常是在 4500m 高度处），这为大多数径流河道提供了水源，尤其是在夏天，这个时候高山上的大量积雪会融化汇入河道，下垫面较为脆弱的河道将因为强烈的水流冲刷，从而产生大量泥沙。

尼泊尔有 2 个雨季：即夏季的 6～9 月，东南季风带来了整年大约 80%的降雨；另一个在冬季，带来其余的降雨。从水文周期来看，约 64%的降雨很快就变成了表面径流；其余的 36%降雨，一些在喜马拉雅山高处处于冰雪形态，一些渗流后转为地下水，一些则经土壤或植物叶面蒸发了。

夏季季风到来时自东向西，去时自西向东。

因而，夏季雨水量及时间自东往西呈现下降趋势。年均降雨的幅度从尼泊尔中部喜马拉雅山脉安纳普尔纳（Annapurna）南坡的 6000mm 以上至西藏高原附近尼泊尔北方地区的 250mm 以下不等。尼泊尔东部的年均降雨在 1736mm 左右，西部则在 1440mm 左右。

在降雨量较少的地方，通常植被覆盖度较差，土壤干燥，含水量不足，这使土壤变得松散，当雨季来临时很容易被地表径流冲刷到河中，在河道底部形成淤积。

河道特性也是影响泥沙输移的主要因素。在较脆弱的流域系统，容易发生侵蚀，这是造成河道泥沙形成的原因。侵蚀的发生主要由来自河道特性的三个因素决定：侵蚀颗粒的大小，形状和坚硬程度；下垫面的化学构成、弹性和表面形态及坚硬程度；侵蚀颗粒在水中的运动速度，冲蚀角度等。

在同一条流域的不同区域，河床的坡度，沙砾的运行距离，泥沙淤积物的大小、形状都会表现出不同的性状，然而，淤积物的矿物质构成取决于流域地区的地质构造。

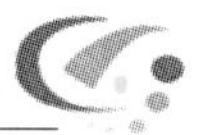

#### 4.5.1.4 主要研究机构和研究队伍

1. 尼泊尔水土保持机构及其研究队伍

土壤侵蚀是长期困扰和阻碍尼泊尔发展的一道难题，1974 年，尼泊尔政府在林业部下设立水土保持局，即现在的尼泊尔土壤保持及流域管理部（DSCWM），主要负责流域防护，防止滑坡和水土保持。土壤保持和流域管理部设有流域信息采集，技术发展，土壤保持，拓展培训等机关，行使规划、组织、管理以及统计职能，如图 4－8 所示。

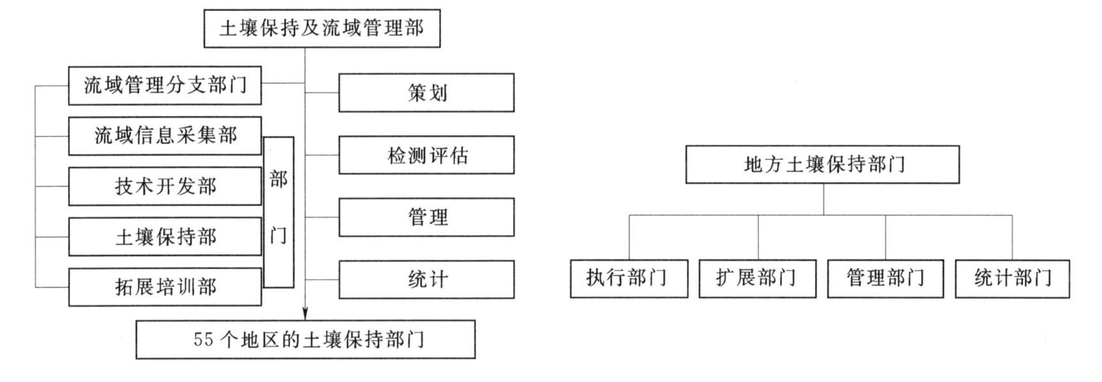


图 4－8　尼泊尔土壤保持部行政机构

图 4－9　尼泊尔地方土壤保持机构

另外，在土壤保持及流域管理部之下还隶属全国 55 个地区的土壤保持机构，这些机构都设有执行、扩展、管理和统计部门，如图 4－9 所示。

尼泊尔土壤保持及流域管理部主要负责以下任务：

（1）确保土地的利用符合合理的土地利用规划。

（2）贯彻包括造林、农田种植、水管理等一系列措施在内的综合项目，从而解决包括亚流域在内的土壤侵蚀问题。

（3）确保土地资源、水资源的多样性利用，从而解决多方面的发展需要。

（4）负责土壤保持和流域管理项目的运转，确保其与综合流域管理的发展保持同步。

（5）在其他相关部门，如林业、农业、畜牧、水利及国土资源部门等，建立联系网。

（6）确保民众通过相关的技术培训参与到土壤保持和流域管理项目中。

（7）在基础结构建设发展中采取对环境造成的损害最小的方法和路线。

（8）通过造林或其他措施保护重点流域和堤岸。

（9）在尼泊尔所有地区开展普及水土保持和流域治理工作。

（10）在西瓦里克及其他边缘地区着重开展防护工作。

（11）通过开展和土壤保持与流域管理的有关的知识、技巧及科技等多方面的培训来提高土壤保持及流域管理部工作人员的技术能力。

在尼泊尔，进行土壤侵蚀研究的机构主要有土壤保持及流域管理部下属的技术部门，如：流域信息采集部、技术开发部、土壤保持部等，还有该国一些大学的自然环境学科的课题组（如加德满都大学和安得拉大学等），和来自一些外援项目的技术、人力、资金支持。

2. 水利管理及研究机构

水资源是尼泊尔重要的自然资源之一，在尼泊尔境内有着丰富的水资源，这些资源可以被用作水力发电和灌溉。水资源部主要由负责管理机械工程、气象、规划管理、水电、水文、灌溉、电力工程等工作的分支部门构成。

尼泊尔水资源部主要负责以下任务：

(1) 制定保持与利用水资源相关的政策、规划及措施。

(2) 对水资源及其利用开展测量、调查以及可行性研究工作。

(3) 建设、实施、保养并促进多用途的水资源工程。

(4) 发展人力资源并对他们的能力进行相关培训。

(5) 针对洪水和河流制定治理措施。

(6) 研究、调查、建设、运作、保养并发展水电工程。

(7) 处理电力和与电力相关的公司及企业的事务。

(8) 鼓励并促进私营电力公司的经营发展。

(9) 调查、研究并利用包括地下水在内的水资源进行灌溉。

(10) 建设、维护、综合利用灌溉工程中的设施。

(11) 处理国内及国际级别的研究会和合作方面的事务。

(12) 就水资源相关事务对外进行单边和双边会谈，达成理解和共识。

(13) 制定水费的收费标准。

(14) 修改调整与水资源相关的制度。

尼泊尔的泥沙研究机构除了水资源部下属的相关技术研究部门外，还有一些大学的水利系课题组以及部分外援科研项目。

### 4.5.2　尼泊尔土壤侵蚀与泥沙主要科研成果

#### 4.5.2.1　土壤侵蚀理论研究

尼泊尔的土壤侵蚀研究区域主要集中在中部山区，该区土地主要侵蚀类型为地表径流冲刷造成的面蚀和沟蚀。近些年，尼泊尔安得拉大学的研究人员采取 GIS 遥感手段结合摩根公式对中部山区位于桑科西河谷的 Jhikhu Khola 亚流域的侵蚀情况进行了系统的研究。

摩根公式最早是由摩根和芬尼为预测山区的年土壤流失量而引入水土保持研究领域的。摩根公式认为，在以往的研究中，土壤颗粒被雨滴冲击溅蚀并被地表径流冲刷运输的过程常常被忽略。而摩根公式则由水和泥沙两种相对该过程进行了模拟。其具体内容如下。

1. 水相

水相主要是对将要形成的地表径流量的预测，因此，在预测过程中需要诸如降雨强度、降雨天数以及总降雨量等方面的数据，其方程如下：

降雨产生的动能 $E$ ($J/m^2$)：

$$E=R[11.9+8.7\lg(I)] \tag{4-9}$$

式中：$R$ 为年降雨量，mm；$I$ 为降雨的侵蚀强度，mm/h。

地表径流量 $Q$ (mm)：

$$Q=R\exp(-R_c/R_0) \tag{4-10}$$

$$R_c = 1000 \cdot MS \cdot BD \cdot RD \cdot (E_t/E_0)^{0.5} \quad (4-11)$$

其中

$$R_0 = E/E_0 \quad (4-12)$$

式中：$MS$ 为土地所能承受的土壤湿度，%或 W/W；$BD$ 为表层土层的容重，mg/m；$RD$ 为表层土壤深度，m；$E_t/E_0$ 为实际蒸发量和可能蒸发量比率。

2. 泥沙相

泥沙相包括两个预测方程：一个是溅蚀的侵蚀模数；另一个是地表径流对泥沙的输移能力。这个模型被认为是对年降雨量和土壤类型的变化很敏感的一种。因此，翔实的降雨和土壤信息的收集是取得成功预测结果的必要条件。

溅蚀侵蚀模数 $F$（kg/m）：

$$F = K(E_e^{-aA})b \times 10^{-3} \quad (4-13)$$

式中：$K$ 为土壤被侵蚀营力剥蚀的指标，g/J；$E$ 为降雨所产生的动能，J/m；$A$ 为径流被拦截的百分比；$a$、$b$ 为评价指数，$a=0.05$，$b=1.0$。

径流的运输能力 $Q$(kg/m)：

$$G = CQ^d \sin(S) \times 10^{-3} \quad (4-14)$$

式中：$C$ 为庄稼植被经营因素；sin($S$) 为山地斜坡坡角的正弦值；$d$ 为评价指数，$d=2.0$。

#### 4.5.2.2　河道泥沙输移理论研究

1. 河道泥沙输移发生机制

因为大量的冰山融雪以及充沛的降雨，尼泊尔拥有极其丰富的水利资源，若将这些资源用于发电，据估计，该国的水利发电能力理论值为 83000MW。然而，在实际中，尼泊尔的水利发电能力仅为 550MW。除了科技和经济因素以外，制约尼泊尔水力发电工程发展的一个重要因素是在运营和维护这些工程中遇到的大量的泥沙淤积问题。这些泥沙中还夹杂着许多从高山区流域被磨蚀冲刷下来的岩石碎片。

几乎尼泊尔所有的蓄水设施都面临着严重的泥沙淤塞所导致的库容缩减的困扰，尤其是喜马拉雅高山区的流域。

2. 泥沙输移研究理论及公式

非恒定流输沙理论是目前国际上较为通用的一种研究泥沙输移的理论，被东亚以及东南亚各国所广泛采用。

对于一条天然的冲积河流，在恒定水流的作用下，其河床的冲淤变化总是趋向于平衡的，但在非恒定流的作用下，冲刷或淤积的变化可能向单一的方向发展而造成灾害。河道的冲淤变化不仅取决于水流能量的大小，而且与其能量的变化率有直接的关系，河床的剧烈变化一般都是在洪水陡涨陡落的过程中发生的，这也是边岸坍塌甚至溃决的最危险的时期。

在非恒定流的条件下，泥沙输移一定是不平衡的，即不平衡输沙是该课题研究的核心。

#### 4.5.2.3　水土流失治理及河道整治成果

1. 水土流失治理成果

水土流失治理措施。自 20 世纪 70 年代初以来，尼泊尔政府对防止水土流失工作的重视程度逐渐加深，并采取了一系列相关措施。为了与国家农林业发展的政策方针同步，尼泊尔土壤保持及流域管理部经过长期系统的规划和整改，将土地利用发展规划和社区流域综合管理两个项目作为重点建设目标。

(1) 土地利用发展规划是合理利用和管理流域资源的基础，是根据政府部门的指导方针所制定的，其主要内容包括：亚流域分级，流域管理规划，亚流域管理规划，土地利用发展技术服务。

(2) 社区流域综合管理项目主要包括两部分：土地生产力保持和基础农业设施保护及建设。

土地生产力保持项目的主要目的是通过在土地生产力能承受的范围内对土地进行适当的利用管理，从而提高和发展土地生产力。其内容主要包括：农地保持、梯田生产力提高、退化土地恢复、坡地农业科技发展、复合农林业发展、果树种植、饲料林及饲草操场种植以及畜牧业管理等。

基础农业设施保护及建设是一项保护并建设诸如水库、灌溉设施及道路等基础农业设施的项目，其目标是提高农业基础设施的经济寿命。项目主要内容包括：坡路加固、灌渠改进、溪流堤岸防护、防风林带建设、绿化带及缓冲带建设。

自从制定并实施了相关的措施后，至今，尼泊尔的水土流失治理工作已经取得了较为丰硕的成果，尤其是群众参与治理模式，收效显著。现以 Pipaltar 流域为例进行论述。

Pitaltar 流域位于距加德满都西北部约 64km 的 Nuwart 地区。该流域海拔约 600m，年均降雨量幅度通常为 1453～2546mm，年最高温度和最低温度分别为 0℃和 41℃。Pipaltar 流域由高低两带梯田（后称 UP 和 LP）构成，这两个梯田带是由两条交汇的河流塔迪（Tadi）和特里苏利（Trishuli）冲积而成，土壤类型均为低渗透率的红土，因此庄稼的长势不良。

近年来，由于人口数量迅速增长，薪柴、木材等资源需求量暴涨，导致该地区的土壤侵蚀和土地退化现象严重。

为了有效地治理土壤侵蚀和土地退化，有关当局调动当地群众参与到了治理工作中，将治理措施和群众生产劳动结合到一起，在治理环境同时兼顾发展当地农业和经济。为了对比治理效果，治理小组在 UP 设立了若干试验点，采用传统植物和工程治理模式单独治理，而在 LP 则采用民众参与模式，在传统模式的基础上加以种植经济林及建设饲草场，具体治理措施及成效如表 4-13 和表 4-14 所示。

**表 4-13　　UP 区土壤侵蚀治理措施及成效**

| 治理对象 | 治理措施/区域描述 | 治理效果 | |
|---|---|---|---|
| 面蚀 | 贫瘠陡峭的坡面 | 年均侵蚀强度（cm） | 0.63 |
| | 植被生长带 | | 0.63 |
| | 贫瘠的山脊 | | 1.03 |
| 沟蚀 | 种植竹林<br>种植竹林混以谷坊防护 | 植被种植与谷坊混合防护模式效果显著，沟头侵蚀率较近年减少了 50% | |
| 退化的植被 | 在贫瘠的坡地修筑人工梯田<br>并且在施肥上采取堆肥措施 | 植被覆盖度正在逐渐恢复 | |

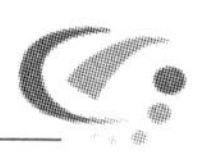

表 4-14 LP土壤侵蚀治理措施及成效

| 治理措施 | 成效 |
|---|---|
| 在河沟地带采取谷坊防护与植被种植结合治理 | 效果显著 |
| 植被种植与植被恢复 | 植被景观恢复良好 |
| 改进播撒草种技术组合 | 饲草生产贩卖成为群众增收的一种手段 |
| 果树种植 | 改善生态景观并增加群众收入 |
| 堆肥措施 | 防治水土流失并增加群众收入 |
| 竹林和草场种植 | 防护边坡并增加群众收入 |
| 修建饮用水蓄水池 | 改善群众生活条件 |
| 促进群众环保意识 | 使群众可以自觉积极地投入治理工作 |

由表4-13和表4-14对比可以看出，尽管两个区域的治理效果都比较显著，然而从综合效益来看，采取了民众参与模式的LP区治理效果要优于UP区，因此，民众参与协作治理模式在沟蚀严重的山地梯田区可以被作为一种典型治理模式施行。

2. 河道泥沙治理成果

由于尼泊尔河流众多，加之多流经境内高山地区，重力侵蚀和地表径流冲蚀形成了大量泥沙，这些泥沙淤积在河道底部，对水电、灌溉和农业造成了极其不利的影响，严重制约了经济的发展，为了解决这一难题，尼泊尔水资源部出台了与其相关的水资源管理条例，并针对条例制定了相应的措施和手段，详细如下：

（1）农林牧措施：在水土流失较为严重的地区通过植树造林、栽种牧草、禁止开荒或坡地改成梯田等形式，来增加植被，减少水土流失。

（2）水利工程措施：在流域内修建谷坊、塘、堰、小水库等工程来减少水土流失。

（3）多沙河流水库的调度措施：多沙河流水库的运用，既要满足蓄水兴利要求，又要控制泥沙淤积，保持水库长期使用。

河道泥沙治理是尼泊尔水利事业发展长期面临的一个难题，对此，许多大型水电站在设计时都将泥沙处理设施（如泥沙沉降池，拦沙坝，冲沙闸等）作为重点设计对象，然而这些设施在水电站运行中收效却一般。位于喜马拉雅流域的基姆迪（Khimti）河的河道泥沙处理设施及成果如下。

基姆迪河是喜马拉雅流域中一条较为典型的河流，尼泊尔基姆迪水电站坐落于此。由于河道坡度较大，加之季风带来的强烈的降雨，致使河道中经常形成大量泥沙。基姆迪河流域大部分都位于中部山区，因此河道受当地的地质构造和地质活动影响而下切、沉降。

据记录，1994～1995年雨季，基姆迪河悬沙平均浓度为13～1244ppm之间。该河历史最大浓度为8536ppm，但是为了确保运转正常，基姆迪水电站在设计泥沙治理设备时将参数值定为20000ppm。

基姆迪水电站的泥沙处理设施主要为沉沙池（两个平行修筑的沉沙池被用来沉淀泥沙，该设施大约可以沉降85%直径为0.13mm的泥沙颗粒和95%直径为0.20mm的泥沙颗粒）以及冲沙闸。然而水电站的发电设施依然遭受着大量穿过处理设施的泥沙的磨蚀，这严重地影响着水电站的正常运行。

### 4.5.3　尼泊尔土壤侵蚀与泥沙科研趋势

#### 4.5.3.1　土壤侵蚀及治理研究重点和趋势

土壤侵蚀及治理研究重点：尼泊尔的土壤侵蚀治理工作的重点是协调人地关系，走土地资源利用可持续发展路线。针对这一问题，尼泊尔土壤保持及流域管理部采取以下措施：确保水土保持工作与农民的需要及经济收入增长挂钩；制定工作任务从基层出发；财政预算和政策制定对农民透明。

山区土壤侵蚀治理是尼泊尔土壤侵蚀治理工作的重中之重，尤其是中部山区的治理。除斜坡固定，修筑小型水坝、谷坊及种植植被等典型措施之外，尼泊尔土壤保持及流域管理部和水土保持司还采取了群众参与治理模式措施，通过将土壤侵蚀治理和农业生产结合进行，调动利用山区人力资源参与水土保持工作，种植经济林，在农田施以混合肥，在改善提高土壤和环境质量的同时确保增加农民收入，这项措施在尼泊尔已经趋于体系化、特色化。然而如何优化改进这一体系是目前摆在相关部门面前的一项挑战，也是该国土壤侵蚀治理未来的研究趋势和方向。

#### 4.5.3.2　河道泥沙处理利研究重点和趋势

尽管尼泊尔所有的水电站都修有沉沙池、冲沙闸等泥沙处理设施，但是这些水电站的发电机组每年依然会遭受大量泥沙的磨蚀损坏，尤其是在喜马拉雅高山流域。几乎该流域所有水电站的涡轮组功率都因为泥沙的磨损而减小。在尼泊尔，由于以往对水电站涡轮组被泥沙磨蚀的现象没有进行足够的研究和防护措施，导致涡轮组的功率变小，运转失常。因此，尼泊尔河道泥沙治理的研究重点是如何解决水电站涡轮组被严重磨蚀的问题。

近年来，水利学家引进了一系列实时监测技术，采用泥沙采样器、涡轮组功率测量器、涡轮组温度探测器、流速仪等一系列监控设备对泥沙通过涡轮组的过程进行全程实时监测，从而在第一时间获取数据，及时采取防护治理措施。这也是尼泊尔河流泥沙治理研究的一个新亮点及研究趋势。

### 4.5.4　小结

尼泊尔是典型的内陆山地国家，国土的 3/4 都是山地，并且以农业作为主要经济支柱，境内因融雪和重力势能造成的山崩、塌陷等山体破坏、经营管理不善和已经或面临崩塌的梯田成为造成土壤侵蚀的主要因素之一。从分析中可看出：

（1）尼泊尔自 20 世纪 70 年代初以来，以土壤保持及流域管理部的成立为标志，全国上下积极开展了水土保持治理工作。相关部门采取了包括修建梯田、边坡固定、工程绿化、复合农林系统经营等生物—工程措施对日益严重的土壤侵蚀、土地退化现象进行治理，并取得了较为显著的成效，尤其是采用的调动山区人力资源协助参与治理的模式，现已被世界许多山区水土流失严重的国家所借鉴采用。

（2）由于国家经济和科技实力的原因，尼泊尔目前资金短缺、技术和管理手段落后等问题严重制约了治理工作的进行和开展并亟待解决。

(3) 尼泊尔的河道泥沙研究目前还处于起步阶段，一些国际合作和援助已经在尼泊尔展开，这将对该国的泥沙治理研究起到很大的帮助和促进作用。

未来尼泊尔还有许多工作需要开展，包括完善其土地及森林资源利用管理、禁牧、禁樵等相关的法规和管理机构，加强对正在治理及已治理地区土地资源的保护力度；充分利用其广大山区的人力资源，引进适宜在山地土壤侵蚀区种植的经济效益更高的树种及作物，加强土地规划及管理，进一步完善群众参与治理模式和采用以生物治理措施为主，对生物—工程治理措施进行进一步研究，发展更为适合的治理技术。在泥沙问题严重的河道还需要进行实时监测，通过获取数据，掌握河道演变及泥沙输移规律，对于年久失修及被河流泥沙冲击损坏严重的水利设施重点也要加以管护、修复或拆除，同时需要加强国际交流合作，引进国际先进技术和资金，为治理研究提供更可靠的支持，以及加强对民众，尤其是山区农民环保意识的培养宣传以及水土保持治理技术的科普宣传，等等。

## 4.6 朝鲜

### 4.6.1 朝鲜概况

朝鲜位于亚洲东部朝鲜半岛北部，国土面积 12.2 万 $km^2$，北部与东北部分别同中国、俄罗斯接壤，南与韩国相接。朝鲜多山，地势北高南低，全国 80%为山地和高原，平均海拔 440m，半岛海岸线全长约 1.73 万 km；北部以东高西低的盖马高原为主体，山脉多呈东北—西南走向，系长白山分支，海拔在 1000～1500m；东部以南北走向的太白山脉为主体，地势低于北部；西部及南部为丘陵平原，其中，丘陵系北部和东部山脉向西和向南的延伸，平原分区其间。朝鲜全国人口 2200 多万人，均为朝鲜族，通用朝鲜语；全区属温带季风气候，年均气温 8～12℃，年均降水 1000～1200mm，降雨量年际变化大，且时空分布不均，7 月、8 月、9 月降雨量占 70%，春季降雨量仅占 20%左右，故干旱和洪涝灾害时有发生。

农林业在朝鲜国民经济中占据重要地位，而水资源与土地是农林业的基础。因此，朝鲜对水资源保护、土壤侵蚀防治等有关水土资源的保育与利用十分重视。

#### 4.6.1.1 水资源及保护概况

朝鲜境内河流众多，除了与中国交界的鸭绿江、图们江外，还有大同江、清川江等。朝鲜水资源丰富，总量约 790 亿 $m^3$，其中地表径流为 660 亿 $m^3$，地下水为 130 亿 $m^3$，人均水资源年拥有量 3596$m^3$。朝鲜北部除了 18 条较大的河流外，还有中小河流 5079 条，总长 38735km，2km 以上的河流有 3310 条，总长 30425km。其中，大同江是全国第一大河，发源于狼林山脉，全长 450km，经平壤市在南浦附近流入黄海。朝鲜境内的主要河流及其流域面积见表 4-15。

图们江是中国、朝鲜、俄罗斯三国的界河，其流域地形地貌类型复杂多变，山地多，平原少，山地面积占流域面积的比重大，山高坡陡，水流速度快，易产生冲刷，造成水土流失。图们江 4 月左右的春汛和 7 月左右的夏汛两个汛期，10 月底至 11 月初为结冰期，封冻时间 120 天左右。据测定，图们江最大洪峰流量为 11300$m^3/s$，最小流量为 257$m^3/s$，输沙总量约 270 余万 t。

表 4-15 朝鲜境内主要河流及其流域面积

| 河 流 | 流域面积 ($km^2$) | 河 流 | 流域面积 ($km^2$) |
|---|---|---|---|
| 大同江 | 16580.5 | 成川江 | 2417.7 |
| 清川江 | 5933.1 | 金野江 | 2200.5 |
| 姜扎江 | 5155.9 | 南大江 | 857.0 |
| 姜津江 | 6920.0 | 临津江 | 8129.5 |
| 红冲江 | 5140.0 | 礼成江 | 3916.3 |
| 渔郎江 | 2014.0 | | |

朝鲜水量大且水质也好。朝鲜政府把保护和管理好并有效利用水资源作为发展经济、改善民生的重要工作，根据全国范围和地区范围的水资源量和需要量制定合理的水资源开发计划，以此为基础兴建水库、水闸、电站、水渠等，以合理利用水资源。流经平壤市中心的大同江上阶梯式地建设了西海水闸等多座水闸，全国各地大力进行水电站建设和灌溉工程。近 10 多年里进行了介川—台城湖水渠、白马—铁山水渠、弥鲁平原水渠等改造工作，从而更有效地利用水资源。

朝鲜还积极进行水资源的保护工作。国家不断建设和完善旨在保护水资源的法律，统一指挥管理水资源。鉴于人口增加，经济活动日趋活跃，国家采取切实措施，防止因城市污水和工厂废水等而导致的水污染现象发生，尤其保证饮用水质量。近年来，平壤市区实现了上水道设施的现代化，全国数十个市、郡建立了利用水质良好泉水的自流式上水道系统。对水质进行严密监测和管理是保护水资源环境的重要环节。

朝鲜建有完善的全国性水质监测网，对全国水资源进行统一监管，并及时对各种数据进行分析和处理，定期向各级政府递交水质监管报告。目前，环保部门正着手对这一检测系统实行全国联网，以加强区域间水质管理的综合协调能力。每年春秋两季，各地政府根据本地区的实际情况确定为期 1 个月的“国土环境保护月”。这期间，全国动员开展植树造林、河岸整治等工作。同时，在污染源头因地制宜，开发结合治理，加大投资力度、增加科技含量，变废水为净水。持久不懈的努力创造了“大同江的神话”。在平壤市中心蜿蜒而过的大同江数十年来始终清澈见底，江中动植物的种类多达百余种。

#### 4.6.1.2 土壤侵蚀概况

朝鲜境内 80%的土地为山地，据美国估计，朝鲜只有 22.4%土地适宜耕作，其中仅 1.6%的土地可全年耕作；而据 2002 年联合国粮农组织估计，朝鲜有 20.7%的土地可耕种，其中仅 8%可全年耕作。可见，可利用土地资源稀缺是朝鲜的基本国情，因此防治土壤侵蚀等土地退化对朝鲜社会与经济发展具有决定性意义。

20 世纪五六十年代，朝鲜植被覆盖率较高，水土流失轻微，只有生产建设活动的尾矿、矿渣、废石、弃土等人为水土流失比较严重，以及部分山区偶有的山体滑坡。但是 20 世纪 80 年代后，随着人口及其对粮食和薪碳需求的增加，朝鲜的森林被大面积砍伐、开垦，坡耕地水土流失日趋严重。在此过程中，一些山区高陡边坡的边缘部分也被变为农

业用地，加剧了侵蚀发生。据测算，朝鲜无森林覆盖地区的年均土壤侵蚀强度为：坡度小于10°时侵蚀强度 $100m^3/km^2$，坡度10°～20°时 $500m^3/km^2$，坡度20°～25°时 $2000m^3/km^2$，坡度大于25°时 $3000m^3/km^2$ 以上。1994～2000年间，土壤侵蚀以及干旱和洪水导致朝鲜农业产量大幅下降，仅1995～1996年间，16%的可耕作土地被洪水冲蚀，并损毁了灌溉和运输设施以及全国1/3的育苗林场。

由于技术落后，化肥成为朝鲜农业增产的主要手段，化肥用量不断增加使作物产量得到短期提高的同时，也引起土壤酸化和有机质含量减少，加剧了土壤侵蚀和土地退化，并引起水体和环境污染。

#### 4.6.1.3 土壤侵蚀与泥沙研究管理机构

朝鲜开展土壤侵蚀与泥沙相关研究机构主要金日成综合大学、沙里院农业大学和农业科学院。金日成综合大学创建于1946年10月，设14个系，50多个教研室，8个研究所和博士院。其中，地理系由自然地理、经济地理、气象、海洋、水文、制图学、国土计划等7个教研室组成，而自然地理教研室则主要研究土壤侵蚀分类、分区和影响因素等，但并不研究防治措施。沙里院农业大学于1948年从金日成综合大学分出独立，直属于教育委员会，包括农学、土壤肥料、植物保护、山林河川等9个系，18个教研室，以及3个科研所以及试验农场、工厂。其中，山林河川系设土地保护、土地建设、经济作物、药材4个教研室，除教学外，承担开展了坡改梯、土地整理与平整、海涂围垦开发等国家科委和农委下达的科研项目。朝鲜农业科学院共有25个研究所，1万余人，其中研究人员3000多人。所属的土壤学研究所主要从事土壤侵蚀分类和防治技术，尤以坡改梯的田面宽度、垄沟比降、修筑工艺和田面坡度等为特色，并联合下属的地方开展全国土壤调查。

朝鲜科研单位与高校均承担国家科委和农委等上级主管部门下达的科研项目，提出的成果经鉴定认为可行时，则通过政府“指令性”计划下达任务，全面推广。已在全国推广的坡式梯田设计标准和修筑规格便是以这种产、学、研、管的联动机制完成的。

### 4.6.2 朝鲜土壤侵蚀与泥沙科技研究

#### 4.6.2.1 土壤侵蚀科技研究

朝鲜自1948年开始将水土保持作为一项基本国策。此后，在基础理论和防治技术方面做了大量工作。为摸清全国土壤情况，以便进行针对性治理利用，朝鲜建国以来，共进行了4次大规模的土壤普查和土地调查工作，调查内容包括土壤状况（物理特性、母岩等）、地形条件（坡度、坡长、起伏程度等）、作物状况（品种、产量、土壤、土壤含水率、水温、病虫害等）等。调查后，对每一块农田制作土壤卡片、土壤图、土地台账以及地籍图等，对每块农田都注明地貌和土壤的主要理化指标，指明应采取何种耕作、施肥、改良、保护等措施，确定合作农场和作业班，以此作为利用和改良土壤的主要科学依据。通过研究，将植被覆盖、坡度、土壤类型、土地利用方式以及基岩类型等确定为土壤侵蚀基本影响因子。并依据土壤侵蚀，按雨量、土壤、坡度、基岩等影响因子，制定了包括危险区、一般区、弱侵蚀区3大类别的土壤侵蚀分类分级体系，分类别再根据影响因子划分为多个等级，以此确定相应治理措施。如危险区指日降雨量在200mm以上，土壤层厚度在0.5～2m，坡度31°～40°，基岩为花岗岩、片麻岩，地形比较起伏的地区。侵蚀的类型主要有沟道侵蚀、沟头侵蚀、面蚀等类型。同时，朝鲜还引进国外的土壤侵蚀预报模型用于水土流失预测，应用最多的是通用土壤流失方程（USLE）或修正通用土壤流失方程（RUSLE），并多以 GIS 为平台进行基础的土壤侵蚀风险评估。

除了一些基础研究外，朝鲜更重视防治实践。由于山地众多，且一半以上的旱地坡度在 10°以上，遇强降雨时土壤极易流失。因此，朝鲜政府规定，30°以上的山林地禁止开垦种植农作物，16°～30°的坡地如种植作物必须修筑梯田，5°～16°的坡耕地进行玉米间种减少水土流失，5°以下坡耕地在夏季暴雨时需采取耕作措施以防治水土流失。在各类水土保持措施中，修筑梯田在朝鲜得到最广泛的推广应用，成为朝鲜改造自然的五点方针之一。1976 年以来，朝鲜实施了一个长期的梯田修筑计划，使全国梯田面积从 15 万 $hm^2$ 面积扩展到 20 万 $hm^2$。朝鲜的坡地梯田主要分为水田梯田、旱田梯田和果树梯田。其中，水田梯田主要分布在平地和缓坡，多种植水稻；旱田梯田一般田面宽 8m 左右，埂高 1.5m 左右，分布广泛；果树梯田主要分布在全国现有的 30 万 $hm^2$ 果园内，一般为石埂或土埂梯田。除梯田外，朝鲜常见的工程措施还包括沟壑谷坊、小河堤防等。

为防治水土流失，朝鲜近年来大力开展植树造林，坚持实行采一造十、循环采伐和以法治林等政策，使得森林覆盖率由第二次世界大战后的 40%增加到现在的 76%。在恢复森林植被的具体做法上，主要包括天然更新、人工促进和人工造林。其中，天然更新和人工促进的林木占总恢复森林的 65%，人工造林占 35%。在山顶有密林时，通过坡改梯，沟壑修堤防，林、地连接处挖排水沟壑等措施，使从山上到山下，形成了比较完整的水土保持防治体系。

朝鲜坡耕地上种植的农作物，主要是玉米，采取水土保持耕作措施主要为等高沟垄密植，即在坡耕地上顺等高线起垄，沟垄比降约 1%～2%，之后在垄上密植作物。一般在顶宽 40cm 的垄上种两行玉米，株行距均 20cm，每亩密植 5000 株，较中国一般每亩多植 50%，在水、肥、土、种条件良好时，亩产达 500kg 左右。等高沟垄密植既提高了产量，还增加覆盖，利于排水，有效防止了水土流失。此外，在果树行间和梯田土埂上间种黄豆、绿肥等，也是朝鲜重要的水土保持农业措施。

**4.6.2.2**　泥沙科技研究

朝鲜水利工程相对较少，泥沙问题并不突出。同时，限于国际交流，有关其泥沙基础理论方面少有报道。主要开展了一系列有关河道治理的工程。朝鲜的图们江上游流经山区，河窄流急，地形复杂，岩石风化严重，虽然流域内植被率较高，但遭到了一定程度的人为破坏，因此流域水土流失日趋加重，导致泥沙大量下泄。进入甩弯子段后，河道水面趋宽，纵坡比降变缓，水流速度减慢，输沙能力减弱，泥沙在下游河道淤积，河床抬高，泄洪断面缩小。同时，由于下游两岸主要为沙壤土，河流容易产生横流，造成凹岸被冲刷坍塌，而凸岸淤积加长，加之受海风影响，冬季产沙较多，在凸岸堆积形成较大的沙丘和沙山，也形成很多沙洲和岛屿，淤塞河道，缩短行洪断面，降低泄洪能力。

为了治理包括图门江在内的河流，朝鲜在《土地法》中将治河作为一项基本国策。经过多年建设，2km 以上的河流已基本全部治理，建成堤防 2.4 万 km，并在河滩地采取植草的方式进行保护。治理后的中小河流防洪标准普遍达 20 年一遇，即使日降雨 200mm 也不成灾。

同时，为消除海水倒灌的危害，并对大同江进行综合开发利用，朝鲜修建了西海水

闸。水闸建成后，大同江水含盐量由20%下降为2%，在入海口宽广江面形成可蓄淡水27亿$m^3$的人工湖和永久水库。此后，又在大同江两岸的平安南道和黄海道修建了数百公里的引水渠配套工程，在上游增建8座水闸，形成了规模较大的灌溉网，将大片低产田和滩涂变成了高产稳产田，并解决了周围广大地区的工业用水和生活用水。

### 4.6.3 小结

朝鲜是一个以农业为主的多山国家，且在本来数量有限的农地中有一半以上坡度10°以上的旱作坡地，遇强降雨极易形成水土流失。因此，朝鲜十分重视坡耕地的水土流失防治，并通过国家政策保障防治技术的推广应用，治理成效显著。然而，由于施用大量化肥导致土壤板结、酸化，并造成土地退化和环境污染，如何在提高土壤肥力的同时减少化肥施用量是朝鲜目前需要深入关注的问题。在实用技术推广及农业化肥控制方面有其特色之处。

朝鲜水利工程相对较少，泥沙问题并不突出。但在中小河流治理方面则比较突出，2km以上的河流已基本全部治理，防洪标准普遍达20年一遇。我国目前正在积极开展中小河流治理，如何更好、更快地提高全国中小河流的灾害抗御能力，改善山丘区生态环境，朝鲜的有关工作值得参考。从分析中可看出：

（1）朝鲜政府一直重视水土保持工作，也取得了明显的治理成果。但由于人口的迅速增加和自然灾害等原因，朝鲜的水土保持工作也面临严峻形势：人均占有的耕地和林地面积减少，大量化肥的施用导致土壤肥力下降，土壤板结、酸化严重，这些都加剧了水土流失和土地资源退化的速度，对泥沙问题的研究相对比较薄弱。

（2）朝鲜主要实行的是科研结合生产、指导生产的方法，具体做法是各科研与教学单位承担具体的科研项目，提出的成果经鉴定认为可行时，通过政府进行全面推广，已成功实施的坡式梯田设计标准和施工规格就是这样进行的。但是，由于朝鲜的经济和科技实力都比较弱等原因，尤其近年来和国外的交流合作比较少，因此，在资金、技术和管理方面存在诸多问题亟待解决。

（3）朝鲜在防治土壤侵蚀和河道治理方面还有许多文章可做。在提高土壤肥力，减少化肥施用量方面的努力值得中国借鉴。但是，朝鲜要巩固植树造林和农业增产取得的成果，还应从保护土地资源防止侵蚀加剧以及改良土壤成分两方面入手。

在防治土壤侵蚀方面，主要应从以下几个方面入手：①继续加大植树造林的力度，在巩固已经取得的水土保持成果的基础上，保护原有的林木并继续扩大植树造林的面积，建立起水土保持的绿色屏障；②朝鲜旱地的比例较高，而且旱地坡度较陡，因此旱坡地的水土极易流失，应该采取综合措施加以保护，如沿等高线耕作、间种、休耕地和修梯田等，并把修筑梯田作为一项基本的农业政策来实施，以达到减少全国范围内的水土流失的目的；③对土地实行科学和综合的管理，如统一施肥、统一灌溉等，这样能有效减少水土流失。

在改良土壤成分方面，应该从以下几方面入手：①减少化肥的施用量，施用更多的有机肥以提高土壤的腐殖质含量；②对酸性土壤施用钙肥以改良土壤的物理和化学特性；③补充土壤不足的微量元素，如硼、钼等，并适当的施用石灰和氢氨化钙肥料。

# 第5章　我国与其他典型国家土壤侵蚀和泥沙淤积对比分析

## 5.1　土壤侵蚀与泥沙淤积现状分析

从获得的世界典型国家的资料来看，总体上土壤水力侵蚀较为严重的国家包括印度、伊朗、尼泊尔、俄罗斯和美国等；风蚀比较严重的国家包括埃及、伊朗和美国；其他国家如英国、德国、法国、日本、韩国等国土壤侵蚀则相对较轻。

泥沙淤积问题比较严重的国家包括尼泊尔、伊朗、印度、俄罗斯、埃及和美国，其他国家如英国、法国、德国、日本和韩国的泥沙问题相对不突出。

相对于本书所描述的世界典型国家土壤侵蚀与泥沙现状，我国土壤侵蚀严重、泥沙淤积问题突出。

我国是世界上侵蚀与泥沙问题最为突出的国家之一，全国水土流失总面积356.92万$km^2$，占国土总面积的37.18%，其中水力侵蚀面积161.22万$km^2$，风力侵蚀面积195.70万$km^2$。我国每年因侵蚀流失土壤约50亿t，占全球总侵蚀量的8.3%，造成耕地每年损失667$km^2$。长江流域年土壤流失总量23.5亿t，其中上游地区达15.6亿t；黄河流域黄土高原区每年输入黄河泥沙近16亿t，特别是内蒙古河口镇至龙门区间的7万多$km^2$范围内，年平均土壤侵蚀模数达1万t/$km^2$，严重地区高达3万～5万t/$km^2$，侵蚀强度远高于土壤容许流失量，输入黄河的泥沙约占黄河输沙量的50%以上。与印度、日本、美国、澳大利亚等土壤侵蚀较严重的国家相比，我国水土流失更为严重。

我国的水土流失涵盖了水力侵蚀、风力侵蚀、重力侵蚀、冻融侵蚀等多种类型，以及面蚀、沟蚀、崩塌、滑坡、泥石流等多种形式。水土流失在全国各省、直辖市、自治区都不同程度地存在，不仅发生在山区、丘陵区、风沙区，也发生在平原地区和沿海地区；不仅发生在农村，城市区、开发区和工矿区的水土流失也日趋严重。我国北方沙漠化成因类型见表5-1。

**表5-1　　我国北方沙漠化成因类型**

| 沙漠化土地成因类型 | 面积<br>（万$km^2$） | 占沙漠化土地面积<br>（%） |
|---|---|---|
| 以过度农垦为主 | 4.47 | 25.4 |

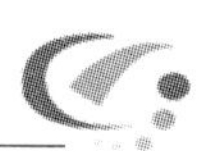

续表

| 沙漠化土地成因类型 | 面积（万 $km^2$） | 占沙漠化土地面积（%） |
| --- | --- | --- |
| 以过度放牧为主 | 4.99 | 28.3 |
| 以过度樵采为主 | 5.60 | 31.8 |
| 工矿、城镇、交通建设处理不当 | 0.13 | 0.7 |
| 水资源利用不当 | 1.47 | 8.3 |
| 风力作用下沙丘前移为主 | 0.94 | 5.5 |

据估算，我国平均每年进入江河的泥沙约 35 亿 t，其中平均约有 16.24 亿 t 的泥沙淤积在各类水库内，占总来沙量的 46.4%。20 世纪 80 年代初北方 231 座大中型水库统计调查显示，累计泥沙淤积量达 115 亿 $m^3$，占总库容 804 亿 $m^3$ 的 14.3%，平均年淤积损失 8 亿 $m^3$。对于多沙河流上的水库泥沙淤积更为严重，以黄河干支流主要水库淤积情况为例（见表 5-2），淤积量占原设计库容的比例为 20%以上，20 世纪 90 年代初黄河流域水库库容损失占总库容的 21%，有些水库（如三门峡水库、汾河水库、官厅水库等）高达 25%～30%，甚至更高，库容损失相当严重。

**表 5-2　　黄河干支流主要水库淤积情况**

| 河流 | 水库 | 建成年份 | 初始库容（$\times10^8m^3$） | 淤积量（$\times10^8m^3$） | 淤积比（%） |
| --- | --- | --- | --- | --- | --- |
| 黄河干流 | 龙羊峡 | 1986 | 247.00 | 0.30 | 0.12 |
| | 刘家峡 | 1969 | 57.40 | 14.10 | 24.56 |
| | 盐锅峡 | 1961 | 2.16 | 1.70 | 78.70 |
| | 八盘峡 | 1975 | 0.52 | 0.25 | 48.07 |
| | 青铜峡 | 1967 | 6.06 | 5.83 | 96.20 |
| | 三盛公 | 1960 | 0.98 | 0.46 | 46.93 |
| | 天桥 | 1976 | 0.67 | 0.38 | 56.71 |
| | 三门峡 | 1960 | 96.40 | 56.90 | 59.02 |
| 蒲河 | 巴家嘴 | 1962 | 5.25 | 2.49 | 47.42 |
| 清水河 | 长山头 | 1960 | 3.05 | 2.79 | 91.47 |
| | 石峡口 | 1959 | 1.70 | 1.27 | 74.70 |
| 红河 | 当阳桥 | 1975 | 2.07 | 1.43 | 69.08 |
| 无定河 | 新桥 | 1961 | 2.00 | 1.56 | 78.00 |
| 延河 | 王瑶 | 1972 | 2.03 | 0.77 | 37.93 |
| 渭河 | 冯家山 | 1974 | 3.89 | 0.63 | 16.20 |
| | 羊毛湾 | 1970 | 1.07 | 0.17 | 15.89 |
| 汾河 | 文峪河 | 1970 | 1.05 | 0.20 | 19.05 |
| | 汾河 | 1961 | 7.23 | 3.31 | 45.78 |
| 宏农河 | 窄口 | 1960 | 1.85 | 0.08 | 4.32 |

续表

| 河流 | 水库 | 建成年份 | 初始库容 (×10⁸m³) | 淤积量 (×10⁸m³) | 淤积比 (%) |
|---|---|---|---|---|---|
| 洛河 | 陆浑 | 1965 | 13.20 | 0.62 | 4.70 |
| | 故县 | 1993 | 11.75 | 0 | 0 |
| 大汶河 | 雪野 | 1966 | 2.11 | 0.09 | 4.27 |
| 合计 | | | 469.44 | 95.33 | 20.31 |

此外，泥沙作为吸附水流中的重金属、有毒物质和营养物质的载体，对水环境和水生态的影响问题不容忽视。河道输沙量的改变对河口海岸演变及湿地环境的影响在我国也非常突出。

## 5.2　土壤侵蚀防治分析

世界典型国家中，美国、日本、印度等国的土壤侵蚀治理规模比较大，伊朗、尼泊尔、埃及、朝鲜等国虽然在土壤侵蚀治理方面做了大量的工作，但由于科研水平和资金等条件的限制，水土流失的治理工作仍然任重道远。英国、法国、德国、俄罗斯和韩国等国家水土流失治理工作已经基本完成。

美国土壤侵蚀治理时间比较长，主要按照市场经济模式运作，治理效果比较显著。日本通过法律手段，采用生态补偿方式，利用工程措施和生物措施进行治理，取得了一定成效，在滑坡、泥石流和崩塌等方面的防治也十分突出。印度虽然在土壤侵蚀治理上投资较多、规模较大，但由于土地私有、耕地比较分散，治理效果并不理想。

对比上述典型国家，我国主要通过政府主导、群众参与的形式进行大面积小流域治理，治理的强度和规模均较大，成果众多。

我国于 1991 年正式颁布实施了《中华人民共和国水土保持法》，并于 2011 年进行了修订；在行政主管部门设立水土保持管理机构；成立水土保持方案编制、监测等咨询机构，积极开展科研、教育、标准化建设等研究工作；并建立水土保持监测中心（站）设施和基础数据库等。我国水土保持工作已建立起包括政策法规体系、行政管理体系、社会服务体系、科技支撑体系等在内的较为完善的综合防治体系等，积累了丰富的防治经验，取得了显著的治理效果。新中国成立以来，开展了三次全国水土流失遥感普查工作，初步摸清了我国不同类型区水土流失的方式、类型、面积及发生发展规律。我国水土保持改革逐步深入，形成了全社会办水保的新格局，截至 2010 年底，全国累计综合治理水土流失面积 106.8 万 $km^2$，其中建设基本农田 14.6 万 $km^2$，营造水土保持林 50.5 万 $km^2$，建成淤地坝、塘坝、蓄水池、谷坊等小型水利水保工程 750 多万座（处）。这些水土保持措施，每年可减少土壤侵蚀量约 15 亿 t，其中黄河流域年均减少入黄泥沙 3 亿～4 亿 t。

## 5.3　土壤侵蚀与泥沙研究现状分析

世界典型国家中在土壤侵蚀科研方面研究水平较高的国家有美国、英国、法国、德

国、俄罗斯和印度，其中美国、俄罗斯、法国、德国、英国的基础研究系统深入，印度重视应用研究，成果较多。俄罗斯等国在河流泥沙和水库泥沙研究方面有坚实的理论基础。美国、英国和法国在泥沙机理、试验设备、测量手段和数学模型商用等方面实力雄厚。德国在泥沙输移方面有较深入的研究。韩国在泥沙问题研究和处理上多借鉴美国和日本等发达国家的经验和成果。埃及围绕阿斯旺大坝开展的工程泥沙研究深入细致。朝鲜、尼泊尔和伊朗的泥沙问题比较严重，但资金和技术水平在一定程度上限制了水电工程的发展。印度的河道泥沙和水库泥沙研究较多，但治理经验、技术和监测资料比较缺乏。

对比世界典型国家土壤侵蚀与泥沙研究状况，我国土壤侵蚀研究水平较高，泥沙学科研究走在世界前列。

我国土壤侵蚀研究工作始于20世纪20年代，开展大规模土壤侵蚀研究并取得重要成果则是从50年代开始的。我国土壤侵蚀的研究是在密切联系生产实际问题中逐步深入和发展的，在与国际接轨过程中，突出了自身特点，发展了具有中国特色的土壤侵蚀学科体系。主要体现在：建立了较为合理、完善的土壤侵蚀分类系统；编制了全国和各大流域土壤侵蚀分区图；土壤侵蚀定量评价；针对我国土壤特性，建立土壤侵蚀预报模型；完善土壤侵蚀研究方法；对土壤侵蚀导致土壤退化和土地生产力的丧失进行土壤侵蚀危害及其评价等。我国在坡耕地土壤侵蚀过程、土壤抗冲抗蚀性、水力风力两相叠加侵蚀、侵蚀环境演变等方面的研究已经达到或接近世界先进水平。

我国河流具有两个突出特点：一是水资源时空分布极不均匀；二是挟带大量泥沙，尤其是北方河流，泥沙问题尤为突出。泥沙造成河道和水库的淤积抬高，不仅给水利水电工程建设带来了许多问题，也给河道防洪、沿岸工农业发展和人民生活带来了严重的影响。随着对大江大河治理的深入，泥沙学科在我国蓬勃发展，取得了巨大成就，既建立了泥沙学科的理论体系，还应用泥沙运动基本理论解决我国重大水利工程和河道治理工程的关键技术问题。主要进展包括：泥沙运动力学基本理论，高含沙水流的运动机理与理论，河流模拟的理论与技术，水库泥沙的对策与管理，河道演变规律的认识及治河工程技术等。经过几十年的发展和学科建设，我国在泥沙学科的多个研究方向居于国际领先水平，在江河治理技术方面也处于国际先进水平。

## 5.4　土壤侵蚀与泥沙主要研究成果分析

### 5.4.1　土壤侵蚀及防治研究成果

世界典型国家中土壤侵蚀及防治研究成果较多的国家有美国、日本、法国、英国、俄罗斯和印度，如美国的土壤侵蚀预报模型、日本的滑坡灾害防治和预报、俄罗斯的侵蚀基础理论及土壤降雨侵蚀仿真模型等。

我国关于土壤侵蚀学科的研究成果较多，土壤侵蚀研究的发展与进展主要体现在：建立了较为合理、完善的土壤侵蚀分类系统；编制了全国和各大流域土壤侵蚀分区图；土壤侵蚀定量评价；针对我国土壤特性，建立土壤侵蚀预报模型；完善土壤侵蚀研究方法；对土壤侵蚀导致土壤退化和土地生产力的丧失进行土壤侵蚀危害及其评价等。

1. 研究建立了土壤侵蚀分类原则和系统

基于我国土壤侵蚀类型的多样性和复杂性，在以侵蚀应力作为一级分类基础上，又划分了二级、三级的侵蚀类型。土壤侵蚀类型的科学系统分类是查明土壤侵蚀状况和编制土壤侵蚀图的基础。

2. 研究建立了土壤侵蚀区划的原则和系统

土壤侵蚀区划即依据土壤侵蚀类型、强度及其自然和社会经济影响因素，在一定区域的相似性和区域间的差异性进行的区域划分。基于我国土壤侵蚀区域差异的某些特殊性，同时研究划分了复合侵蚀区。加强对两种营力交互作用形成的特殊侵蚀类型和侵蚀复合区域的研究，丰富和发展土壤侵蚀区域研究领域，同时对指导生产治理有重要意义。

3. 土壤侵蚀调查研究方法的进展

自 20 世纪 50 年代以来，在实地考察研究基础上，延伸开展了土壤侵蚀定量评价的定位观测研究，包括河流水文站的径流、泥沙的观测，以小流域为单元的径流、泥沙量观测，径流小区的径流泥沙量观测等。现代遥感技术的应用，显著提高了土壤侵蚀调查的进度和精度。随着国民经济建设的发展，土壤侵蚀调查研究除定期进行复查外，还开展了动态监测研究，包括 RS、GIS 和 GPS 等先进技术的应用，为预防监督、治理效益评价、治理部署和投资决策，及时提供科学依据。中国的复杂地形和侵蚀类型的多样性，将促进 3S 调查研究方法的改进和创新。

世界典型国家的土壤侵蚀与防治典型研究成果见表 5－3。

**表 5－3　　世界典型国家土壤侵蚀及防治典型研究成果**

| 国　家 | 科　研　成　果 |
|---|---|
| 美国 | 土壤侵蚀预报模型如 USLE、RUSLE、WEPP、WEPS 等土壤侵蚀模型在世界范围内广泛采用；市场经济模式下的水土保持生态补偿治理模式 |
| 日本 | 采用航测技术调查流域产沙量；保土生草膜研究 |
| 法国 | 土壤侵蚀风险图制作；全球和区域尺度的土壤侵蚀调查和评价研究；考虑景观价值的乔灌草花科学配置的水土保持研究 |
| 英国 | 放射性同位素测量土壤侵蚀量；土壤可持续利用和农场土地可持续管理 |
| 德国 | 以光栅为基础的 EROSION 3D 模型和 EUROSEM 模型；小流域尺度下应用 USLE 和 GIS 的先进规划手段 |
| 印度 | 利用 X 射线对高韦里（Cauvery）河的悬浮物质及表面侵蚀进行分析；水土保持优先等级划分研究 |
| 俄罗斯 | 土壤降雨侵蚀仿真模型研究；土壤风蚀和水蚀基本理论的研究；黑土地土壤侵蚀治理模式 |
| 中国 | 小流域土壤侵蚀调查研究方法，土壤侵蚀分类原则和系统，土壤侵蚀的区划原则和系统；小流域综合治理模式 |
| 尼泊尔 | 民众参与水土保持治理的模式 |

### 5.4.2　泥沙研究成果

泥沙研究成果以我国最多，我国泥沙研究理论和实践都处于世界领先水平，并重视理论与实践相结合。我国在泥沙学科运动基本理论方面的主要成果包括：泥沙运动力学基本理论，高含沙水流运动机理与理论，河流模拟理论与技术，水库泥沙对策与管理，河道演

变规律认识及治河工程技术等。实践上解决的工程泥沙问题包括：三门峡水库工程的成功改建；研究解决三峡工程泥沙问题；研究解决小浪底水库运用方式等。

1. 泥沙运动基本理论研究

建立了非均匀悬移质不平衡输沙理论，完善了泥沙运动统计理论体系，给出了天然河流高低含沙量统一的水流输沙能力公式，研究了低输沙率的理论模式、微冲微淤条件下挟沙能力级配及有效床沙级配、非均匀沙挟沙能力、非均匀沙扩散方程及边界条件、恢复饱和系数、推移质交换及输沙等。

2. 高含沙水流的运动机理

高含沙水流作为我国黄河干支流上特有的一种运动现象，对其运动规律的研究取得了突破性进展，主要有高含沙水流流变特性、流动特性、流动模式、挟沙力的研究，高含沙水流河床演变规律研究，高浓度物料输送、泥石流与颗粒流研究等。通过对其运动规律的认识来指导高含沙河流与水库的治理，在黄河上取得了很好的效果。

3. 河流模拟

河流模拟包括实体模拟和数值模拟两大类。我国在进行实体模型试验中，在动床泥沙模型相似率、模型沙研制、时间变态相似等方面，探索了一套比较完善的河工模型试验方法，为河流整治和工程设计提供了技术支撑。泥沙数学模型的研究内容包括水沙运动基本规律、数值计算方法以及模型验证与应用等多个方面。泥沙运动的基本规律是泥沙数学模型的理论基础。最近，基于数字平台的GIS技术逐渐与数学模型相结合，实现计算结果的高度可视化。

另外，目前人们还着力开展了基于GIS的分布式侵蚀与产沙预测及评价模型的研究。相对于实体模型试验，数学模型的最大优点在于可以模拟大范围的问题，这是今后系统研究和解决工程问题重要的途径和手段。

4. 水库泥沙

我国水库泥沙淤积严重，因淤积全国水库总库容损失达40%。因此在多沙河流上修建大型水利枢纽工程，水库泥沙淤积问题是面临的关键技术问题，甚至决定着工程的成败。

目前我国围绕大型水利工程开展的水库泥沙研究代表该领域的世界领先水平。在水库淤积方面基本完成了将其由定性的描述到定量研究的过渡，研究内容广泛深入，包括水库淤积的机理、水库泥沙运动规律，淤积形态和形成条件的定量表达，三角洲及锥体淤积纵剖面方程，横剖面塑造特点、异重流淤积及倒灌，变动回水区冲淤，推移质淤积，回水抬高，淤积物随机充填时干容重确定，混合沙及其密实过程中干容重变化，淤积过程中糙率变化等。此外在水库淤积控制和调度方面，如水库长期使用的理论，变动回水区航道控制措施等也有出色成果。

5. 河道演变

钱宁（1987）把河流分为顺直、弯曲、分叉、游荡4种类型。这种分类不仅是对每一种类型河流平面形态的直观理解，更重要的是包括了对不同类型河流演变规律的深刻描述。这种分类较之西方国家应用较广的顺直、弯曲、辫状三种河型的Leopold分类法具有明显的先进性。除了河型分类外，河流演变的主要进展包括：不同河型的演变规律、河相关系、河流的自动调整作用、河流的稳定性指标、各种类型河流的形成、水库上游泥沙淤积与下游河道的冲刷规律、河床变形计算、河口演变规律等方面（王光谦，2007）。

美国、日本、法国、英国在泥沙理论和模型研究方面的成果比较多。美国的泥沙输移基础理论、污染沙研究、可持续化水库泥沙经济管理、商用和通用数学模型、测量仪器与设备等在世界范围内应用广泛；日本在山地森林小流域悬移质泥沙研究、河流泥沙监控研究等方面有较多研究成果；英国和法国在基础理论研究方面有一些创新性的理论成果，如英国应用同位素$^{137}$C 研究河漫滩淤积速率、组合指纹法研究悬移质泥沙的来源、HE-CRAS 模型的研究等，法国应用放射性同位素研究泥沙输移等。

此外，埃及在泥沙资源应用和建坝后泥沙处理方面研究成果较多；俄罗斯侧重于研究明渠非恒定流泥沙输移理论和河床演变的基础理论；印度的研究成果主要体现在水库淤积、河床演变、侵蚀污染等方面。其他几个国家如德国、韩国、尼泊尔、伊朗、朝鲜在泥沙方面的研究成果不多。

### 5.4.3　河道治理方面的研究成果

河道治理方面研究成果比较多的国家有美国、日本、德国、英国、法国、韩国等。美国在河道治理的基础研究、模型模拟研究、新技术应用方面位于世界前列，日本、德国、韩国在河道治理理念上重视生态环境保护，亲近自然，人水和谐。其中，在工程实践方面，英国在泰晤士河综合治理，法国在塞纳河河岸生态整治等方面都有成功的经验。

我国在河道治理及河口治理方面的研究成果及经验在世界位列前茅，主要反映在长江、黄河等大江大河及河口的治理上。

我国在 20 世纪 50 年代即展开了长江中下游干流河道治理研究与工程实践，并编制了河道整治规划。护岸工程是长江中下游防洪工程的重要组成部分，长江中下游地区对 3750km 干堤和约 3 万 km 支堤民垸进行加高加固，对重点河段进行了整治。包括下荆江裁弯工程，对 1200km 崩岸段整治等。1998 年长江洪水之后，国家增加了以长江中下游干流堤防建设为重点的长江防洪工程建设的投入。长江干堤建成后，加上三峡工程和其他配套工程、配套设施，荆江以下河段可防御 1954 年洪水，荆江河段达到百年一遇防洪标准。

河道整治是黄河下游河道治理的最主要措施。黄河流域从 1950 年起先后对黄河的临黄大堤进行了三次加高加固，累计完成土方 7.7 亿 $m^3$。至 2001 年，黄河下游共修建险工工程 143 处，控导护滩工程 227 处。按照“上拦、下排、两岸分滞”的原则，在上中游修建了大量综合利用水库，在下游开辟了蓄滞洪区，形成了完整的防洪工程体系，基本可满足防御 1958 年洪水的要求《中国防洪与管理》。此外，在整治河宽、平面河湾关系式等河道整治规划参数、利用大量的比尺模型和自然模型进行整治工程的布局方面开展了深入的研究（张红武，1999）。

长江口水量充沛，又有大量的流域来沙，形成规模巨大多级分汊的三角洲河口形态，以及大尺度河口拦门沙系，成为通海航道的瓶颈。窦国仁（金缪，2001）概括提出了“导流、挡沙、减淤”的设计指导思想，他的河床最小活动性原理和潮汐河口河相关系基础理论成为布置治导线的依据，从而使长江口深水航道的治理方案得以建立在科学的理念之上。黄河河口则在对多沙的冲淤演变规律进行了全面、系统、定性与定量相结合的研究；

建立了适用于多沙的黄河河口的平面二维数模；肯定了疏浚在河口治理中的作用；系统研究了海洋动力和河口淤积延伸互相影响的机理；阐明了黄河口拦门沙发生的部位、形成过程、演变特性及对上游河道的影响，建立了黄河口拦门沙演变模式。珠江是我国南方最大的河流，入海口门多，河网复杂。珠江口治理研究的技术进步在于较早建立了河口整体模型，包括河道和海区两部分；整体模型规模较大，面积超过 4 万 $m^2$；模型较好地解决了潮流模拟技术难题；通过模型试验论证了治导线、跨海大桥、通航等问题（陈文彪，1999）。除了整体模型外，还建立起珠江口复杂河网的水沙数学模型。

我国也进行了大量的内河航道整治工程研究（窦希萍，1999），先后进行了长江、西江、汉江、湘江、黔江、郁江、红水河等河流航道整治工程的试验研究，为这些河道上的滩险整治工程方案提供了科学依据，涉及的问题及取得的相应成果也是多种多样。

至 2000 年，中国已拥有不同标准的堤防 27 万 km，其中三级以上堤防 6.69 万 km。这些堤防保护着近 3300 万 $hm^2$ 耕地和 4 亿人口，是中国精化地带防洪安全的屏障，是全国防洪的重要工程。

世界典型国家河道治理的主要成果见表 5-4。

**表 5-4　世界典型国家河道治理的主要成果**

| 国家 | 主要成果 |
|---|---|
| 中国 | 长江、黄河河道整治，长江口、黄河口、珠江口治理 |
| 法国 | 塞纳河河岸生态整治 |
| 德国 | 莱茵河河道治理 |
| 日本 | 日本枥木县斧川河道整治工程 |
| 韩国 | 韩国清溪川生态整治工程 |
| 英国 | 泰晤士河河道治理 |
| 美国 | 密西西比河干支流河道整治工程 |
| 埃及 | 埃及尼罗河河口的治理 |

## 5.5 土壤侵蚀与泥沙研究的重点和趋势分析

各国的土壤侵蚀和泥沙情况不同，因此其研究的重点也有不同。发达国家，如英国、德国、法国、日本、美国、韩国等国家的研究主要围绕土壤侵蚀和泥沙的基本理论、有关河流生态、有创新性的新技术、新方法和有全球性市场的商业化产品等开展研究；发展中国家，如埃及、印度、伊朗和朝鲜，其研究主要围绕本国存在的亟待解决的水土流失治理和工程泥沙问题、监测和资料搜集等方面开展；俄罗斯以前的理论研究基础比较好，但近期的研究趋势则以解决工程中、后期出现的问题研究为主。最不发达国家如尼泊尔，则以主要解决工程泥沙实际问题和收集监测资料为重点和趋势。

而我国则向基础理论、商用和通用数学模型、学科交叉等研究趋势发展。由于土壤侵蚀的复杂性，对土壤侵蚀的基础性研究和对区域土壤侵蚀进行定量评价和预报，仍将是今后相当一段时期我国水土流失研究的重要方向。需要建立适合我国特点的土壤侵蚀预报模型及土壤侵蚀监测与水土保持效益的评价体系；水土保持科学逐步向数字化、模式化的新阶段迈进，同时向着区域水土保持与生态环境建设研究阶段发展。在河流泥沙研究方面，既要注重传统基础理论研究，同时也要注重河流泥沙学科与其他学科相互交叉、渗透带来的新的研究方向：① 与环境学科相交叉，形成环境泥沙研究的几个领域；②与地貌学相交叉，形成动力地貌学的若干领域；③与沉积学相交叉，研究盆地沉积动特性学；④与海洋动力学相交叉，研究在海流、潮汐与波浪作用下的泥沙运动规律。

世界典型国家土壤侵蚀研究和泥沙研究的重点和趋势见表 5－5。

**表 5－5　世界典型国家土壤侵蚀研究重点和趋势**

| 国家 | 土壤侵蚀研究重点和趋势 | 泥沙与河道整治研究重点和趋势 |
|---|---|---|
| 朝鲜 | 土壤侵蚀治理研究 | |
| 尼泊尔 | 协调人地关系矛盾研究；优化改进土壤侵蚀治理方法 | 水电站机组泥沙问题；泥沙实时监测技术 |
| 中国 | 土壤侵蚀与沟道河流泥沙输移及洪涝灾害关联的研究；小流域综合治理配套技术的研究 | 传统泥沙研究与多学科交叉；全流域角度的泥沙研究；通用商用数学模型研究；河流过程原理及调整规律 |
| 埃及 | 控制土壤侵蚀土壤方法和控制径流方法 | 围绕尼罗河有关问题的研究 |
| 印度 | 不同区域环境下水土资源评价及土壤侵蚀危害评估；干旱半干旱地区高效农业和植被配置研究；水土保持设计、评估技术 | 流域水沙实时连续监测研究；监测设备研制和数据测定方法 |
| 伊朗 | 耕地灌溉系统保护；荒漠化防治；水土保持基础研究 | 河流泥沙基础研究 |
| 韩国 | 人为活动导致新的水土流失防治 | 河道局部冲刷和取水口泥沙问题；山、江、海宏观综合性管理体系；河流恢复工程研究 |
| 法国 | 全球和区域尺度的土壤侵蚀调查和评价 | 海岸工程泥沙问题研究 |
| 德国 | 流域侵蚀产沙平衡研究；土壤侵蚀治理研究 | 综合研究河床演变；河湖生态整治研究 |
| 日本 | 自然灾害和开发建设引发的水土流失防治 | 水库泥沙综合管理；自然共生研究；河川环境与绿化生态研究；自然生态型流域圈研究 |
| 俄罗斯 | 主要耕作区土壤侵蚀规律的研究 | 洪水泥沙灾害研究；工程泥沙研究 |
| 英国 | 土壤侵蚀控制措施研究；土壤侵蚀程度、频率监测研究 | 河道泥沙输移与淤积的连续性监测研究；泥沙模拟研究；水质与河道演变混合模型研究 |
| 美国 | 雨滴击溅侵蚀；土壤侵蚀危害；季节对土壤侵蚀影响；水流入渗机理研究；大中流域侵蚀模型研究；沟壑密度对侵蚀产沙和输移影响的研究；重力侵蚀模拟方法研究；GIS、RS在土壤侵蚀模型中的应用 | 地表水流剥蚀与泥沙输移关系研究；泥沙淤积过程及泥沙输移原理；控制剥蚀，输移及淤积的原理应用于数学模型 |

# 第6章 结论和建议

## 6.1 世界典型国家及我国的土壤侵蚀与泥沙研究纵论

（1）从土壤侵蚀和泥沙淤积现状上看，世界各典型国家面临的土壤侵蚀和泥沙问题，严重程度、危害大小各异。总体上土壤水力侵蚀较为严重的国家为印度、中国、伊朗、尼泊尔、俄罗斯和美国等；风蚀比较严重的国家为埃及、伊朗、中国和美国；土壤侵蚀相对较轻的国家为英国、德国、法国、日本和韩国等国。

泥沙淤积问题比较严重的国家有中国、尼泊尔、伊朗、印度、俄罗斯、埃及和美国。泥沙问题相对不突出的国家有英国、法国、德国、日本和韩国。

（2）从河道治理方面看，总体上发达国家特别是美国、日本、英国、德国、法国、韩国等国家已经完成了其大江大河的治理阶段，现行阶段更多的是强调生态、景观、美化和小河小沟的生态治理和保护。而发展中国家如中国、埃及、印度、伊朗、朝鲜、俄罗斯和最不发达国家如尼泊尔，目前仍然在大江大河的开发和治理阶段，并已开始重视河流的生态保护工作。

（3）从土壤侵蚀及防治和泥沙研究现状上看，土壤侵蚀科研水平较高的国家有中国、美国、英国、法国、德国、俄罗斯和印度，其中美国、俄罗斯、法国、德国、英国的基础研究系统深入，中国和印度两国重视应用研究，成果较多。土壤侵蚀及防治研究成果较多的国家有美国、日本、法国、英国、中国、俄罗斯和印度，如美国的土壤侵蚀预报模型、日本的滑坡灾害防治和预报、俄罗斯的侵蚀基础理论及土壤降雨侵蚀仿真模型等。中国在河流泥沙理论和工程泥沙研究方面处于世界领先地位，而俄罗斯等国在河流泥沙和水库泥沙研究方面有坚实的理论基础。美国、英国和法国在泥沙机理、试验设备、测量手段和数学模型商用等方面实力雄厚，德国在泥沙输移方面有较深入的研究。韩国在泥沙问题研究和处理上多借鉴美国和日本等发达国家的经验和成果。印度在水库泥沙方面的研究很多。埃及围绕阿斯旺大坝开展的工程泥沙研究深入细致。朝鲜、尼泊尔、伊朗的河道泥沙和水库泥沙研究资料缺乏，研究成果不多，其泥沙和土壤侵蚀的科研水平比较落后，自身的许多问题难以得到解决或还要依靠国际援助。

（4）从研究机构和研究队伍上看，美国、法国、韩国、中国、印度、埃及、日本等国家通常机构健全，科研队伍比较强，其他国家则相对不够完善。发达国家相对研究人力和财力都有保障，研究比较系统和深入；而发展中国家的研究人力和财力投入都不高，研究面相对较窄，研究也比较分散，全球化、商业化、系统化的新产品研究不多，高水平的和有国际影响力的专家还比较少。

（5）从科研成果上看，土壤侵蚀及防治研究成果较多的国家有美国、日本、法国、英国、中国、俄罗斯和印度。泥沙研究成果以中国最多，其次，美国、日本、法国、英国在泥沙理论和模型研究方面的成果比较多。此外，埃及在泥沙资源应用和建坝后泥沙处理方面研究成果较多；其他几个国家如德国、韩国、尼泊尔、伊朗、朝鲜在泥沙方面的研究成果不多。河道治理方面研究成果比较多的国家有中国、美国、日本、德国、英国、法国、韩国等。美国在河道治理的基础研究、模型模拟研究、新技术应用方面位于世界前列，日本、德国、韩国在河道治理理念上重视生态环境保护，亲近自然，人水和谐。

（6）从研究重点和趋势上看，发达国家如英国、德国、法国、日本、美国、韩国等国家的研究主要围绕土壤侵蚀和泥沙的基本理论、有关河流生态、有创新性的新技术、新方法和有全球性市场的商业化产品等开展研究；发展中国家如埃及、印度、伊朗和朝鲜，其研究主要围绕本国存在的亟待解决的水土流失治理和工程泥沙问题、监测和资料收集等方面开展；俄罗斯以前的理论研究基础比较好，但近期的研究趋势则以解决工程中、后期出现的问题研究为主；而中国则向商用和通用数学模型、基础理论、学科交叉等研究趋势发展；最不发达国家如尼泊尔，则以主要解决工程泥沙实际问题和收集监测资料为重点和趋势。

## 6.2　我国未来土壤侵蚀与泥沙科研的启示

（1）首先，有待加强我国土壤侵蚀定量预报模型的研究。目前的模型还不能利用遥感数据，要加强 GIS、GPS、RS 和其他遥感数据的集成模型研究，要考虑重力侵蚀产沙、大中流域模型的研究，目前还缺乏适合我国国情的土壤侵蚀预报模型。其次，要加强土壤侵蚀与沟道泥沙输移及洪涝灾害关联的研究。第三，要加强水土保持措施有机组合的研究。第四，要加强流域综合优化的研究。第五，要加强生态环境优化与水土保持措施优化的结合研究。第六，要加强关键性问题和热点问题的研究。

（2）要加强基础研究，应在泥沙学科的基本问题、基本理论上下工夫，完善泥沙学科的理论基础，在此基础上开展环境泥沙、泥沙经济、泥沙资源化、流域水沙优化配置以及与生态、环境相结合的河道整治和河口整治工程等方面的研究。

（3）要加大市场型研究成果的研发力度。通过机制创新，打破分散开发的局面，加强团队研究和合作研究，统一系统研发出比较成熟的国际化、商业化、通用化的应用软件或数学模型等。此外，还需要加大投入力度，强化泥沙测验仪器设备的研发，特别是技术和产品的国外输出，提升我国在这方面的竞争能力。

（4）要创新新的理论、方法和技术。在研究中，不断加大国际合作的力度，以全球视野研发新理论、新技术和新方法。

（5）要拓宽学科概念范畴，注重学科交叉，拓宽传统的专业分得过细和学科概念范畴过窄的缺陷，通过学科间交叉、注重学科间的联系。

（6）要像德国和日本那样将各种学科整合后统一进行综合研究。要从全流域角度开展研究，特别是相关泥沙的生态、经济和环境方面的研究。

（7）要加强乃至全国范围内水土流失发展趋势的调查和研究，希望今后能够像英国、美国等发达国家一样，定期开展土壤流失样点调查和水土流失变化趋势的调研分析。要定量分析掌握我国水土流失的发展趋势，以便及时提出全国性或局部性的控制对策措施，促进全国生态环境建设的良性发展。

（8）要加强对主要大江大河流域及水库流域泥沙的变化趋势研究及原因分析，目前只有长江流域作了较少的研究，其他各大流域和全国范围都没有开展此项研究。

（9）继续加强全国水土保持研究和实践领域的统一协调和管理。我国由于水土流失防治在实际中涉及水利、林业、农业等多个行业，国家法律层面上却没有专门条款对涉及各部门的水土流失治理的职责进行分工界定，因此还存在一些缺乏统筹或重复研究、治理和管理重叠的问题。

（10）要继续加强有关宣传和教育，进一步提高水土保持的社会认知度，为有关研究和实践提供更好的社会基础。

（11）更加重视科学研究和生产实践的有效结合，继续推进科研监管和审查，更加重视科研成果转化机制的建设，不断提高科研成果的针对性和实用性。

（12）学习借鉴美国、英国、日本等发达国家经验，建立健全有序的水土保持法律体系，做到依法办事，严格执法。根据国外发达国家经验，为更好地开展水土保持工作，必须建立和健全有关水利、林业、农业、国土资源等部门分工、职责和职能明确及协调有序的法律体系。目前我国的法律体系还存在诸多职能重叠、重复和协调难的状况。

国内社会和有关部门对水土保持工作目前还存在有法不依，违法难究，以权压法，以言代法的现象，致使《中华人民共和国水土保持法》难以全面贯彻执行。

## 6.3 我国未来土壤侵蚀与泥沙科研发展的建议

综合各典型国家土壤侵蚀与泥沙科技的现状与发展，我国应当采取相应的对策，保持优势，取长补不足，在人口—资源—环境领域，始终保持可持续发展。首先，借鉴发达国家的经验，不断加大研究和国际合作的投入，加快培养国际领军人才，积极参与国际活动，争取国际“话语权”，不断拓宽国际视野，以世界眼光积极与发达国家共同制定国际规则、共同发起合作研究、培训和交流项目，积极参与世界泥沙和土壤侵蚀的热点、难点和焦点问题的研究。积极开拓国际市场，开发研制有国际市场潜力的商业化、可视化数学模型、测量设备、实验设备、软件、音像制品、培训模板和其他产品，扩大自主创新和经营能力。不断加强土壤侵蚀和泥沙的科技进步和创新性研究，掌握核心技术，抢占和保持科技制高点和领军地位，把握国家发展的主动权。其次，要积极开展与发展中国家的合作交流，互通有无，共同争取发展的机遇，迎接共同的挑战。还要积极了解不发达国家的需求，通过对外合作和援助、把握培训合作机会，帮助解决当地实际存在的问题，不断拓展技术、产品输出的市场和投资渠道。根据分析研究，提出如下建议：

（1）要继续加大对土壤侵蚀与泥沙研究，特别是加大国际合作经费和人员培训经费的支持力度，保持我国在土壤侵蚀与泥沙领域的国际领军位置，继续加大对相关国际组织的支持力度。

一方面，要加速专业技术人才，特别是加大土壤侵蚀与泥沙研究的高端人才、国际领军人才的培养力度。要充分认识到人力资源是第一资源，是国家重要的战略资源，随着中国经济的迅速发展和愈来愈激烈的国际竞争，中国加入世界贸易组织和参与世界经济一体化进程的努力，中国国际地位的提高和越来越多国家期望中国在国际事务中发挥更积极的作用，都对中国国际合作与交流的层次、深度和广度提出了现实的更加紧迫的要求。但由于国际援助逐年减少，中国国际高级人才不足、优秀拔尖人才比较少，中国经济发展和科技方面的差距及其他种种条件的限制，制约了中国科研机构和国际组织以及秘书处全面走向世界。因此，要加大优秀人才的培养力度、创新充满活力的用人机制、努力造就一大批拔尖人才，为中国的水利科技进步、科技创新、强国战略，为中国水利全面登上国际舞台作出贡献。

另一方面，继续支持我国主办的国际组织，发挥国际组织的资源优势。例如，国际泥沙研究培训中心作为联合国教科文组织全球第一个涉水二类中心、我国水利行业第一个国际中心，在改革开放之初，我国政府动用了包括政府首脑、外交等力量，花费了 6 年多的时间才得以成功，目前国际泥沙中心已经成为我国政府与联合国教科文组织成功合作的典范。然而，这样的国际科研中心在我国微乎其微，类似世界泥沙学会这样的国际组织秘书处能设在中国也是非常少见的，基本上国际非政府组织都落在伦敦—斯德哥尔摩—罗马这一百慕大三角区（UNESCO 纳吉，2004）。

事实上，大力支持在国内创建国际组织或将其分支机构设在中国，并发挥其作用，是扩大中国国际影响的一个非常重要举措。亟需由过去在国际援助经费上的索取型和希冀通过国际合作获取经费支持等实惠办法转换为在新形势下主动参与和发起国际合作，能在重要领域参与议事日程的制定，能有话语权方向上来。重视在国际舞台上发出与我国的经济实力、人口规模相称的声音。

（2）要积极参与和组织发起大的国际合作研究项目和国内重大研究项目。要针对世界上土壤侵蚀和泥沙研究的难点、热点和焦点问题，适时组织发起或积极参与跨国、区域国际合作大研究项目，要能在研究成果中占有较大份额。要积极开展全国性或流域性的水土流失和泥沙变化趋势的研究和其他如气候变化下水、土、沙的变化趋势等基础研究项目。

（3）要把研发土壤侵蚀与泥沙领域的全球化、商业化、通用化产品摆在科研的突出位置。开发具有全球化市场的通用的产品是提高国家核心竞争力的核心。研发商用软件的原代码、数学模型，抢占制高点，对把握中国发展的战略主动权，保持中国泥沙研究的国际领先地位有十分重要的意义。

（4）建立健全有序的水土保持法律体系，做到依法办事，严格执法。根据国外发达国家经验，为更好地开展水土保持工作，必须建立和健全有关水利、林业、农业、国土资源等部门分工、职责和职能明确及协调有序的法律体系，目前我国的法律体系还存在诸多职能重叠、重复和协调难的状况。

依法办事是日本等发达国家防治水土流失成功的重要经验。针对国内社会和有关部门对水土保持工作目前还存在有法不依，违法难究，以权压法，以言代法的现象，致使《中

华人民共和国水土保持法》难以全面贯彻执行的情况，我们要借鉴日本等发达国家的经验，强化水土保持法制，约束人们造成水土流失的行为，不断完善水土保持法规体系，健全水土保持监督执法体系，加大执法宣传力度，不断提高全民的水土保持意识，使人们逐步形成遵守《中华人民共和国水土保持法》各项规定的自觉性。

（5）运用市场和生态补偿机制，多渠道投资，保证治理速度和治理质量。借鉴美国、日本等国家的水土流失治理经验，采用多渠道投资，根据收益面积大小，采取政府补偿、地方集体和个人共同出资的政策措施，调动多方治理积极性。我国水土保持面积大，治理任务艰巨，水土流失区又是老、少、边、穷地区，不论从加快老、少、边、穷地区脱贫，发展中西部经济，还是治理大江大河大湖，解决洪旱灾害上，都要加快治理水土保持的速度。

（6）在新形势下继续重视群众参与，让民众成为市场经济条件下水土保持的主角。我们的水土流失治理工作依然面临着严峻的挑战，目前还有约 200 万 $km^2$ 的水土流失面积亟待治理，且其中许多地区的侵蚀强度相当严重，并存在“边治理，边破坏”的现象。因此，我们应借鉴国外一些先进的治理和管理方法，如群众参与治理模式，通过治理环境和发展农业并举的形式，让民众作为治理工作的主角，最终实现生态效益和经济效益双赢。

（7）正确处理生态环境保护与河流治理的关系，搞好流域生态系统建设与管理。目前，我国治河工程的生态建设水平大致处于日本 20 世纪 80 年代后期重视景观设计的阶段。要跨越治河工程生态建设的初级阶段，将有很多工作要做，一是要正确处理好河流治理开发和生态环境保护的关系，既要反对“自然环境论”者所主张一切要保持生态环境原始化的观点，也要反对急功近利和掠夺型的水资源开发行为；二是要研究探索河流生态工程建设的各种途径，克服以生态和环境为代价发展涉水工程的做法；三是要将流域生态系统建设与管理作为流域水资源保护与管理的主要工作纳入正常的轨道。

（8）克服传统治河工程的缺陷，坚持“人与自然和谐相处”，实施河流生态工程建设。为了克服传统治河工程对生态考虑的不足，借鉴发达国家兴建治河水利工程注重人类活动与环境的协调、重视河流生态系统的平衡的做法，建议首先针对我国河流的实际情况和特点，拟定河流生态工程建设规划，有步骤、有计划地实施生态工程建设，包括河流形态多样化、河岸覆盖层、水生植物和陆生植物的保护等，以增强河流的环境和生态功能。工程措施要努力创造人与水和谐的环境，通过改善空间环境，形成优美的景观，提供高尚的文化、体育、休闲娱乐、亲水活动的场所；要保护水环境，确保足够的水量和清洁水质，并保持水域的净化功能；要恢复良好的生态环境，形成良好的植物生长和动物栖息繁衍场所，为生态系统可持续发展和演替提供条件。河流生态工程建设是促进人与自然和谐发展的根本方向。除采用工程和非工程措施建设和恢复河流生态环境外，还要充分发挥河流自然力量，维护和恢复河流生态环境。

# 参考文献及资料


[1] Abdalla A S A, Ahmed A I, Seif E H, Samir I S. Towards Improvement of the Protection Methods Against Bank Erosion.

[2] Abdelbary R M, Hany A E. GIS Model for Flood Control and Mitigation Measures.

[3] Adinarayana J, Krishna N R, Rao K G. An integrated approach for prioritization of watersheds. Journal of Environmental Management, 1995 (44) 375-384.

[4] Agriculture and Enviroment.
http://ec. europa. eu/agriculture/envir/report/en/inter_en/report. htm#box2.

[5] Ahmadi H. Applied geomorphology. Iran: Tehran University Publication, 1995: 613.

[6] Ahmed A F, Abdelbary R M. Effect of Aswan High Dam Operation on River Channel Capacity To Convey Discharges.

[7] Ahmed M S, Muna M, Saghyroon E Z, Semunesh G, Sherif M E. Assessment of the Current State of the Nile Basin Reservoir Sedimentation Problems.

[8] Ahn Jae-Hoon, Heo Sung-Gu, Kim Ki-Sung, Sagong Myung, Lim Kyoung-Jae, and Park Chol-Soo. SWAT for Soil Erosion Simulation at Highland Watershed. http://crops. confex. com/crops/wc2006/techprogram/P13799. HTM.

[9] Alabyana M, Mikhailova A. The Model of River Meandering based on the Transverse Sediment Flux. Department of Hydrology, Faculty of Geography, Moscow State University. 2007.

[10] Ali S, Sharda V N. Evaluation of the Universal Soil Loss Equation (USLE) in semi-arid and sub-humid climates of India. Applied Engineering in Agriculture, 2005, 21 (2): 217-225.

[11] Anisimova L A. Integrated Estimation of Water Flow Effect on Channel Form Adjustment. Department of Hydrology, Faculty of Geography, Moscow State University. 2007.

[12] Arab K M, Zargar A. Estimation of sediment yield in northern Albourz using regression models. Pazhohesh-e-Sazandegi Journal, 1995 (29) 22-27.

[13] Arabkhedi M. A research about effect of siltation in infiltration efficiency on traditional flood harvesting systems-Band-Saars. Final report. Iran, Tehran: Soil Conservation and Watershed Management Research Center, 2002.

[14] Arnold J G, Birket D M, Williams R J, Smith F W, and McGill N H. Modeling the effects of urbanization on basin water yield and reservoir sedimentation. Water Resources Bulletin, 1987, 23 (6): 1101-1107.

[15] Azimzadeh H R, Ekhtesasi M R, Refahi H, et al. Evaluation of the Wind Erosion Prediction System (WEPS) in Yazd-Ardakhan plain, Iran (case study) .

[16] Babu D S S, Padmalal D, Arun R R. Watershed analysis of two forest catchments from Western Ghats, South India and its siginificance for mitigation of Reservoir siltation. Journal of The Geological Society of India, 2007, 69 (5): 1077-1087.

[17] Babu R, Tejwani K, Agarwal G. , et al. Distribution of erosion index and Isoerodent maps of India. Indian J. Soil Cons, 1978, 6 (1): 1-14.

[18] Bahrami H A, Pornalkh T, Tahmasebipoor N. Study of soil erodibility in different land uses from Chamanjir watershed. Proceedings of the third national conference of eros ion & sediment. Tehran,

2005: 505 - 510.

[19] Bali Y P, Karale R L. A sediment yield index for choosing priority basins. Idian: IAHS-AISH, 1977.

[20] Barbiero L, Parate H R, Descloitres M, et al. Using a structural approach to identify relationships between soil and erosion in a semi-humid forested area, south India. Catena, 2007, 70: 313 - 329.

[21] Baryshnikov B N, Pagin O A. Bed load and channel processes. Department of Hydrometry, Faculty of Hydrology, Russian State Hydrometeorological University, Russia.

[22] Bayat R, Mahmoodabadil M, Rafahi H G, et al. Evaluation of watershed parameters in MPSIAC and EPM models on sediment yield stimation. Proceedings of the ninth international symposium on river sedimentation. Yichang, China, 2004.

[23] Belyaev V R, Eremenko E A I, Panin V A and Belyaev R Y. Stages of lake Holocene Gully Development in the central Russian plain. The Laboratory of Soil Erosion and Fluvial Processes, Faculty of Geography, Moscow State University. 2005.

[24] Bhandari P M, Bhadwal S, Kelkar U. Examining adaptation and mitigation opportunities in the context of the integrated watershed management programme of the Government of India. Mitig Adapt Strat Glob Change, 2007 (12): 919 - 933.

[25] Bhatt R, Khera K L. Effect of tillage and mode of straw mulch application on soil erosion in the submontaneous tract of Punjab, India. Soil & Tillage Research, 2006 (88): 107 - 115.

[26] Bhattacharyya P, Bhatt V K, Mandal D. Soil loss tolerance limits for planning of soil conservation measures in Shivalik-Himalayan region of India. Catena, 2007 (10): 1.

[27] Bhusal K J. Flow Characteristic And Sediment Deposition At Mountain Plain Junction of Lothar River In Nepal. Proceedings Of The Ninth International Symposium On River Sedimentation, 2004.

[28] Bhutiyani M R. Sediment load characteristics of a proglacial stream of Siachen Glacier and the erosion rate in Nubra valley in the Karakoram Himalayas, India. Journal of hydrology, 2000 (227): 84 - 92.

[29] Bissonnais Y L, Montier C, Jamagne M, Daroussin J and King D. Mapping erosion risk for cultivated soil in France, Catena 46Ž2001. 207 - 220.

[30] Borghei S M, Bateni S M, Hoseini, M M. Control of local scour at bridge piers using collars. Proceedings of the ninth international symposium on river sedimentation. Yichang, China, 2004.

[31] Boumans R M J, Day J W. High precision measurements of sediment elevation in shallow coastal areas using a sedimentation-erosion table. Estuaries, 1993 (16): 375 - 380.

[32] Bronger A, Wichmann P, Ensling J. Over-estimation of efficiency of weathering in tropical "Red Soils": its importance for geoecological problems. Catena, 2000 (41): 181 - 197.

[33] Chalov R S, Esin V E. Influence of the channel types on the stream communities of the Kamchatka Peninsula Rivers. Department of Hydrology, Faculty of Geography, Moscow State University.

[34] Chauhan S S. Desertification control and management of land degradation in the Thar Desert India. The Environmentalist, 2003 (23): 219 - 227.

[35] Chiranjivi S. Effect Of Melamchi Water Supply Project On Soil And Water Conservation In Indrawati River Basin, Nepal. 2002.

[36] Chizari M. A needs assessment of soil conservation competencies for farmers in the Markazi province of Iran. AIAEE 2002 Proceedings of the 18th Annual Conference Durban, South Africa: 64 - 71.

[37] Choi G W, Ahn S J. 韩国水资源与水环境管理总体计划. 水利水电技术, 2003, 34 (1).

[38] Cogle A L, Lane L J, Basher L. Testing the hillslope ersion model for application in India, New Zealand and Australia. Environment Modelling & Software, 2003 (18): 825 - 830.

[39] Cogle A L, Rao K P C, Yule D F, et al. Soil management for Alfisols in the semiarid tropics: erosion, enrichment ratios and runoff. Soil Use and Management, 2002, 18 (1): 10-17.

[40] Collins A L. The use of composite fingerprints for tracing the source of suspended sediment in river basins. The PhD thesis, University of Exeter, Exeter. 1995.

[41] Collins A L, Walling D E, Leeks G J L. Composite fingerprinting of the spatial source of fluvial suspended sediment: a case study of the Exe and Severn river basins, United Kingdom. Geomorphologie, 1996 (2): 41-54.

[42] 尹毅，Courtois G. 人造放射性示踪砂在法国的应用．海岸工程，1996 (4): 92-95.

[43] Das A, Krishnaswami S. Elemental geochemistry of river sediments from the Deccan Traps, India: implications to sources of elements and their mobility during basalt-water interaction. Chemical Geology, 2007 (242): 232-254.

[44] Dehghani A A, Fathi P, Ghodsian M. Intelligent estimation of length of recirculating flow in a sudden expansion by artificial neural network. Proceedings of the ninth international symposium on river sedimentation. Yichang, China, 2004.

[45] Dekov V M, Araujo F, Griekenchemical R V, et al. Composition of sediments and suspended matter from the cauvery and brahmaputra river. The Science of Total Environment, 1998 (21): 89-105.

[46] Dhruva V V, Narayana R B, 唐德富．印度土壤侵蚀的估算．水土保持科技情报，1985 (3): 1-10.

[47] Eccleston C H. Environmental impact assessment. New York: McGraw-Hill, 2000.

[48] Einstein H A. Formulas for the transport of bed sediment. Trans. American Society of Civil Engineers, 1942 (107): 561-574.

[49] Einstein H A. The bed-load function for sediment transportation in open channel flows. US Department of Agriculture Soil Conservation Service Tech. Bull. No. 1026. 1950.

[50] Ekhtesasi M R, Mohajeri S. Iranian classification of desertification method. The 2nd national conference of desertification and combating desertification methods, Kerman. Iran, 1995.

[51] Ekhtesasi M R. Wind erosion and control (persian pamphlet). Yazd University publication, 2000: 279.

[52] EL-Belasy A M. The Effect of Spits Formation at River Mouths on the Nile Delta Inundation.

[53] Firouzabadi P Z, Davoodi A. Study on soil erosion and sedimentation in alashtar watershed using image processing software. 2004 [EB/OL]. http://www.isprs.org/istanbul2004/comm4/papers/509.pdf.

[54] Foghi M, Avenue O, Senfe J O, et al. The impact of drought on agriculture and fisheries in Iran. FAO fisheries technical paper, 2003 (430): 79-85.

[55] Food production and security [EB/OL]. http://www.fao.org/ag/AGL/agll/spush/degrad.asp?country=iran.

[56] Forest, range, and watershed management organization. National action program for combating desertification and mitigation of drought impacts. Iran: Tehran, 2004.

[57] Forood A D, Majid F M, Nobukazu N. Sefidrood river sub-watershed-dam-estuary and degradation model: A holistic approach in Iran. Chinese geographical science, 2003, 13 (4): 328-333.

[58] Fouladfar H. Sediment challenges of ephemeral river systems. Expert meeting on erosion and sedimentation in arid and semi-arid regions. Chaloos, IRAN, 2007: 16-20.

[59] Geomorphology and Stratigraphic Evolution of the Han River Delta. http://www.searchanddiscovery.net/documents/2007/07018annual_abs_lngbch/abstracts/lbDalrymple.htm.

[60] Ghaderi N, Ghoddosi J. Study of soil erodibility in lands units from Telvarchai watershed. Proceedings of the Third National Conference of Erosion & Sediment. Tehran, 2005, 367 - 372.

[61] Ghasemi A, Mohammadi J. Study of spatial variation of soil erodibility, a case study in Cheghakhor watershed in Chaharmahale-Bakhtiyari Province. Proceedings of the eighth soil science congress of Iran. Rasht, 2003: 864 - 865.

[62] Ghorbani H, Bahrami H A. Assessment of soil erodibility by weight method in USLE and RUSLE using GIS in northeast Lorestan Province. Proceedings of the third national conference of erosion & sediment. Tehran, 2005: 658 - 660.

[63] Glazunov P G, Gendugov M V, and Nurmukanova N. Mechanics of wind erosion of soils. Moscow M. V. Lomonosov State University, Faculty of soil science, Faculty of mathematics and mechanics, Faculty of soil science, Russia, Moscow, 2002.

[64] Goel M K, Jain S K, Agarwal P K. Assessment of sediment deposition rate in Bargi Reservoir using digital image processing. Hydrological Science Journal, 2002 (47): 81 - 92.

[65] Goswami U, Sarma J N, Patgiri A. D. River channel changes of the Subansiri in Assam, India. Geomorphology, 1999 (30): 227 - 244.

[66] Guzzella L, Roscioli C, Vigano L, et al. Evaluation of the concentration of HCH, DDT, HCB, PCB and PAH in the sediments along the lower stretch of Hugli estuary, West Bengal, northeast India. Environment International, 2005 (31): 523 - 534.

[67] Gwendolyn P, Thies J B, Peter C, Ronald T V, Friedemann W, and Sierd A P L. Cloetingh, Interplay between tectonic, fluvial and erosional processes along the Western Border Fault of the northern Upper Rhine Graben, Germany Tectonophysics, Volume 406, Issues 1 - 2, 2005: 39 - 66.

[68] Hadiane M A, Mousavi S R, Solimani K, et al. Soil Erosion and sedimentation rate estimation using MPSIAC and EPM models. 9th Iranian soil science congress and 3rd erosion and sediment national conference. Tehran, 2005: 708 - 709.

[69] Haghiabi A H, Ghomeshi M, Kashefipour S M. Laboratory experiments on density currents. Proceedings of the ninth international symposium on river sedimentation. Yichang, China, 2004.

[70] Hany E A, Yasser Elmanadili. Testing and Evaluation of a Local Water Management System (LWMS) .

[71] Hashinoki T, Mizuyama T and Satoh K. Research on sediment yield and sediment discharge which considers timing of sediment yield. 砂防学会志, 2007, 3 (59): 3 - 10.

[72] Hassan F. Estimation of the Reservoirs' Efficiency Due To Siltation at Detention Dams in Arid Zones.

[73] Hegazi A M, Afifi M Y, EL-Shorbagy M A, Elwan A A, El- Demerdashe S. Egyptian National Action Program to Combat Desertification. 2005.

[74] Honore G. Our Land, Ourselves-a Guide to Watershed Management in India. New Delhi: Government of India, 1999: 38.

[75] Hossam E, Farid M S. Overview of Sediment Transport Eveluation and Monitoring in the Nile Basin.

[76] Huang C H, 郑粉莉. 美国土壤侵蚀过程及其预报模型研究进展. 水土保持通报, 2006, 23 (3): 5 - 9.

[77] Inman A. Soil erosion in England and Wales, Discussion Paper prepared for WWF, 2006.

[78] Islam M R, Begum S F, Yamaguchi Y, et al. Distribution of suspended sediment in the coastal sea off the ganges-brahmaputra river mouth: observation from Tm data. Journal of Marine Systems, 2002 (32): 307 - 321.

[79] Ismail J, Ravichandran S. RUSLE2 Model Application for Soil Erosion Assessment Using Remote Sensing and GIS. Water Resour Manage, 2007, 22 (1): 83 - 102.

[80] Itokazu T, Onda Y and Ohta T. Difference of the sediment yield characteristics with vegetation recovery in granite watershed. 砂防学会志, 2007, 3 (60): 11 - 18.

[81] Jain M K, Kothyari U C. Estimation of soil erosion and sediment yield using GIS. Hydrological Science Journal, 2000, 45 (5): 771 - 786.

[82] Jain S K, Goel M K. Assessing the vulnerability to soil erosion of the Ukai Dam catchments using remote sensing and GIS. Hydrological Science Journal, 2002, 47 (1): 31 - 40.

[83] Jain S K, Kumar S, Varghese J. Estimation of Soil Erosion for a Himalayan Watershed Using GIS Technique. Water Resources Management, 2001 (15): 41 - 54.

[84] Jain S K, Singh, Saraf A K, et al. Estimation of sediment yield for a rain snow and glacier fed river in the western Himalayan region. Water Resources Management, 2003 (17): 377 - 393.

[85] Javad F, Ebrahim V. Bed protection criterion downstream of stilling basins. Proceedings of the ninth international symposium on river sedimentation. Yichang, China, 2004.

[86] John W. Infiltration, runoff and erosion characteristics of agricultural land in extreme storm events, SE France, Catena 26 (1996): 27 - 47.

[87] Kaini P. Headworks Performance Study Of Run-Of-River Project On Sediment Loaded River In Nepal. Proceedings Of The Ninth International Symposium On River Sedimentation. 2004.

[88] Kalinske A A, Movement of sediment as bed load in rivers, Eos Trans. AGU, 28, 615, 1947.

[89] Karaj H. Soil Erosion Confab, Iran Daily, Thu, Sep 01, 2005 [EB/OL]. http: //www. iran-daily. com/ 1384/2365/html/panorama. htm.

[90] Karamouz M, Ahmadi A, Nazif S. Sampling, Monitoring and evaluation of erosion and sedimentation in srid and sem-arid regions.

[91] Karamouz M, Khanbilvardi R M. An optimization approach to the design of sediment ponds in Stripmined areas. Proceeding of the ASCE Water Forum-86-World Issues in Evolution Long Beach. CA, 1986.

[92] Karamouz M. Explicit hydraulic modeling of sedimentation transients in Alluvial channels. Proceedings of the ASCE hydraulic division specialty conference. Orlando, Florida, 1985

[93] Karasseff F J. Similarity invariants and system morphometry of river channels and canals. State Hydrological Institute. 2007.

[94] Karimzadeh H, Hajabbasi L. Effect of land use kind on erodibility of Lordegan soils. Proceedings of the fifth soil science congress of Iran. Karaj, 1996: 201 - 202.

[95] Karki B K and Shibano H. Sediment yield and transportation capacity in a forested watershed underlain by weathered granite. 砂防学会志, 2007, 3 (60): 11 - 18.

[96] Kashiwai J. 日本的水库淤积及泥沙管理.

[97] Katolikov V M, Katolikova I N, Snishchenko F B. Fluvial process of Sakhlin rivers. State Hydrological Institute.

[98] Khan M A, Gupta V P, Moharana P C. Watershed prioritization using remote sensing and geographical information system: a case study from Guhiya, India. Journal of Arid Environments, 2001 (49): 465 - 475.

[99] Khoshravan H. Beach sediments, morphodynamics, and risk assessment, Caspian Sea coast, Iran. Quaternary International, 2007: 167 - 168.

[100] King D, Stengel P, Jamagne M, Le Bas C, Arrouays D. Soil Mapping and Soil Monitoring: State of Progress and Use in France, European Soil Bureau and Research Report No. 9.

[101] Kirkby M J, King, D. Summary report on provisional RDI erosion risk map for France. Report on contract to the European Soil Bureau. 1998.

[102] Kobayshi Y, Kitahara H, and Ono H. Surface erosion from landslide site in weathered granite area and the analysis by using USLE. J. Jpn. For. Soc. 2004 (86): 365 - 374.

[103] Korotkov S M. Modelling of river bed deformations in large rivers. Department of Hydrology, Faculty of Geography, Moscow State University Vorobievy Gory, Moscow, Russia.

[104] Kosmas C, Poesen J, Briassouli H. Key indicators of desertification at the Environmentally Sensitive Areas (ESA) scale in Kosmas C, Kirkby M, Geeson N. The medalus project: Mediterranean desertification and land use. Manual on key indicators of desertification and mapping environmentally sensitive areas to desertification. Project report. European Commission, 1999.

[105] Kowsar A. Flood water spreading for desertification control: An integrated approach. Desertification bulletin, 1991: 19.

[106] Kumar R, Ambasht R S, Srivastava A, et al. Reduction of nitrogen losses through erosion by Leonotis nepetaefolia and Sida acuta in simulated rain intensities. Ecological Engineering, 1997 (8): 233 - 239.

[107] Lambrechtsen N, Hicks D. Soil intactness/ erosion monitoring techniques, a literature review, ministry for the environment and regional councils' land monitoring group. New Zealand, 2001.

[108] Land degradation in south Asia: Its severity, causes and effects upon the people. World soil resources reports, 1994.

[109] Lee Gye-Jun, Park Chol-Soo, Lee Jeong-Tae, Zhang Yong-Seon, and Hwang Seon-Woong. Effect of Strip Cropping System on Reduction of Soil Loss in Korean Highland. National Institute of Highland Agriculture, RDA, Hoenggye, Doam, Pyeongchang 232 - 955, Gangwon, South Korea.

[110] Lekha K R. Field instrumentation and monitoring of soil erosion in coir geotextile stabilized slopes-A case study. Geotextiles and Geomembranes, 2004 (22): 399 - 413.

[111] Lisetskii N F, Smirnova G L, Chepelev A O, Shaydurova G A. Regulation of soil erosion intensity in conditions of contour agriculture. Department of Nature Using and Land Cadastre, Belgorod State University, Belgorod, Russia.

[112] Longin N, Astere N, Samy A S, Bayou C, Ahmed K E, Hassan F, Osman M N. Watershed Erosion and Sediment Transport.

[113] Mahdian M H. Study of land degradation in Iran. Proceedings of the third national conference of erosion & sediment. Tehran, 2005: 226 - 231.

[114] Mahmoodabadil M, Rafahi H G, Bayat R. Sediment yield estimation using a semi-quantitative model in GIS framework - A case study in Golabad watershed. Proceedings of the ninth international symposium on river sedimentation. Yichang, China, 2004.

[115] Maji A K, Nayak D C, Krishna N D R, et al. Soil information system of Arunachal Pradesh in a GIS environment for land use planning. JAG, 2001, 3 (1): 69 - 77.

[116] Majid H T. Comparison of EPM and PSIAC models in GIS for erosion and sediment yield assessment in a semi-arid environment: Afzar Catchment, Fars Province, Iran. Journal of Asian Earth Sciences, 2006, 27: 585 - 597.

[117] Makary A Z, EL-Moattassem M, Fahmy A. Evaluation of Lake Nasser Environmental Sedimentation. Proceedings of the Ninth International Symposium on River Sedimentation (Volume Ⅱ), Yichang: 2004.

[118] Makhdoum M F. Curriculum guidelines for MSC in environmental economics. UNEP NETTLAP,

1995 (14): 231 - 236.

[119] Mandal U K, Rao K V, Mishra P K, et al. Soil infiltration runoff and sediment yield from a shallow soil with varied stone cover and intensity of rain. European Journal of Soil Science, 2005 (56): 435 - 443.

[120] Manish K S. Soil Erosion Modelling Using Remote Sensing And GIS: A Case Study Of Jhikhu Of Khola Watershed, Nepal.

[121] Marandi H. Investigation, Identification and evaluation of the traditional methods of utilizing floodwater in Sistan -Baluchestan province. Final report. Iran, Tehran: Soil Conservation and Watershed Management Research Center, 2005.

[122] Marianne M. Soil erosion in the UK: assessing the impacts and developing indicators, OECD Expert Meeting on Soil Erosion and Soil Biodiversity Indicators, 2003.

[123] Markus E, Volker H, Beate W. Using CORINE Land-Cover and Statistical Data for the Assessment of Soil. Erosion Risks in Germany.

[124] Masoud A M, Patwardhan S D, Gore. Risk assessment of water erosion for the Qareh Aghaj subbasin, southern Iran. Stoch Environ Res Risk Assess, 2006 (21): 15 - 24.

[125] Merz J, Nakarmi G, Dangol M P, Dhakal P M. Sediment Mobiliztion by Surface Erosion In Middle Mountain Catchments Of Nepal.

[126] Meyer-Peter E, Favre H, and Einstein H A. Neuere Versuchsresultate über den Geschiebetrieb. Schweizerische Bauzeitung, 1934, 103 (13): 147 - 150 (in German) .

[127] Michael A. Fullen. Soil erosion and conservation in northern Europe, Progress in Physical Geography, 2003: 331 - 358.

[128] Ministry of Environment and Forests. India national action programme to combat desertification. Status of desertification. New Delhi: Government of India, 2001 (1): 292.

[129] Mirzamostafa N, Hagen L J, Stone L R, et al. Soil aggregate and texture effects on suspension components from wind erosion. Soil Sci Soc Am J, 1998 (62): 1351 - 1361.

[130] Mishra A, Ghorai A K, Singh S R. Rainwater, soil and nutrient conservation in rainfed rice lands in Eastern India. Agricultural Water Management, 1998 (38): 45 - 57.

[131] Mishra A, Kar S, Singh V P. Prioritizing structural management by quantifying the effect of land use and land cover on watershed runoff and sediment yield. Water Resour Manage, 2007 (21): 1899 - 1913.

[132] Mohammad G, Sharifi F. Traditional methods of soil erosion and sediment control in arid and semiarid regions of Iran.

[133] Montanarella L. Soil at the interface between Agriculture and Environment, Agriculture and Environment.

[134] Mordvintsevm M. Small rivers silting and silting control. Novocherkassk state land reclamation academy, Russia.

[135] Morgan R P C, Hatch T, Suleiman W, et al. A simple procedure for assessing soil erosion risk; a case study for alaysia. Zeitschrift fur Geomorph N F Suppl-Bd, 1982 (44): 69 - 89.

[136] Mozzherin V V. System of erosion in river basins of plains: their natural and anthropogenous transformations. Department of physical Geography and Geoecology and Ecology, Kazan State University, Kazan, Russia.

[137] Munavalli G R, Mohan M S. KumarDynamic simulation of multicomponent reaction transport in water distribution systems. Water Research, 2004 (38): 1971 - 1988.

[138] Nakaya H, Tsuruta K and Yoshlmura N. Sediment discharge observation and its analysis by means

of a hydrophone in the upper Tedorigawa river basin. 砂防学会志，2007，3 (60)：20 - 25.

[139] Narayan D V V，Babu R. Estimation of soil erosion in India. J Irrig Drain Engg，1983，109 (4)：419 - 431.

[140] Nisar Ahamed T R，Gopal Rao K，Murthy J SR. Fuzzy class membership approach to soilerosion modeling. Agricultural Systems，2000 (63)：97 - 110.

[141] National action plan report，combat to desertification. Iran Rangeland and Forest Organization，2000：385.

[142] Nikkami D. Remedial & mitigation measures in erosion & sediment control. Expert meeting on erosion and sedimentation in arid and semi-arid regions. Iran，Chaloos，2007：16 - 19.

[143] Noel D U. Factors affecting the use of conservation tillage in the United States. Water，air and soil pollution，1999，116 (3 - 4)：621 - 628.

[144] Nwokporo S N，Nortcliff S，Robinson S J. Assessing the Impact of Soil Erosion by Water on Soil Particle Size Fractions and Soil Organic Matter Pools in an Eroding Landscape. http：//a-c-s. confex. com/crops/wc2006/techprogram/P10895. HTM.

[145] Nyuta S，Tsukamoto J，and Kajihara N. Classification of Japanese cypress (Chamaecyparis obtus Endl.) plantations according to susceptibility to soil erosion based on undergrowth vegetation and topography. J. Jpn. For. Soc，2001 (83)：204 - 210.

[146] Ojha R S，Karki K K. Watershed Concervation With People Participation，A Case Study In Midland Nepal.

[147] Owens P N，Walling D E，and Leeks G J L. Use of floodplain sediment cores to investigate recent historical changes in overbank sedimentation rates and sediment sources in the catchment of the River Ouse，Yorkshire，UK. Catena，1999 (36)：21 - 47.

[148] Pandey A，Chowdary V M，Mal B C. Identification of critical erosion prone areas in the small agricultural watershed using USLE，GIS and remote sensing. Water Resour Manage，2007 (21)：729 - 746.

[149] Park Chol-soo，Lee Gye-Jun，Lee Jeong-Tae，Zhang Yong-Seon，and Jin Yong-Ik. Influences of Soil Types and Slope Gradients for Nutrient Loss and Soil Erosion in Korean Highland. http：//a-c-s. confex. com/crops/wc2006/techprogram/P15597. HTM.

[150] Park Dong-kyun. Current Status of Forest and Agricultural Land in North Korea. Northeast Asian Forest Forum，Korea.

[151] Parsons A J，Abrahams A D.. Controls on sediment removal by interrill overland flow on semi-arid hillslopes. Israel Journal of Earth Sciences，1992 (41)：177 - 188.

[152] Parsons C M，Hashimoto K，Wedekind J K，and Baker H D. Soybean protein solubility in potassium hydroxide：an in vitro test of in vivo protein quality. J. Anim. Sci. 1991 (69)：2918 - 2924.

[153] Partoviran F. Optimum level of sedimentation in Karun system. Proceedings of the ninth international symposium on river sedimentation. Yichang，China，2004.

[154] Patil S L，Sheelavantar M N. Soil water conservation and yield of winter sorghum as influenced by tillage，organic materials and nitrogen fertilizer in semi-arid tropical India. Soil & Tillage Research，2006 (89)：246 - 257.

[155] Peter Houben，Spatio-temporally variable response of fluvial systems to Late Pleistocene climate change：a case study from central Germany，Quaternary Science Reviews，2003，22 (20)：2125 - 2140.

[156] Pfeiffer A D. Why Changing the Way Money Works is the Key to Resolving Peak Oil Challenges. The Agricultural Crises in North Korea and Cuba，Part 1.

[157] Pradhan M S P, Joshi N P. Sediment And Thermodynanmic Efficiency Measurement At Jhimruk Hydropower Plant, Nepal In Monsoon 2003. Proceedings Of The Ninth International Symposium On River Sedimentation. 2004.

[158] Raghunath B, Khullar A K, Thomas P K. Rainfall energy maps of India. Indian J. Soil Cons, 1982, 10 (2): 1-17.

[159] Rai R K, Mathur B S. Event-based soil erosion modeling at small watersheds. Journal of Hydrologic Engineering, 2007: 559-572.

[160] Ram K A, Tsunekawa A, Sahad D K, et al. Subdivision and fragmentation of land holdings and their implication in desertification in the Thar Desert, India. Journal of Arid Environments, 1999 (41): 463-477.

[161] Rao K P C, Steenhuisb T S, Cogle A L, et al. Rainfall infiltration and runoff from an Alfisol in semi-arid tropical India. II. Tilled systems. Soil & Tillage Research, 1998 (48): 61-69.

[162] Reddy G P O, Maji A K, Gajbhiye K S. Drainage morphometry and its influence on landform characteristics in a basaltic, Central India- a remote sensing and GIS approach. International Journal of Applied Earth Observation and Geoinformation, 2004 (6): 1-16.

[163] Refahi H. Water erosion and conservation. University of Tehran Press, 2004: 671.

[164] Regional views: All source aquastat country profiles [EB/OL]. http: //www. wca-infonet. org/.

[165] Renfro W G. Use of erosion equation and sediment delivery ratios for predicting sediment yield. In: Present and Prospective Tecnology for Predicting Sediment Yields andSources. US Dept. Agric, 1975, Publ. ARS-S-40: 33-45.

[166] Reynolds B, Norris A D, Hilton J, Bass A B J, Hornby D D. The current and potential impact of diffuse pollution on water dependent biodiversity in Wales.

[167] Robinson A D. Agricultural practice, climate change and the soil erosion hazard in parts of southeast England, Applied Geography, 1999 (19): 13-27.

[168] Roshan T. Agroforestry Can Reverse Land Degradation in Nepal. Appropriate Technology. 2003.

[169] Rostami M, Ardeshir A. Suspenden sediment prediction by comparison of regionalization methods. Proceedings of the ninth international symposium on river sedimentation. Yichang, China, 2004.

[170] Rouhipour H. Asadi H. Ghadiri H. Interaction between rain and flow driven erosion processes during laboratory rainstorm simulation.

[171] Saad M B A. Nile river morphology changes due to the construction of high Aswan dam in Egypt.

[172] Sadat F, Javad V, Mahmood A. Analysis of reglonal suspended sediment in Gorganroud drainage basin by using regression equatuion. Proceedings of the ninth international symposium on river sedimentation. Yichang, China, 2004.

[173] Sadeghi S H, Jalalirad R. Effects of bridges on variation of inundation depth and area. Proceedings of the ninth international symposium on river sedimentation. Yichang, China, 2004.

[174] Sah M P, Mazari R K. Anthropogenically accelerated mass movement kulu valley, himachal pradesh, India. Geomorphology, 1998 (26): 123-138.

[175] Sah M P, Virdi N S, Bartarya S K. The Malling slide of Kinnaur: causes, consequences and its control on channel blocking and flash floods in the lower Spiti Valley. Proceedings International Conference on Disasters and Mitigation. Madras: Anna University, 1996: 102-106.

[176] Sarkar S K, Bhattacharya A K. Conservation of biodiversity of the coastal resources of Sundarbans, Northeast India: an integrated approach through environmental education. Marine Pollution Bulletin, 2003, 47: 260-264.

[177] Sarma J N. Fluvial process and morphology of the Brahmaputra river in Assam, India. Geomorphology, 2005 (70): 226 - 256.

[178] Schmidt K H, and David M. Sediment output and effective discharge in two small high mountain catchments in the Bavarian Alps, Germany. Geomorphology, 2006 (80): 131 - 145.

[179] Schob A, Schmidt J, Tenholtern R. Derivation of site-related measures to minimise soil erosion on the watershed scale in the Saxonian loess belt using the model EROSION 3D, Catena 68 (2006): 153 - 160.

[180] Scott C A, Walter M F. Local knowledge and conventional soil science approaches to erosional processes in the shivalik Himalaya. Mountain Research and Development, 1993, 13 (1): 61 - 72.

[181] Sekhar K R, Rao B V. Evaluation of sediment yield by using remote sensing and GIS: a case study from the Phulang Vagu watershed, Nizamabad District (AP), India. International Journal of Remote Sensing, 2002, 23 (20): 4499 - 4509.

[182] Sen K K, Rao K S, Saxena K G. Soil erosion due to settled upland farming in the Himalaya: A case study in Pranmati watershed. International Journal of Sustainable Development and World Ecology, 1997, 4 (1): 65 - 74.

[183] Senior A M. Population and environment population programme service-FAO women and population division. Population change-natural resources-environment linkages in central and south Asia. September, 1996.

[184] Sepehr A, Hassanli A. M, Ekhtesasi M. R, et al. Quantitative assessment of desertification in south of Iran using MEDALUS method. Environ monit assess, 2007 (134): 243 - 254.

[185] Shafii A R. Solid materials (sediment) of rivers. Journal of Water Resources Conditions in Country, 1993, 46 (3): 51 - 53.

[186] Shanwal A V, Dahiya S S. 印度西瓦利克 (Siwaliks) 土壤保持和流域管理策略. 中国水土保持, 2002 (7): 41 - 42.

[187] Sharifi F, Hydarian A. On the natural resources management strategy in Iran. Regional workshop on traditional water harvesting systems. Tehran-Iran: UNESCO, 1999: 354.

[188] Sharma K D, Joshi N L, Singh H P, et al. Study on the performance of contour vegetative barriers in an arid region using numerical models. Agricultural Water Management, 1999 (41): 41 - 56.

[189] Sharma K D, Menenti M, Huygen J, et al. Runoff and sediment transport in the arid regions of Argentina and India - A case study in comparative hydrology. Annals of Arid Zone, 1996, 35 (1): 17 - 28.

[190] Sharma K D, Murthy J S R. A conceptual sediment transport model for arid regions. Journal of Arid Environments, 1996 (33): 281 - 290.

[191] Sharma K D, Singh S. Satellite remote-sensing for soil-erosion modeling using the ANSWERS model. Hydrological Science Journal, 1995, 40 (2): 259 - 272.

[192] Sharma K D. The hydrological indicators of desertification. Journal of Arid Environments, 1998 (39): 121 - 132.

[193] Shields A. Application of similarity principles and turbulence research to bed-load movement. Mitteilunger der Preussischen Versuchsanstalt f ur Wasserbau und Schiffbau 1936 (26): 5 - 24.

[194] Shim Soon-Bo, Lee Yo-Sang, Shim Kyu-Cheoul. Best Water Quality Management Practice throughout the Seom-Jin River Basin: Non-Point Pollutant Load Analysis.

[195] Shourian M, Neishabouri S A. Effect of the initial depth on sand and gravel mining pit migration. Proceedings of the ninth international symposium on river sedimentation. Yichang,

China, 2004.

[196] Shrestha M B, Yuasa A, Seker D Z, Sadao T, Kensuke K. Study On Watershed Analysis And Sedimental Regime In The Silwalik Region Of Nepal.

[197] Shrimalil S S, Aggarwalz S P, Samral J S. Prioritizing erosion-prone areas in hills using remote sensing and GIS - a case study of the Sukhna Lake catchment, Northern India. JAG, 2001, 3 (1): 54-60.

[198] Singh H P. Sustainable development of the Indian desert: the relevance of the farming systems approach. Journal of Arid Environments, 1998 (39): 279-284.

[199] Sivakumar M V K, Stefanski R. Climate and land degradation-an overview. World Meteorological Organization, 2001.

[200] Sivanappan R K. Soil and water management in the dry lands of India. Land Use Policy, 1995, 12 (2): 165-175.

[201] Sohair S Z. Effect of Aswan High Dam on the Nile River Regime at Delta Barrages Area.

[202] Soil Improvement & Underground Water and Hot Springs in DPRK. http: //www1. korea-np. co. jp/pk/081st _ issue/99021001htm. htm.

[203] Soil Loss by Erosion in Wales. http: //www. ceh. ac. uk/sections/bef/documents/scoping _ study/Chapter5SoilLossbyErosion. PDF.

[204] Soil Resources in Wales. http: //www. ceh. ac. uk/sections/bef/documents/scoping _ study/Chapter2SoilsResourcesinWales. PDF

[205] Soil and water conservation [EB/OL] . http: //www. krishiworld. com/html/soil _ water _ con1. html.

[206] Soufi M. Evaluation of soil conservation projects.

[207] Srinivasalu S, Thangadurai N, Switzer A D, et al. Erosion and sedimentation in Kalpakkam (N Tamil Nadu, India) from the 26th December 2004 tsunami. Marine Geology, 2007 (240): 65-75.

[208] Sulaiman M, Fujita M and Tsutsumi D. Bed variation model considering porosity change in riverbed material. 砂防学会志, 2007, 1 (60): 11-18.

[209] Summarized from Punjab State Land Use Board [EB/OL] . http://www. punjabenvironment. com/land _ soil _ erosion. htm.

[210] Thapa B, Projjowal S R, Thapa S B. Sediment In Nepal Hydropower Projects.

[211] The watershed situation in Iran. Political, Social & Cultural, 2000, 1 (6): 1662.

[212] Tsunekawa A, Kar A, Yanai J, et al. Influence of continuous cultivation on the soil properties affecting crop productivity in the Thar Desert, India. Journal of Arid Environments, 1997 (36): 367-384.

[213] Umezu K, and Tomatsu O. Evaluation of gravel and sand found on stream preservation works of Neo-Natural River Reconstruction Method after the improvement. 砂防学会志, 2007, 3 (60): 3-10.

[214] USDA. National agronomy manual. 2002.

[215] Vaezi A R, Sadeghi S H R, Bahrami H A, et al. Modeling the USLE K-factor for calcareous soils in northwestern Iran, 2007 [EB/OL] . www. sciencedirect. com.

[216] Vafakhah E M. Regional analysis of sediment yield in the part of Caspian Sea coastal basins. The 9th ISI proseminar. Egypt, Sharm El Sheikh, 2005.

[217] Valentin G. Soil erosion and small river aggradation in Russia. Laboratory for Erosion and Fluvial Processes, Department of Geography, Moscow State University, Russia. 2002.

［218］ Vali K A. Sefid-rud reservoir sedimentation and flushing operation. Proceedings of the ninth international symposium on river sedimentation. Yichang，China，2004.

［219］ Velayutham M. Land degradation and restoration in India-an overview ［EB/OL］. ftp：//ftp. fao. org/agl/agll/lada/india. doc.

［220］ Walling D E，Owens P N，Leeks G J L. The characteristics of overbank deposits associated with a major flood event in the catchment of the River Ouse，Yorkshire，UK. Catena，1997（31）：53－75.

［221］ Wasson R J. A sediment budget for the Ganga-Brahmaputra catchment. Current Science，2003，84（8）：1041－1047.

［222］ Water profile of North Korea. http://www. eoearth. org/article/Water _ profile _ of _ North _ Korea#Lakes _ and _ dams.

［223］ Weidingercase J T. Case history and hazard analysis of two lake-damming landlsides in the Himalayas. Journal of Asian Earth Sciences，1998（16）：323－331.

［224］ Williams J R. Sediment routing for agricultural watersheds. Wat. Resour. Bull，Amer. Wat. Resour. Assoc. 1975，11（5）：965－974.

［225］ Woo H，Yoon B. Sediment Problems and Research in Korea.

［226］ 阿布纳加．阿斯旺水库清淤．水利水电快报，2004，25（16）：11－13.

［227］ 牟博．阿斯旺大坝的经验教训．中国三峡建设，2004（3）：46－47.

［228］ 巴黎塞纳河：治水治岸尽展风采，http://www. yuanFr. com.

［229］ 白燕．韩国的水土保持．水土保持科技情报，2004（2）.

［230］ 包晓斌．德国的流域管理（上）. http：//www. hwcc. com. cn/newsdisplay/newsdisplay. asp？Id＝67103.

［231］ 曹文洪，陈东．阿斯旺大坝的泥沙效应及启示．泥沙研究，1998（4）：79－85.

［232］ 陈景渠．日本河流泥沙研究机构与研究工作概况．1991.

［233］ 陈晓飞，刘晓洲，都洋，等．日本采用冲刷传感器监测洪水过程中的河床演变．水土保持科技情报，2003（3）：13－15.

［234］ 陈晓飞，刘晓洲，都洋，等．日本运用开口雷达（SAR）进行水土流失监测．水土保持科技情报，2003（4）：1－4.

［235］ 慈龙骏．以色列等四国的荒漠治理．西部大开发，2001（1）：60－64.

［236］ 崔伟中．日本河流生态工程措施及其借鉴．人民珠江，2003（5）：1－4.

［237］ 达斯 D. C，辛格 S. 用于控制侵蚀与改良流域的小型蓄水工程：小典型研究．土壤保持的问题和展望．陕西：中国科学院西北水土保持研究所，1984.

［238］ 狄俊一．日本估算土壤流失量的应用模型．水土保持应用技术，2007（1）.

［239］ 丁泽民，杨晓尧．朝鲜的山林造地与流域治理．国外水利水电考察报告选编．1983－1990.

［240］ 董福平，董浩．日本栃木县斧川河道整治工程的几点启示．浙江水利科技，2002（3）：24－26.

［241］ 杜学礼，高国胜．依据库区泥沙淤积资料预测土壤侵蚀模数．水土保持应用技术，2006（6）：1－2.

［242］ 渡正昭．日本泥沙灾害对策的现状．水土保持科技情报，2005（3）.

［243］ 恩田裕一，小松阳介，迁村真贵等．根据洪峰滞后时间预测崩塌发生时间的可能性．水土保持科技情报，2001（1）：21－25.

［244］ 法国罗纳河流域综合治理的成功经验探讨．http：//www. et39. com/article/sort076/sort084/info-28323 _ 3. html.

［245］ 法国中国年水利代表团访法报告．http：//www. shuigong. com/papers/others/20051111/paper2259. shtml.

［246］ 福冈捷二．河道泥沙管理中的注意事项．水利水电快报，1997，13（20）：25－27.

[247] 赴法山地营林及水土保持报技术培训团．法国的森林资源管理与林业建设经验——赴法国山地营林及水土保持考察报告，贵州林业科技，2000，28（4）：60-64.

[248] 格瑞维．伊朗水电开发的成就及规划．水利水电快报，2005，26（22）：5-7.

[249] 龚于同．黑土生金——从俄罗斯治理黑土的经验教训看我国黑土的利用．科学新闻，2003（4）：36.

[250] 龟江幸二，古贺省三，小林干南．综合性泥沙灾害对策，第18届中日河工坝工会议，2006.

[251] 郭百平，宝力特，武称意，等．日本的泥沙灾害监测预警体系及其启示．中国水土保持科学，2006，6，4（3）：79-82.

[252] 国际泥沙信息网讯．http：//www.irtces.org/WebNews_View.asp？WebNewsID=444.

[253] 国际泥沙研究培训中心组团赴俄罗斯访问报告．2007.

[254] 郭廷辅（译）．尼泊尔水土保持与流域治理情况．“扶持亚太地区流域管理”项目政府协商会议材料．1989.

[255] 郝燕湘，王春峰．伊朗小流域综合治理考察．国土绿化，1995（5）：37-38.

[256] 河北省南水北调工程办公室赴印度考察组．印度跨流域调水工程设计、运行及管理．南水北调与水利科技，2002，23（90）：43-46.

[257] 董哲仁，河流治理生态工程学的发展沿革与趋势，水利水电技术，2002（1）：40-42.

[258] 胡德胜．英国的水资源法和生态环境用水保护．中国水利，2010（5）：51-54.

[259] 黄才安．冲积河流水流泥沙运动基本规律的研究，河海大学博士论文．2004.

[260] 基斯洛夫 B C，刘燕平．俄罗斯的国家地籍．国土资源情报，2002（8）．

[261] 贾格迪什·克里希纳斯瓦米，朱晓红．亚德金河流域长期泥沙问题的动态模拟．水利水电快报，2000（21）：12-17.

[262] 贾雪池．俄罗斯联邦土地管理制度的特点．哈尔滨：东北林业大学经济管理学院，2006.

[263] 矫勇，陈明忠，石波，孙平生．英国法国水资源管理制度的考察．中国水利工程网．http：//www.shuigong.com/papers/shuiziyuan/20051111/paper2751.shtml.

[264] 金永丽．流域发展计划——印度干旱、半干旱地区农业发展的新战略．世界农业，2005（3）：37-40.

[265] 莱茵河流域综合管理成效及其治理经验．http：//www.dbep.cn/html/news/20080218/37610.html.

[266] 劳大全．赴日考察水土保持见闻及思考．广西水利水电，1998（1）：71-74.

[267] 李殿魁．关于借鉴埃及水利建设经验搞好治黄河水的思考．2000.

[268] 李怀恩．植被过滤带的定量计算方法．生态学杂志，2006，25（1）：108-112.

[269] 李巧宏，许建初，P1K.JOSHI，等．应用遥感技术研究土地利用/土地覆盖变化及其对土壤侵蚀过程的影响——以印度北部 Pali Gad 山地流域为例．云南植物研究，2006，28（2）：175-182.

[270] 李铁军，黄世军．日本有关河流泥沙的监控．水土保持情报，2002（5）：5-6.

[271] 李维国，赵永光．日本对泥石流泛滥模拟的研究．水土保持科技情报，2003（3）：20-22.

[272] 李维国，赵永光．日本应用实测洪水径流资料模拟泥石流运动过程．水土保持科技情报，2002（3）：33-35.

[273] 李晓华，李铁军．应用 USLE 方程测定山地森林水土流失的研究．水土保持科技情报，2004（4）：15-17.

[274] 李晓华，李铁军．日本水土保持应用遥感技术简介．水土保持科技情报，2004（4）：14-15.

[275] 梁光明．国土资源管理机构大改组．河南国土资源，2004（11）：40.

[276] 良言．埃及土地的沙漠化与防治．阿拉伯世界研究，1997（1）：54-56.

[277] 林家彬．日本水资源管理体系考察及借鉴．水资源保护，2002（4）：55-59.

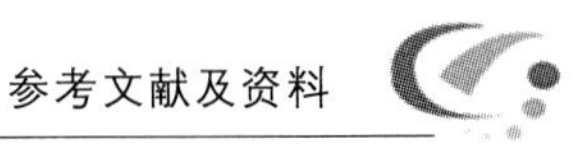

[278] 刘东．亚洲几个国家的水土保持和小流域管理状况．水土保持科技情报，2004（2）：28-29.
[279] 刘钦普．美国土壤侵蚀治理的历史、现状和问题．许昌师专学报，2000，19（2）：93-95.
[280] 刘西哲，蒋宏伟．日本应用航测技术调查流域产沙量．水土保持科技情报，2005（2）：8-9.
[281] 刘晓涛．关于城市河流治理若干问题的思考．上海水务，2001（3）：1-5.
[282] 刘孝盈，汪岗，陈月红，等．美国水土保持的特点及对我国的启示．中国水土保持科学，2003（2）：105-110.
[283] 范昊明，蔡强国．流域侵蚀产沙平衡研究进展．泥沙研究，2004（2）：78-83.
[284] 刘忠清．印度马哈纳迪河流域的冲刷和淤积速率．水利水电快报，1994（10）：20-22.
[285] 卢琦，周士威．全球防治荒漠化进程及其未来走向．世界林业研究，1997（3）：35-44.
[286] 鲁胜力．日本泥沙灾害与水土保持．水土保持科技情报，2001（6）：1-3.
[287] 鲁胜力．日本的砂防法制、机构及保障体系建设．水土保持科技情报，2002（1）：1-4.
[288] 鲁胜力．日本水土保持监督执法．福建水土保持，2002，3（14）：34-35.
[289] 鲁胜力．日本的砂防．中国水土保持，2002（5）：8-10.
[290] 罗伊柯．世纪之交的俄罗斯土地改革问题．国土资源情报，2000（5）.
[291] 牟溥．埃及阿斯旺大坝对环境的影响日益严重．当代中国研究，1997（3）.
[292] 潘盛洲，刘震．从埃及的治沙工程看中国水利防沙治沙．中国水利，2001（2）：57-58.
[293] 钱宁．国外泥沙运动、河床演变研究动向及发展我国这方面研究的几点建议．水利水电技术，1979（2）：62-66.
[294] 钱宁．推移质公式的比较．水利学报，1980（4）：1-11.
[295] 清水收．关于流域泥沙输移过程的研究评述．水土保持情报，1999（4）.
[296] 三原义秋．雨滴土壤浸食．农技研报，1951（A1）：1-59.
[297] 绍颂东，王礼先，周金星．国外土壤侵蚀的新进展．水土保持科技情报，2000（1）：32-35.
[298] 史虹．泰晤士河流域与太湖流域水污染治理比较分析．水资源保护，2009，25（5）：90-97.
[299] 王晓燕，田均良，杨明义．示踪技术在流域泥沙研究中的应用．泥沙研究，2003（1）：18-23.
[300] 舒洪岚，李沛然．印度北部丘陵地区水土保持措施．江西林业科技，2005（2）：47-48.
[301] 束一鸣．欧洲水利科技一瞥．水利水电科技进展，1997，17（3）：33-43.
[302] 水利部国际合作与科技司．当代水利科技前沿．北京：中国水利水电出版社，2006.
[303] 水利部科技教育司．各国水概况．长春：吉林科学出版社，1989.
[304] 水利部水土保持司考察团．赴日水土保持考察报告．水土保持科技情报，1997（1）：8-13.
[305] 水利部，中国科学院，中国工程院．中国水土流失防治与生态安全．北京：科学出版社，2010.
[306] 宋昆仑，骆培云．日本的滑坡研究及滑坡整治工程技术．水史地质工程地质，1993（5）：10-12.
[307] 苏云天．俄罗斯的土地荒漠化及防治情况．全球科技经济瞭望，2000（10）：15.
[308] 藤原辉男，南信弘．降雨算定式研究．农土论集，1984（114）：7-13.
[309] 佟伟力．印度小流域综合治理考察．水土保持科技情报，1996（4）：1-3.
[310] 汪东川，卢玉东．国外土壤侵蚀模型发展概述．中国水土保持科学，2004，2（2），2004.
[311] 王东阳．法国的农业研究，中国农业科学院研究简报，2004（1）.
[312] 王光谦．河流泥沙研究进展．泥沙研究，2007（2）：64-81.
[313] 王光谦，胡春宏．泥沙研究进展．北京：中国水利水电出版社，2006.
[314] 王华．美国有关坡长对径流量和产沙量影响的研究．水土保持科技情报，2002（3）：10-12.
[315] 王礼先．水土保持学．北京：中国林业出版社，1995.
[316] 王林，美国应用RS、GIS、AGNPS评估流域径流量和产沙量．水土保持科技情报，2003（5）：12-24.
[317] 王兆印，林秉南．中国泥沙研究的几个问题．泥沙研究，2003（4）：73-81.

[318] 魏林．埃及治沙经验值得借鉴．内蒙古林业调查设计，2005（3）：47－48.

[319] 吴保生，褚明华，麻仁寿．美国科罗拉多河水沙变化分析．应用基础与工程科学学报，2006，14（3）：427－434.

[320] 吴伯志，福林．与永久性草地相比长期裸露侵蚀对英国 Bridgnorth 砂壤的影响，云南农业大学学报，1998，13（2）：197－204.

[321] 吴钦孝，刘宝元．印度的水土保持科学研究．水土保持通报，1992，12（4）：60－63.

[322] 肖斌，高甲荣，刘国强，等．国外流域管理机构与法规述评．西北林学院学报，2000，15（3）：112－117.

[323] 肖文．从莱茵河的开发与治理看水资源的可持续利用．http：//61.144.226.66/wrb2/fh1/news_show.php？code=13&type=1.

[324] 谢丽亚，郑娟，李纯乾．关于聚丙烯酰胺和秸秆覆盖控制水土流失的研究．水土保持科技情报，2004（5）：14－18.

[325] 刑大韦，张玉芳．日本的山洪灾害和水土流失治理．中国水利，2004（19）：59－61.

[326] 徐荟华，夏鹏飞．国外流域管理对中国的启示．水利发展研究，2006（5）：56－59.

[327] 徐江，王兆印．山区河流阶梯-深潭的发育及其稳定河床的作用，泥沙研究，2003（5）：21－27.

[328] 徐祝．日本水土流失规律研究进展．水土保持科技情报，2005（2）：19－22.

[329] 闫晓春．日本的水资源开发及利用．东北水利水电，1999（8）：45－46.

[330] 杨成华，刘任军．日本关于复合型泥石流发生的判别．水土保持科技情报，2002（3）：30－32.

[331] 杨勤科，李锐，曹明明．区域土壤侵蚀定量研究的国内外进展．地球科学进展，2006，21（8）：849－856.

[332] 杨朝飞．与洪水共生、善待洪水——还河流于自然．http：//www.people.com.cn/GB/huanbao/35525/2707347.html.

[333] 姚洪林．埃及沙漠治理考察报告．内蒙古林业科技，1996（1）：1－8.

[334] 姚文艺，高航，李勇．俄罗斯水资源水环境管理与研究进展．河南：黄河水利科学研究院，2006（3）：44－45.

[335] 姚欣翘，相群．伊朗的水土流失现状及教训．水土保持科技情报，2004（1）：6－7.

[336] 伊朗概况［EB/OL］. http：//news.xinhuanet.com/ziliao/2002－04/09/content_355164.htm.

[337] 伊锡勇．韩国流域水资源管理体系构建——政府管理机构体系的完善．水利规划与设计，2003（3）：48－53.

[338] 印度概况［EB/OL］. http：//news.xinhuanet.com/ziliao/2002－06/18/content_445486.htm.

[339] 殷心．印度水土流失严重．中国国土资源报，2002－6－21（3）.

[340] 曾大林．美国水土流失监测成果之借鉴意义．水土保持科技情报，2005（5）：1－3.

[341] 张宝英．国内外水土保持发展状况．水土保持科技情报，1990（2）.

[342] 张成娥．德国研究机构与土壤科学研究进展——李比希大学土壤和土壤保持研究所及其科学研究现状介绍．水土保持通报，1994，14（1），61.

[343] 张东．水库排沙．水利水电快报，1996，17（4）：26－28.

[344] 张建中．坝岸工程水下基础探测技术试验研究及其应用．水利水电技术，2002，33（6）：66－68.

[345] 张建军，清水晃，壁谷直记，等．日本山地森林小流域悬移质泥沙研究．北京林业大学学报，2005（6）：14－19.

[346] 张军政，江中华．伊朗水土保持政策与策略．水土保持科技情报，1997（3）：9－10.

[347] 张科利，彭文英，张竹梅．日本近50年来土壤侵蚀及水土保持研究评述．水土保持学报，2005，19（2）：61－64.

[348] 张兰亭．德国的水土资源保护与利用给我们的启示．山东水利，2000（2）：30－31.

[349] 张留柱．中美水文泥沙测验技术比较．人民黄河，2003，25（2）：20-22.

[350] 张留柱．中美水文泥沙测验管理模式比较．人民黄河，2004，26（2）：13-15.

[351] 张俠，赵德义．水土保持研究综述．地质技术经济管理，2004，26（3）：26-30.

[352] 张子雷，龚于同，骆国宝，等．俄罗斯土壤科学的研究现状．土壤，2000（6）：301-304.

[353] 赵光，李自刚．尼泊尔森林保护策略．水土保持科技情报，2005（1）：11-12.

[354] 赵晓军，潘凤荣，郝瑞敏．日本应用数字化地图对滑坡判定的研究．水土保持科技情报，2002（3）：1-3.

[355] 赵文琳．黄河泥沙．郑州：黄河水利出版社，1996.

[356] 郑春宝，马水庆，沈平伟．浅谈国外流域管理的成功经验及发展趋势．人民黄河，1999（1）：44-45.

[357] 中华人民共和国水利部．全国水土流失公告．2002.

[358] 中华人民共和国水利部．中国河流泥沙公报，2006.

[359] 中华人民共和国水利部．中国水土保持公报，2006.

[360] 中国赴朝鲜水土考察团．朝鲜的水土保持事业．国外水利水电考察报告选编，1983-1990.

[361] 中国水土保持学会规划设计专业委员会赴日韩考察报告（2007年11月5日～2007年11月14日）. http：//sbxh. org/UserFiles/File/20071217201944437744. doc.

[362] http：//www. rrcap. unep. org/reports/soe/dprk _ land. pdf.

[363] http：//lcweb2. loc. gov/frd/cs/profiles/North _ Korea. pdf.

[364] http：//lcweb2. loc. gov/frd/cs/profiles/North _ Korea. pdf.

[365] http://www. nkeconwatch. com/category/countries/un/un-food-and-agriculture-organization/. North Korean Economy Watch.

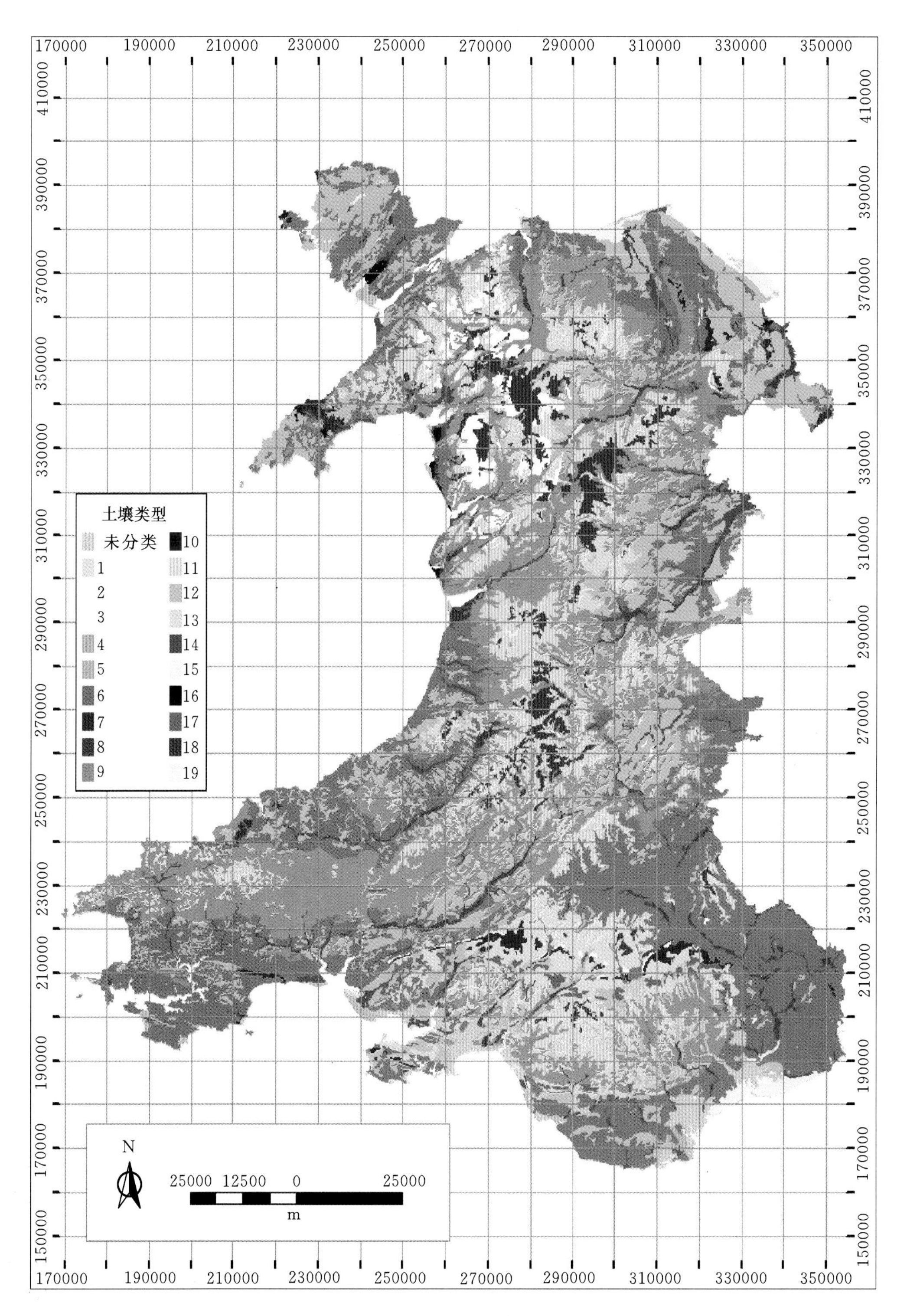


图 2-1 威尔士的土壤类型分布

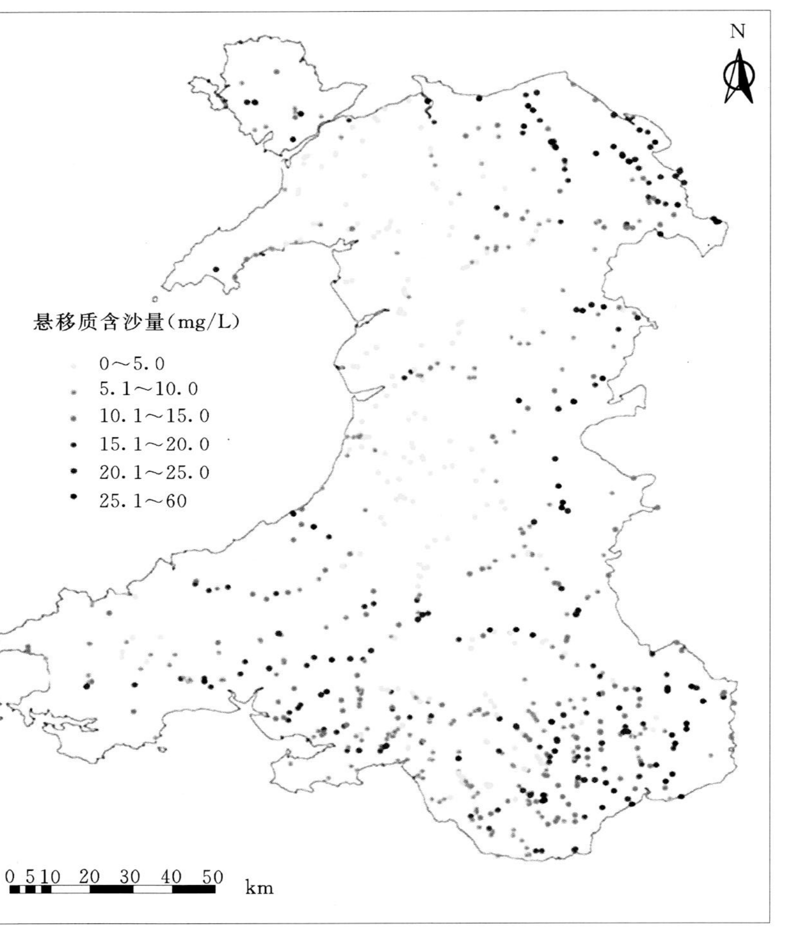


图 2-2　威尔士河网所有监测点的年平均悬移质含沙量分布

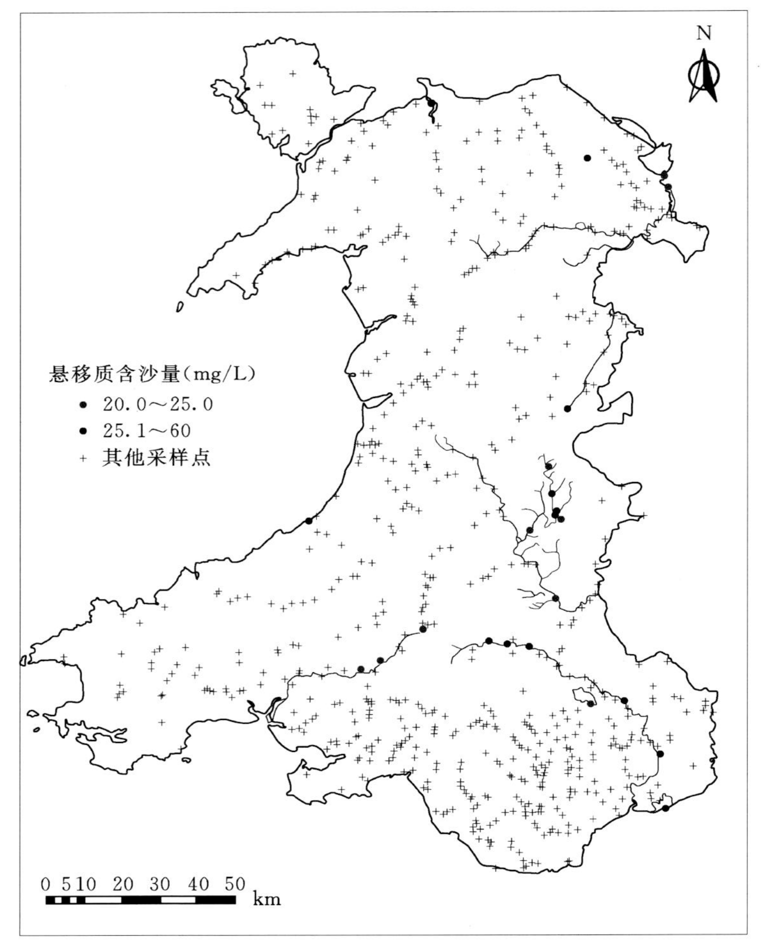


图 2-3　选定地区河流的监测点年平均悬移质含沙量分布

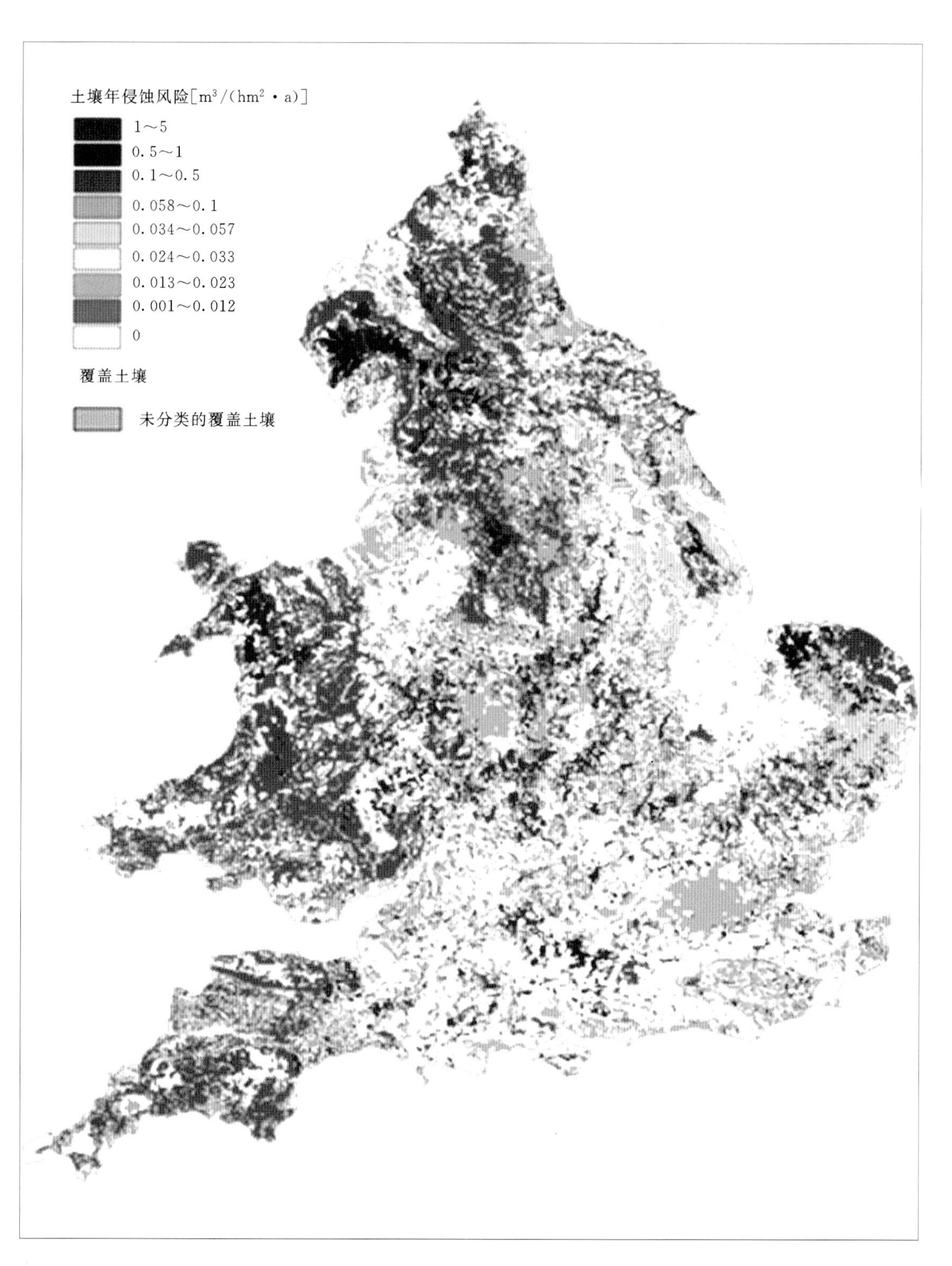


图 2-4 英格兰和威尔士地区土壤年侵蚀量预测图

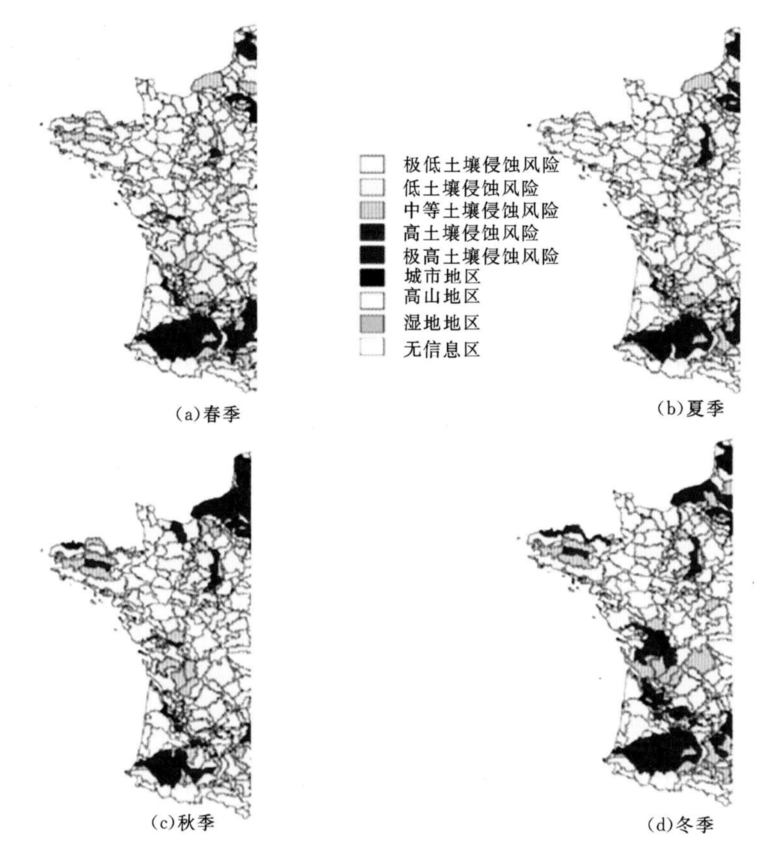


图 2-5 法国局部地区四季土壤侵蚀分布示意图

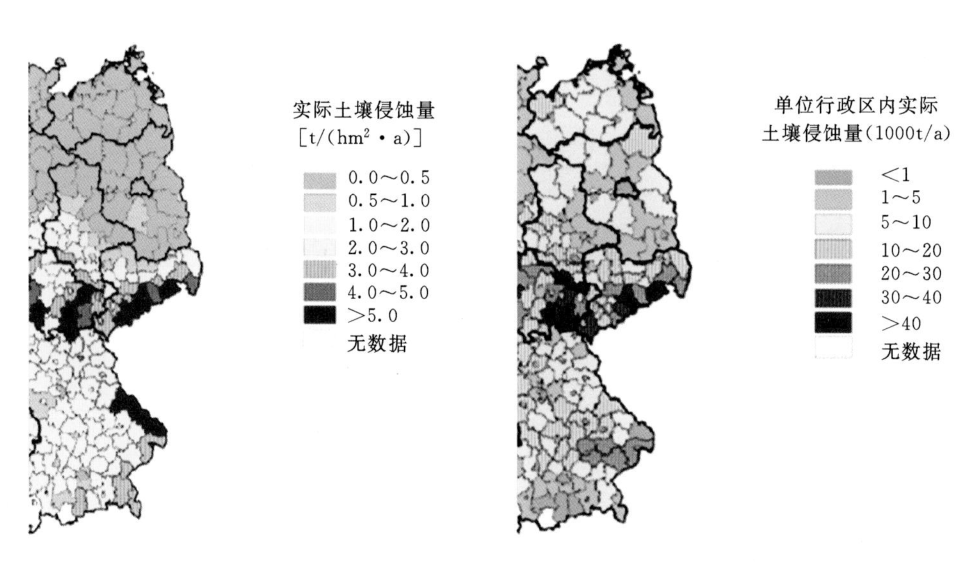


图 2-7 德国局部地区单位行政区内耕地的年实际平均侵蚀风险示意图

图 2-8 德国局部地区单位行政区内耕地的年实际侵蚀风险示意图